« Au nom de la science »

Jérémy André

« Au nom de la science »

Albin Michel

À Charlène et Ada.

Sommaire

II. DÉSINFORMATION

Février 2020 - avril 2020

III. SECRETS

Mai 2020 - décembre 2022

Avant-propos

Fin 2022, nul ne sait comment la pandémie de Covid-19 a commencé.

Elle est apparue en décembre 2019 avec des dizaines de pneumonies autour d'un marché aux animaux à Wuhan[1]. Il s'y vendait des mammifères susceptibles de porter cette famille de virus, celle du « SARS[2]* ». Mais jamais la source n'a été identifiée. Et même des scientifiques chinois le reconnaissent : le marché peut ne pas avoir été l'origine de l'épidémie, mais un des tout premiers foyers[3].

Dans la même métropole, des laboratoires manipulaient le génome du virus de cette famille. Il ne s'agit pas juste d'une vague coïncidence. Avec l'aide des États-Unis, ces recherches à haut risque portaient sur des caractéristiques singulières apparues pour la première fois avec le nouveau virus. Un accident de laboratoire aurait dû être la première hypothèse à envisager, et l'a en réalité été en privé pour presque tous les acteurs.

---

* Severe Acute Respiratory Syndrome, syndrome respiratoire aigu sévère. L'acronyme anglais étant employé dans les noms des virus SARS-CoV et SARS-CoV-2, pour SARS-coronavirus, nous l'avons privilégié à l'acronyme français SRAS.

Qui nous a menti ? Il a fallu trois ans à batailler sur tous les terrains pour faire émerger des documents accablants, longtemps cachés par certains collaborateurs des laboratoires de Wuhan[4]. Révoltés par cette obstruction, des scientifiques crédibles et respectés ont fini par appeler en nombre à une enquête sans concession sur l'origine de cette pandémie[5].

La société française est comme passée à côté de ces débats. La France était pourtant un partenaire majeur de la Chine à Wuhan. Suite à un accord signé par Jacques Chirac, Paris avait aidé Pékin à y construire un laboratoire P4, le nec plus ultra de la sécurité biologique. L'Institut de virologie qui l'abritait avait pour « partenaires stratégiques » certains des plus prestigieux acteurs français de la recherche, l'Institut Pasteur et la Fondation Mérieux.

Au début de la pandémie, cette « boîte de Pandore » a aimanté toutes les rumeurs. Mais d'après les autorités françaises, les coronavirus n'étaient pas étudiés dans le P4. L'insistance de certains à Washington à le pointer du doigt aurait été une manœuvre pour détourner l'attention des collaborations américaines à risque avec Wuhan.

Mais ces conclusions hâtives n'étaient-elles pas pour l'exécutif français une manière de détourner les regards ? Révélées pour la première fois dans ce livre, des notes confidentielles, émises à la veille de la pandémie par la diplomatie et des Agences de recherche françaises, trahissent la crainte prémonitoire dans l'appareil d'État français d'un accident à Wuhan. Contrairement à ce qui a été affirmé par la suite, des coronavirus étaient bien étudiés dans le P4, et Paris le savait. Contre l'avis de ceux qui prônaient la prudence, une partie de l'administration a poussé à satisfaire les souhaits des Chinois, exigeant entre autres des Français qu'ils adoubent la qualité de la sécurité du laboratoire, tout en y ayant perdu presque tout droit de regard. Au risque pour la patrie de Pasteur « de se voir attribuer la responsabilité de tout accident », avertissait-on.

Si un tel accident s'est produit, il resterait plus probable que ce soit dans la douzaine d'autres laboratoires de Wuhan, de moindre sécurité que le P4. Mais le soupçon est là, jusqu'à l'Élysée, qui dans une note à diffusion restreinte d'avril 2020 a demandé à Mérieux, architecte de la coopération, de lui fournir des garanties de sa vigilance sur les recherches à risque des Chinois.

Depuis, tous se sont murés dans le silence, pour ne plus jamais rouvrir les plaies d'un dossier toxique.

Quelle solution maintenant pour faire émerger la vérité ?

Deux pistes restent valables : l'industrie et le commerce des animaux sauvages ou un accident de la recherche. Seule une vraie enquête pourrait les départager. Mais la Chine a saboté tout effort, que ce soit dans ses fermes et marchés ou dans ses laboratoires.

La communauté scientifique est désormais dans l'impasse, divisée par une guerre fratricide.

Sans données solides, un camp affirme sa certitude d'une origine naturelle, et refuse toute opération « mains propres ».

Ses adversaires accusent, eux-mêmes sans preuves décisives, leurs confrères d'être potentiellement responsables de millions de morts.

Pour ne rien arranger, des activistes et journalistes ont obtenu des correspondances troublantes des patrons d'Agences de recherche américaines datant des premiers mois de la pandémie. Celles-ci révèlent que lors d'une téléconférence secrète organisée le 1er février 2020, certains des chercheurs, qui ont par la suite réfuté avec le plus de véhémence l'hypothèse d'une fuite de laboratoire, avaient soutenu en privé la thèse d'un virus d'origine artificielle. Ont-ils vraiment changé d'avis, comme ils le prétendent ? Ou bien ont-ils jeté un voile pudique sur leurs vives inquiétudes, « au nom de la science », pour éviter le scandale d'une pandémie provoquée par des apprentis sorciers ?

Convaincus que ces sommités auraient su depuis le début et ont caché la vérité, les élus républicains du Congrès des États-Unis préparent désormais une commission d'enquête. Qu'importe pour eux que la communauté scientifique établisse solidement l'origine du virus. Il s'agira d'abord de faire payer les chercheurs et responsables qui avaient collaboré avec la Chine.

PROLOGUE

La conférence

Rarement un scientifique a joui d'autant d'influence et de respect qu'Anthony Fauci. Au début de la pandémie, le *New Yorker* l'a sacré « Docteur de l'Amérique[1] ». Dans cette période de trouble, il a été la branche à laquelle s'est raccroché le « camp de la raison ».

En ce printemps où le monde a basculé, Donald Trump voyait sa quasi-certitude d'être réélu pulvérisée par une catastrophe imprévue. Il enchaînait les déclarations et décisions irrationnelles : refus des confinements et des masques, propos irresponsables et promotion de l'hydroxychloroquine, supposé remède miracle qui ferait s'évanouir l'épidémie.

Longtemps, nul à Capitol Hill n'a osé contredire le roi fou de la Maison-Blanche. Sauf le docteur Anthony Fauci.

À Washington, ce petit Italo-Américain à l'accent tout droit sorti d'un film de Martin Scorsese s'est maintenu sous sept présidents américains, de Ronald Reagan à Joe Biden. Il a été de 1984 à 2022 l'inamovible directeur de l'Institut national des allergies et des maladies infectieuses (abrégé NIAID en anglais, National Institute of Allergy and Infectious Diseases). Cette agence américaine est l'une des plus importantes branches des Instituts nationaux de la santé (National Institutes of Health, NIH), l'immense administration dédiée à la recherche médicale au sein du ministère américain de la Santé (Department of Health and Human Services, ou HHS). En 2019, le budget du NIAID était de plus de 5,5 milliards de dollars (pour 39 milliards au total au sein des NIH). Doté d'un tel coffre-fort, le NIAID n'arrose pas que les laboratoires américains, mais ceux de la planète entière. Pour comparaison, en France, l'équivalent des NIH, l'Inserm (Institut national de la santé et de la recherche médicale), a un budget inférieur à 1 milliard d'euros.

Avec le Covid-19, tout portait à croire davantage le médecin fort de ses cinquante ans de métier plutôt que l'inconstant politicien populiste et mythomane. Surtout quand il s'agissait de questions scientifiques extrêmement graves, comme l'origine du virus.

Mi-avril 2020, Trump a accusé la Chine d'avoir fabriqué le virus en laboratoire. Chez les savants, la réaction a été épidermique. Tous ont contredit en chœur ces « rumeurs », et assuré que les recherches sérieuses excluaient une manipulation génétique, et même fournissaient des preuves convaincantes d'une « émergence naturelle ».

Les regards se sont tournés vers Anthony Fauci. Le 17 avril 2020, interrogé en conférence de presse à la Maison-Blanche, le directeur du NIAID a frontalement réfuté les accusations lancées par Donald Trump[2]. Pour Fauci, l'analyse du génome était « cohérente avec un saut entre espèces de l'animal à l'homme », c'est-à-dire une banale zoonose où le virus infecte l'espèce humaine suite à une activité comme le braconnage, l'élevage ou le commerce d'animaux.

Pour preuve, il citait un article paru un mois plus tôt dans la revue *Nature Medicine*, coécrit par cinq scientifiques réputés, Kristian Andersen, Robert Garry, Edward

Holmes, Walter Ian Lipkin et Andrew Rambaut. Ce texte, intitulé « The proximal origin of SARS-CoV-2[3] », a fait le tour du monde.

« Je me noie ici dans le coronavirus. »

Anthony Fauci écrit cela à l'un de ses collaborateurs début 2020.

Le « nouveau coronavirus » (abrégé nCoV, avant d'être baptisé SARS-CoV-2 en février 2020) a été officiellement détecté un mois plus tôt, à Wuhan, ville de 11 millions d'habitants au cœur de la Chine.

L'information qui a filtré a d'abord été très limitée, jusqu'à ce que brusquement, le 23 janvier, la ville soit confinée. La nouvelle sonne le branle-bas de combat mondial. Il a fallu sur-le-champ mettre de côté les dossiers courants, et lancer en urgence les laboratoires sur la piste de traitements.

À partir de là, Anthony Fauci enchaîne les réunions et téléconférences non-stop. Il travaille tous les jours jusque tard dans la nuit, le samedi et le dimanche aussi. Il a 79 ans.

Au même moment, les virologues de toute la planète examinent le génome qui vient d'être publié.

Soudain, la rumeur d'un virus sorti d'un laboratoire explose, jusqu'à être évoquée par un sénateur, ou dans un article du magazine *Science*, la référence mondiale de l'actualité scientifique.

Mais cette hypothèse est immédiatement dénoncée comme une « théorie du complot » par les experts.

Anthony Fauci lui-même n'avait pas semblé s'être mêlé de cette controverse avant le mois d'avril 2020, quand il a contredit Trump.

Cependant, seize mois plus tard, le 1er juin 2021, 3 000 pages de mails[4] du directeur du NIAID ont été publiées suite à une procédure judiciaire lancée par le

Washington Post et le site Internet BuzzFeed. Aux toutes dernières pages de l'immense fichier PDF livré aux médias par l'administration, on découvre qu'Anthony Fauci a été contacté tout au début de la pandémie par des scientifiques inquiets de l'origine du nouveau virus.

Le 31 janvier 2020, le virologue Kristian Andersen répond à 22 h 32 (heure de Washington) à un précédent message d'Anthony Fauci qui lui faisait suivre l'article du magazine *Science*.

Andersen y est lui-même cité. Il y déclare une banalité sur la nécessité de « déterminer quel est l'hôte naturel ».

Le même jour, sur Twitter, interpellé sur les déclarations du sénateur républicain Tom Cotton, qui s'est inquiété de la présence d'un laboratoire de haute sécurité P4 à Wuhan, Andersen les balaie du revers de la main : « Ces analyses sont complètement faussées et erronées. Elles peuvent être ignorées en toute sécurité[5]. »

En privé, sa réponse à Anthony Fauci laisse entendre un tout autre son de cloche : « Les caractéristiques inhabituelles de ce virus constituent une part très petite du génome (< 0,1 %), donc on doit regarder vraiment de très près toutes les séquences pour voir que certaines de ces caractéristiques semblent (potentiellement) conçues par ingénierie génétique. »

Dans ce mail, Andersen ne précise pas quelles sont ces « caractéristiques inhabituelles », mais il donne la conclusion préliminaire de ses premiers échanges avec trois autres virologues, Edward Holmes, Robert Garry et Michael Farzan : « Eddie, Bob, Mike et moi-même trouvons tous le génome incompatible avec les attentes de la théorie de l'évolution. »

À les suivre, un tel virus ne pourrait pas être apparu par hasard dans la nature, et doit donc avoir été fabriqué ou modifié en laboratoire.

Le lendemain, le samedi 1er février 2020, l'urgence pour la science américaine serait d'avancer sur les vaccins, les traitements, les débats sur les fermetures de frontières, les quarantaines, les masques...

Mais au lieu de cela, à 14 heures, Anthony Fauci se joint à une longue visioconférence sur l'origine du virus.

Elle est organisée par Sir Jeremy Farrar*, directeur du Wellcome Trust, puissante fondation britannique, l'un des plus importants donateurs de la recherche médicale du monde. C'est lui qui avait mis Fauci et Andersen en relation la veille.

La liste des participants inclut des spécialistes de renommée mondiale sur trois continents, ainsi que des représentants des principales institutions scientifiques américaines et britanniques.

Jeremy Farrar y est accompagné de ses bras droits au Wellcome Trust, l'administrateur Paul Schreier et le biologiste Michael Ferguson, de l'université de Dundee en Écosse, ainsi que de Patrick Vallance, conseiller scientifique en chef du gouvernement britannique. Côté américain, Anthony Fauci embarque son supérieur, Francis Collins, le directeur des NIH.

Pour informer au mieux ces officiels, Farrar a convié des experts d'Amérique, d'Europe et d'Australie.

Tout d'abord le groupe autour de Kristian Andersen, virologue danois qui dirige un laboratoire à l'Institut Scripps à San Diego en Californie, Robert Garry, de l'université Tulane en Louisiane, Edward Holmes, de l'université de Sydney et Andrew Rambaut, de l'université d'Édimbourg en Écosse.

Sont aussi invités des virologues d'Europe continen-

* On devrait donc plutôt parler au sujet de cette conférence d'« appel de Farrar » plutôt que d'« appel de Fauci », mais le débat public a retenu le nom beaucoup plus connu de l'Américain.

tale, Christian Drosten, directeur de l'Institut de virologie de l'hôpital de la Charité à Berlin et conseiller d'Angela Merkel, Stefan Pohlmann, de l'université de Göttingen en Allemagne, Ronald Fouchier et Marion Koopmans, coronavirologistes de l'université Erasmus de Rotterdam.

En tout, cette téléconférence rassemble ce qui pourrait le plus s'apparenter à un conclave de la virologie mondiale. Une « *dream team* », écrira plus tard Jeremy Farrar.

L'appel a lieu à 14 heures à Washington, 19 heures à Londres.

Aucun enregistrement n'a fait surface. Cependant, dans les jours qui suivent, les participants récapitulent leurs points de vue dans de nombreux mails, qui permettent de recomposer le détail de ces débats.

La révélation du contenu caché de ces mails a mis trente mois, au travers d'une guerre de tranchées médiatique, politique et judiciaire.

Car dans les PDF remis par les NIH au *Washington Post* et à BuzzFeed en juin 2021, la quasi-totalité de ces mails sont caviardés. C'est le procédé habituel pour les documents confidentiels rendus publics : les passages contenant des informations personnelles ou trop sensibles, qui menaceraient la réputation, les intérêts ou la sécurité des États-Unis et de ses institutions, sont ainsi gardés secrets.

Après la publication des mails, l'organisateur de la réunion, Jeremy Farrar, a publié un livre, *Spike**, à l'été 2021, où il confesse sa version de l'histoire en détail.

---

* *Spike*, Jeremy Farrar (avec Anjana Ahuja, journaliste scientifique au *Financial Times*), Profile Books, Londres, juillet 2021. Ce livre, présenté comme un témoignage raconté à la première personne par Farrar, est problématique en tant que source à plusieurs titres. Voir chapitre 25, « Les mails d'Anthony Fauci ». Son auteur est l'organisateur de la visioconfé-

Il restait cependant à confirmer le contenu des mails restés secrets. En janvier 2022, James Comer et James Jordan, deux républicains de la Chambre des représentants, ont pu avoir accès à l'intégralité de certains des mails confidentiels, qu'ils ont reproduits dans une lettre au ministre de la Santé de Joe Biden, Xavier Becerra. Et finalement, un journaliste indépendant américain est parvenu à obtenir l'intégralité des conversations en novembre 2022[6].

Enfin, certains des participants se sont ouverts, au compte-gouttes, pour se défendre face aux accusations des républicains : selon eux, leur croyance dans la possibilité d'un virus artificiel aurait été passagère, une hypothèse erronée qu'ils auraient eux-mêmes rapidement réfutée.

C'est la version qu'a répétée Edward Holmes, interrogé pour ce livre[7].

L'ordre du jour n'était nulle part inscrit dans les mails d'invitation.

Ceux-ci précisaient simplement que les « informations et discussions [seraient] partagées en totale confidentialité et ne [devraient] pas être diffusées avant accord sur les étapes suivantes ». Une indication très claire que tous ces échanges étaient sous le sceau du secret.

---

rence du 1er février 2020, et les trois premiers chapitres sont en partie dédiés à expliquer comment Farrar et le groupe d'experts qu'il a consultés ont spectaculairement changé d'avis entre fin janvier 2020 et début février 2020, passant de forts soupçons d'un virus artificiel à une certitude affichée publiquement que le virus était d'origine naturelle.

La plupart des tenants de l'hypothèse d'un virus artificiel considèrent donc que *Spike*, paru juste après la publication des mails révélant l'existence de la téléconférence, est un narratif construit pour donner une explication crédible à ce retournement. Les scientifiques qui défendent l'hypothèse de la zoonose considèrent au contraire comme honnête le récit proposé par le livre.

Spike doit donc être abordé avec un recul critique. Nous présupposerons cependant la bonne foi dans les cas non contentieux.

Le seul et unique sujet de la conversation a été l'origine artificielle du virus. La téléconférence visait à exposer le scénario d'un accident de laboratoire, ou même d'une attaque biologique délibérée, et n'a pas évoqué d'autres hypothèses, telle une émergence naturelle dans un marché aux animaux.

Jeremy Farrar a ouvert la conversation.

Kristian Andersen a ensuite exposé ses arguments, détaillant les caractéristiques du génome portant selon lui la trace de la main de l'homme.

Edward Holmes – répondant depuis l'Australie, au lever du jour – a enchaîné sur de rapides « commentaires ».

Puis est venu le moment des questions.

Les allégations de Kristian Andersen ont affronté des « moqueries ».

Les Allemands, Christian Drosten et Stefan Pohlmann, et les Néerlandais, Ronald Fouchier et Marion Koopmans, ont vivement objecté contre ces spéculations.

L'un d'eux, exaspéré par des arguments selon lui « complètement erronés », a coupé court, dit que c'était « n'importe quoi[8] ». Marion Koopmans a raccroché après s'être excusée : elle avait des invités à dîner. Christian Drosten non plus n'a pas suivi la discussion jusqu'au bout[9].

Les dirigeants de grandes institutions américaines, Fauci et Collins, auraient très peu parlé. « Tony Fauci n'a pas dit grand-chose du tout », assure par exemple Edward Holmes[10].

Au bout d'environ cinquante minutes, l'appel a été interrompu.

Enfin, Jeremy Farrar a proposé par mail à Anthony Fauci, Francis Collins, Michael Ferguson et Patrick Vallance de reprendre la conversation dans un second appel. Donc entre « politiques », sans les scientifiques.

Les spéculations de Kristian Andersen reposaient principalement sur une spécificité du nouveau coronavirus, son « site de clivage à la furine », ou « site furine ». Il s'agit d'une toute petite partie du génome qui démultiplie la capacité du virus à infecter les cellules humaines, et rend le SARS-CoV-2 très contagieux chez l'homme, contrairement aux autres virus semblables. Le site furine est la clé pour ouvrir le coffre-fort du corps humain.

De tels sites furine jouent un rôle similaire chez certains autres virus, comme celui de la grippe. Sa présence dans un nouveau virus attire donc immédiatement l'attention des spécialistes, d'autant qu'un tel site n'avait jamais été observé jusque-là dans la famille du SARS.

Dans le récapitulatif présenté par Jeremy Farrar le lendemain, dimanche 2 février, Michael Farzan[11], un collaborateur de Kristian Andersen à l'Institut Scripps de San Diego, se dit « gêné par ce site furine et [avoir] des difficultés à expliquer cela comme un événement hors du labo (certes, il y a des voies possibles dans la nature, mais hautement improbables) ».

Robert Garry lui emboîte le pas : « Je ne peux vraiment pas penser à un scénario naturel plausible où l'on part de ce virus de chauve-souris ou d'un autre très similaire à lui pour arriver au nCoV [nouveau coronavirus] où vous insérez exactement 4 acides aminés/12 nucléotides qui doivent tous être ajoutés exactement au même moment pour gagner cette fonction. »

Le site furine est en effet codé dans le génome par 4 acides aminés, soit 12 nucléotides*, les blocs de base qui composent le code génétique. Ce dont Garry

---

* Chaque acide aminé correspond à un triplet de nucléotides.

s'étonne alors, c'est qu'une suite aussi longue d'éléments apparaisse d'un coup dans un virus par des mutations en principe aléatoires, sans que les parties du génome adjacentes ne soient elles-mêmes modifiées.

Si l'on versait en désordre des lettres d'un jeu de Scrabble sur une table, et qu'un mot de douze lettres était impeccablement formé, cela indiquerait-il forcément qu'elles ont été arrangées par la main de l'homme ?

Les réactions de l'assistance à ces spéculations ont été glaciales.

Le Hollandais Ronald Fouchier a mené la charge des contradicteurs, avec une objection principale : s'il s'agissait d'un virus artificiel, on pourrait retrouver dans les publications des laboratoires chinois son « squelette », le virus utilisé pour y insérer le site furine et éventuellement d'autres caractéristiques. Or rien de ce que les laboratoires de Wuhan avaient publié ne permettait de supposer qu'ils détenaient un virus quasi identique au nouveau coronavirus.

Personne n'a alors évoqué le contre-argument évident à cette objection : les laboratoires de Wuhan pouvaient très bien ne pas avoir publié tous les virus sur lesquels ils travaillaient.

Aucun des participants ne peut avoir ignoré toutefois que Ronald Fouchier avait une raison personnelle de combattre l'idée d'un accident de laboratoire. En 2011, il avait fait scandale en fabriquant une chimère de virus de grippe très dangereuse. Aux yeux de toute la communauté scientifique, il était depuis le champion des manipulations les plus risquées. Si une épidémie était provoquée par des chercheurs ayant suivi ses pas, l'histoire ne serait pas tendre avec lui.

Voilà tout ce que nous savons, ou presque, de l'« appel de Fauci ».

Dimanche 2 février, Ronald Fouchier a précisé sa pensée par mail. Après avoir avancé une longue liste d'arguments techniques, le chercheur s'est fendu d'une explication de texte davantage politique : « Compte tenu des preuves présentées et des débats qui les entourent, je conclurais qu'une discussion de suivi sur l'origine possible du 2019-nCoV serait très intéressante. Cependant, je doute que cela doive être fait à très court terme, étant donné l'importance des autres activités de la communauté scientifique, de l'Organisation mondiale de la santé (OMS) et d'autres parties prenantes à l'heure actuelle. Je suis d'avis qu'une origine non naturelle du 2019-nCoV est hautement improbable à l'heure actuelle. Toute théorie du complot peut être abordée avec des informations factuelles. [...] Une accusation selon laquelle le 2019-nCoV aurait pu être fabriqué et rejeté dans l'environnement par l'homme (accidentellement ou intentionnellement) devrait être étayée par des données solides, au-delà de tout doute raisonnable. Il est bon que cette possibilité ait été discutée en détail avec une équipe d'experts. Cependant, un débat plus approfondi sur de telles accusations détournerait inutilement les meilleurs chercheurs de leurs impératifs courants et nuirait inutilement à la science en général et à la science en Chine en particulier. »

En somme, Ronald Fouchier attribue a priori une faible probabilité à l'hypothèse des laboratoires, mais surtout juge que ce n'est pas le moment d'en discuter, avec l'urgence de la crise sanitaire qui s'annonce. À ses yeux, un tel débat sur l'origine nuirait à la science, et particulièrement à la science chinoise. Comme de nombreux centres de recherche occidentaux, l'université Erasmus de Rotterdam où travaille Fouchier a d'importantes coopérations avec la Chine[12].

Deux heures après Fouchier, à 10 h 30 à Washington,

Francis Collins, le directeur des NIH, et donc le plus haut placé de tous les participants, finit par donner son avis : « Bien que les arguments de Ron Fouchier et Christian Drosten soient présentés avec plus de force que nécessaire, j'en viens à l'idée qu'une origine naturelle est plus probable. Mais je partage votre point de vue selon lequel une convocation rapide d'experts dans un cadre inspirant la confiance (l'OMS semble vraiment la seule option) est nécessaire, sinon les voix de la conspiration domineront rapidement, causant un grand préjudice potentiel à la science et à l'harmonie internationale. »

Le patron de la science médicale américaine dit donc pencher en faveur d'une origine naturelle. Lui aussi insiste sur les motifs politiques pour refermer le débat, en le remettant à l'OMS, plutôt que d'ouvrir une discussion publique : il faut lutter contre les « voix de la conspiration », pour préserver la science et l'« harmonie internationale ».

La messe est dite. Le 2 février 2020.

Deux jours plus tard, Kristian Andersen, celui qui s'était fait le porte-parole des tenants d'un virus artificiel lors de la visioconférence, participe au travail d'une équipe de huit chercheurs réunis par l'Académie des sciences, de l'ingénierie et de la médecine.

Il s'agit d'écrire une réponse au bureau des sciences de la Maison-Blanche, demandant des précisions sur l'origine du virus.

Andersen s'y montre absolument catégorique[13] : les spéculations sur un virus artificiel sont selon ses propres mots des « théories cinglées ». « L'ingénierie génétique peut signifier beaucoup de choses et pourrait avoir été accomplie pour la recherche fondamentale ou à des fins malveillantes, mais les données montrent de manière concluante que ce n'est ni l'une ni l'autre [possibilité] », écrit-il ce mardi-là dans un mail. Et à l'exact inverse de ce qu'il assurait à Anthony Fauci le 31 janvier, il prétend avec aplomb être convaincu que le génome est « cohérent avec » une origine naturelle[14].

La volte-face a eu lieu en quatre jours. Un mois et demi plus tard, Andersen publiait avec plusieurs autres participants de la téléconférence leur lettre à *Nature Medicine* sur « L'origine proximale du SARS-CoV-2 ». L'article assure être la démonstration définitive que toute manipulation génétique est exclue.

I

COÏNCIDENCES

Décembre 2019 - janvier 2020

1

Les mystères de Wuhan

Les curieux événements qui sont à l'origine de ce qu'il faut bien appeler un scandale scientifique sans précédent dans l'histoire se sont produits en 2019, à Wuhan. Personne ou presque ne s'attendait à ce que se joue dans cette métropole sans qualité un épisode aussi crucial pour toute l'humanité. À première vue, Wuhan n'était rien de plus qu'une capitale provinciale du centre de la Chine, ville industrielle beaucoup moins connue du public étranger que les grandes capitales politiques et économiques de la côte, Pékin, Shanghai, Canton, Shenzhen.

Ses 11 millions d'habitants en font pourtant l'une des dix plus grandes aires urbaines du pays. Elle a aussi une symbolique très particulière pour les Chinois. C'est là qu'en octobre 1911, des conjurés républicains ont lancé leur révolte armée contre le gouvernement impérial lors du soulèvement de Wuchang, prélude à la déclaration, le 1er janvier 1912, de la première république de Chine.

Comme le notait dès l'apparition du virus l'anthropologue Frédéric Keck, spécialiste de l'histoire de la virologie[1], Wuhan avait donc pour le pouvoir chinois une mythologie troublante, celle du lieu où naissent les

« révolutions » (Geming en mandarin, 革命), où se font et se défont les empereurs et leur « mandat céleste ».

Trois ans après, on en sait toujours aussi peu sur les débuts de la pandémie de Covid-19.

Mi-décembre 2019, des patients ont été hospitalisés dans plusieurs grands hôpitaux de la ville pour des pneumonies graves d'origine inconnue. L'un des premiers malades pris en charge était un homme de 65 ans, livreur au marché aux produits frais de Huanan*, sur la rive gauche du Yangtzé, qui avait déclaré une fièvre le 15 décembre et s'était donc présenté aux urgences de l'hôpital central de Wuhan le 18 décembre. Les symptômes ressemblaient à ceux d'une grosse grippe : fièvre, toux, difficultés respiratoires dans les cas les plus graves.

Après des examens approfondis, les causes courantes de ce type de symptômes, grippes, pneumonies bactériennes, etc. ont été exclues. L'état de l'homme de 65 ans s'est dégradé, malgré l'habituelle prescription d'antibiotiques. Comme le font les médecins dans ce cas, des échantillons ont été prélevés dans les bronches du malade pour être envoyés à des laboratoires et déterminer la cause du mal, en recherchant un plus large spectre de « pathogènes », les microbes qui causent les maladies (virus, bactéries, champignons...).

Les laboratoires auxquels sont confiés de tels échantil-

* 武汉华南海鲜批发市场 ou « Le marché de gros de fruits de mer de Huanan [sud de la Chine] de Wuhan ». Il est situé dans le district de Jianghan, sur la rive gauche du Yangtzé. Les fruits de mer ne constituent qu'une partie des produits qui y sont vendus, et il s'apparente davantage à un marché couvert aux produits frais, similaires à ceux de France, à l'exception de quelques vendeurs spécialisés dans les animaux sauvages vivants (le plus souvent issus d'élevages). Le nom de marché aux fruits de mer pouvant prêter à confusion, nous le désignerons sous le nom de « marché de Huanan ».

lons ne sont pas d'abord les grands laboratoires publics de recherche, mais des petits laboratoires d'analyse qui ont la capacité de répondre en un temps record. Grâce à des enquêtes du magazine chinois *Caixin*[2], nous connaissons très exactement le parcours de ces différents échantillons et de leurs résultats.

Les premiers prélèvements connus ont été réalisés le 24 décembre. Les résultats sont revenus à partir du 27. Un des laboratoires consultés, Vision Medicals, est basé à Canton, la Silicon Valley du sud de la Chine. Ses analyses ont rapidement identifié un nouveau coronavirus de la famille du SARS (syndrome respiratoire aigu sévère), un virus qui avait provoqué une grosse épidémie en Chine et dans plusieurs pays d'Asie en 2002-2003.

Un mois plus tard, l'employée de Vision Medicals qui a réalisé ces analyses s'est confiée sur son blog[3], où elle se faisait surnommer « Petit Chien de Montagne ». Le texte, disparu du site, incluait même des captures d'écran des conversations de la jeune femme avec ses collègues sur la messagerie WeChat. Elle se dit elle-même nerveuse quand elle envoie ses premiers résultats, qui pointent vers un cousin du SARS : « Le SARS ressort de tout ça ! envoie-t-elle le 26 décembre à 9 h 28.

– Mon Dieu, de quel échantillon s'agit-il ? lui répond l'autre employé. Ce n'est pas de la blague. C'est du même niveau que la peste. Quel échantillon ?

– Est-ce que les coronavirus de chauve-souris sont aussi infectieux que le SARS ? demande alors Petit Chien de Montagne, s'inquiétant du risque d'être contaminée.

– Cet échantillon, tu le manipules à part », lui ordonne immédiatement son collègue.

Après avoir détaillé tout le travail d'analyse, Petit Chien de Montagne confie dans son post de blog ses réflexions initiales sur l'origine du virus : « La première chose qui vient à l'esprit est, bien sûr, cette histoire de contact avec des animaux sauvages. À ce moment-là, l'information était que le patient était retourné dans sa ville natale et il n'était pas exclu qu'il ait été en contact avec des chauves-souris ou qu'il ait été mordu par des chauves-souris. On soupçonnait également que certains membres du personnel travaillant quelque part* avec des virus artificiels avaient été infectés par accident en raison d'une manipulation imprudente. Après tout, la récente épidémie de brucellose a été causée par une stérilisation incomplète de la bactérie dans une certaine usine de production. »

En juillet 2019, une épidémie de brucellose** avait éclaté à Lanzhou, au nord-ouest de la Chine. Le 26 décembre 2019 exactement, un rapport d'enquête a conclu qu'elle provenait d'une usine de vaccins.

Le vendredi 27 décembre 2019 au matin, Petit Chien de Montagne reçoit un nouveau message d'un collègue : « Hier, j'ai vu que le professeur XXX*** disait que l'Institut de virologie de Wuhan est situé à proximité. »

Personne ne pouvait ignorer cette étrange coïncidence. Car Wuhan était connue dans le monde scientifique, avant même la pandémie, pour abriter cet institut, l'un des plus grands centres de recherche en virologie du pays. L'Institut de virologie de Wuhan, couramment abrégé IVW (WIV en anglais), a été fondé par l'Académie chinoise des sciences en 1956, et est un des fleurons

* Comme le fait remarquer l'enquêteur Gilles Demaneuf dans sa traduction, ce « quelque part » semble désigner un laboratoire, en évitant d'employer le terme précis. On notera aussi que le texte de Petit Chien de Montagne ne parle pas de n'importe quel scénario de fuite de laboratoire, mais spécifiquement de « virus artificiels » (人工病毒, « virus fabriqués par l'homme »).

** Maladie provoquée par une bactérie propagée par des animaux d'élevage.

*** Le nom est flouté dans la capture d'écran.

des ambitions scientifiques de la République populaire de Chine. Depuis Mao, celle-ci s'est fixé comme objectif de devenir une superpuissance savante et d'égaler sur ce front les États-Unis. En 2019, elle les a d'ailleurs dépassés pour la première fois en nombre annuel de publications scientifiques.

La virologie était une de ces sciences de pointe sur lesquelles les autorités chinoises ont misé pour devenir numéro 1 mondial. Dans l'histoire de l'humanité, la Chine a été une des régions principales d'émergence des grandes épidémies. Les deux grandes pandémies de peste du millénaire, la peste noire au XIVe siècle, et la peste de Chine au XIXe, sont parties de l'Empire chinois. Le disciple de Pasteur Alexandre Yersin avait d'ailleurs isolé le bacille de la peste dans une petite paillote à la périphérie du port de Hong Kong, en 1894.

La première grande pandémie de grippe de 1889-1890 pourrait être aussi née en Chine. C'est confirmé pour la grippe asiatique de 1957 et la grippe de Hong Kong de 1968. Le premier SARS, enfin, est apparu en 2002 dans le Guangdong. Dans cette grande province du Sud, les marchés aux animaux sont d'une dimension particulière. Ils alimentent à l'échelle nationale l'industrie de la « médecine traditionnelle chinoise », promue par le régime, et les banquets et la gastronomie de viandes rares, exotiques ou sauvages, inhérents à la culture du réseautage à la chinoise, le *guanxi*. Un proverbe cantonais dit ainsi : « On mange tout ce qui a quatre pattes sauf les tables. »

Entre ces habitudes alimentaires et culturelles, la masse immense de la population chinoise, les densités considérables des villes, la diversité des milieux naturels connectant la steppe d'Asie centrale aux forêts tropicales d'Asie du Sud-Est, et l'industrialisation précoce et toujours croissante des élevages, le pays tout entier constitue le bain de culture idéal pour faire émerger sans cesse de nouvelles maladies.

La surveillance des épidémies s'est donc naturellement concentrée sur la Chine, d'abord depuis l'université de Hong Kong qui a ouvert un département de microbiologie en 1968, à quelques centaines de mètres de la paillote où Alexandre Yersin découvrit l'« origine » de la peste.

Depuis, les chercheurs chinois sont eux-mêmes devenus parmi les meilleurs du monde, confrontés régulièrement à l'émergence de nouvelles maladies, les grippes aviaires H5N1 de 1997 et 2004, le SARS de 2003... Chaque fois, des « réservoirs » animaux avaient rapidement été identifiés par les virologues : des oiseaux sauvages et la volaille industrielle pour les grippes aviaires ; et pour le SARS, les chauves-souris. Dans le cas du SARS, il y avait eu aussi un « hôte intermédiaire », un mammifère chez qui le virus avait évolué, et s'était donc adapté à la classe d'animaux à laquelle appartient l'homme. Il s'agissait probablement en l'occurrence de civettes palmistes[4], élevées pour leur chair et la médecine traditionnelle, et vendues dans des marchés et à des restaurants.

Contrairement à une idée répandue, les laboratoires de Wuhan ne sont pas installés à proximité des régions de Chine d'où est originaire cette famille de coronavirus. Le pays est un continent à lui tout seul. La métropole, dans la moyenne vallée du Yangtzé, est à des centaines de kilomètres des premières colonies de chauves-souris qui sont les réservoirs originels des virus de la famille du SARS, et à plus de 1 500 kilomètres du Yunnan, la province du sud-ouest de la Chine d'où provient le virus de 2003.

En étant détecté à Wuhan, le nouveau virus semblait donc plus proche des laboratoires chargés de surveiller les coronavirus de chauve-souris que des chauves-souris elles-mêmes. D'où les premières hypothèses de Petit Chien de Montagne : soit quelqu'un avait rapporté le virus à Wuhan après avoir été contaminé à la campagne ; soit il s'agissait d'un accident de laboratoire.

Les résultats de ses analyses reviennent à l'hôpital central de Wuhan dans la journée du vendredi 27 décembre 2019, non par écrit mais par un simple appel téléphonique. D'après une source anonyme de *Caixin*[5], Vision Medicals n'a pas osé rendre un rapport écrit. Urgence ? Sujet trop sensible ? La découverte d'un nouveau virus provoquant une maladie aussi grave supposerait dès lors, suivant le règlement sanitaire international – un accord adopté en 2005 à la suite du premier SARS – que l'État membre de l'OMS qui le détecte le signale à la communauté internationale dans les vingt-quatre heures[6]. Ce n'est pas ce qui va se produire dans le cas du virus de Wuhan.

Grâce aux journalistes chinois qui ont enquêté en janvier-février 2020 sur le sujet, on sait précisément comment les médecins de Wuhan ont réagi à cette information critique et l'ont répercutée à leur hiérarchie. À l'hôpital provincial du Hubei, la cheffe du service de soins intensifs, la docteure Zhang Jixian*, alors 54 ans, elle-même vétéran de l'épidémie de SARS, a reçu le 26 décembre 2019 un couple de patients âgés, qui présentaient toux et fièvre[7]. La médecin leur a fait passer un scanner thoracique, et a découvert à l'examen des images des « taches », ce qui serait plus tard caractérisé

* En mandarin, les noms et prénoms sont ordonnés dans l'ordre inverse de celui des langues européennes. Zhang est le nom de famille (toujours ou presque d'un seul caractère chinois, et donc d'une seule syllabe en transcription en alphabet latin), Jixian le prénom (souvent deux caractères).

comme un des symptômes spécifiques de la nouvelle maladie, des « plages de verre dépoli », la distinguant des pneumonies courantes.

Le même jour, le scanner thoracique d'un autre patient de la docteure Zhang, qui avait été au marché de Huanan, présente les mêmes formes inquiétantes.

Suspectant une maladie contagieuse, Zhang demande à voir le fils du vieux couple qui, bien qu'adulte, vit comme beaucoup de Chinois avec ses parents. N'ayant aucun symptôme apparent, celui-ci refuse de se faire examiner à son tour. En Chine communiste, les soins ne sont pas gratuits, et les hôpitaux ont la mauvaise réputation de pousser les patients à des examens inutiles. La spécialiste insiste, obtient son scanner… qui trahit les mêmes lésions. « Il est peu probable que trois membres d'une famille aient attrapé la même maladie au même moment sauf si c'est une maladie infectieuse », conclut la docteure Zhang Jixian. Le fils n'a pas été contaminé au marché par un animal, mais semble avoir été contaminé par ses parents. Cela confirme une transmission entre êtres humains. Mais suggère aussi qu'il existe des cas « asymptomatiques », ou faiblement symptomatiques, qui pourraient être contagieux et répandre le virus de manière invisible.

La spécialiste soupçonne en outre déjà un virus, même si rien n'indique qu'elle ait été informée des résultats des analyses des laboratoires revenues à l'hôpital central de Wuhan. Ces informations sont capitales, mais faute d'être officialisées immédiatement par la Chine, elles vont être âprement débattues entre scientifiques durant plusieurs semaines, plusieurs mois même pour l'existence de patients asymptomatiques et contagieux.

Consciente de la gravité de l'information, la docteure Zhang met immédiatement ses patients à l'isolement, et demande à son personnel de s'équiper systématiquement de masques. Et elle rédige un rapport à la direction de l'hôpital, dont le contenu sera transmis le jour même au CDC*, mais encore et toujours à l'oral seulement. Les CDC sont des centres de lutte contre les maladies répartis sur tout le territoire, et inspirés du modèle américain. Averti, le CDC du district a lancé une investigation épidémiologique et envoyé à l'hôpital de la docteure Zhang une équipe d'experts d'un hôpital spécialisé dans les maladies infectieuses, l'hôpital Jinyintan de Wuhan. Durant le week-end, cette équipe a embarqué six des sept patients traités par Zhang.

Mais au lieu d'envoyer une alerte à l'OMS dès le samedi ou le dimanche, le CDC va rester silencieux tout le week-end.

À l'hôpital provincial du Hubei, le dimanche 29 décembre, une réunion de dix spécialistes émet un rapport qui juge la situation « extraordinaire », pressant la direction de l'hôpital de rapporter directement l'information aux autorités sanitaires municipales et provinciales.

Lundi 30 décembre, vers midi, à l'hôpital central de Wuhan, la cheffe des urgences, la docteure Ai Fen[8], alors 46 ans, examine elle aussi un scanner thoracique d'un nouveau patient. Toujours les mêmes taches. Un ancien camarade de faculté de médecine, exerçant dans un autre hôpital, lui envoie un message : la capture d'écran d'une conversation WeChat. « N'allez pas au marché de Huanan ces temps-ci, il y a de nombreuses personnes qui en reviennent avec une fièvre… », avertit la conversation partagée. « Est-ce vrai ? », l'interroge son confrère. Elle confirme et lui renvoie une courte vidéo de son écran.

* Abréviation de l'anglais Center for Disease Control, « Centre de contrôle des maladies ».

À 15 h 10 exactement, la commission sanitaire municipale de Wuhan émet un « avis urgent » à l'ensemble des hôpitaux de la ville[9].

Le document ne constitue pas une annonce publique, mais un ordre confidentiel, au tampon rouge à étoile des institutions de la République populaire de Chine, d'informer avant 16 heures la commission de tous les cas de pneumonies inexpliquées liées au marché de Huanan. Une enquête disciplinaire chinoise[10] révélera qu'il aura suffi de douze minutes pour que le document fuite sur les réseaux sociaux.

À 16 heures, l'urgentiste Ai Fen lit enfin le premier rapport écrit d'un laboratoire. Celui-ci affirme qu'un échantillon prélevé sur un patient admis le 27 décembre est positif au « coronavirus SARS » – une erreur, le nouveau coronavirus étant un virus différent et inconnu jusque-là. Elle en a des « sueurs froides ». Elle appelle immédiatement la direction, et renvoie une capture d'écran du rapport du laboratoire d'analyse avec « coronavirus SARS » entouré en rouge à son ancien camarade de promo et à d'autres collègues, qui le font circuler. Le but était d'inviter les équipes soignantes à se protéger.

L'un d'eux est un ophtalmologue de l'hôpital central de Wuhan, le docteur Li Wenliang.

À 17 h 43, ce jeune médecin de 33 ans renvoie l'image à ses propres camarades de promo, leur affirme que « 7 cas de SARS sont confirmés provenant du marché de Huanan », et joint encore la vidéo du scanner thoracique. Des captures d'écran de la conversation atterrissent rapidement sur Weibo, sorte de Facebook chinois. Un second avis urgent de la commission sanitaire municipale de Wuhan parvient aux hôpitaux à 18 h 50. Il fuite lui-même en dix minutes.

De là, la rumeur en ligne d'un « retour du SARS » va se propager à l'échelle nationale. Dès le soir du

30 décembre, des internautes chinois partagent des images du marché de Huanan, où débarquent des équipes du CDC pour y faire des prélèvements[11]. Finalement, au matin du 31 décembre, les premiers médias chinois[12] publient des articles confirmant l'existence des avis urgents et de pneumonies « d'origine inconnue ». À 12 h 59 heure de Pékin, soit 0 h 59 heure de Washington, ProMed[13], une plateforme en ligne d'agrégation automatique d'informations médicales basée en Amérique du Nord, publie une traduction d'un des premiers articles chinois. C'est ainsi que le siège de l'OMS à Genève est informé et demande à son bureau de Pékin de requérir des informations auprès des autorités chinoises[14]. La réponse ne viendra que le 3 janvier.

Cependant, une demi-heure après l'alerte ProMed, la commission sanitaire municipale de Wuhan a fini par publier sur son site Internet son premier communiqué sur l'épidémie[15]. Le texte assure que la commission a immédiatement réagi en lançant une enquête, et identifié 27 cas, dont 7 dans un état grave. « À l'heure actuelle, tous les cas ont été isolés et traités, et se poursuivent désormais le traçage et l'examen médical des cas contacts, l'enquête des services d'hygiène et l'assainissement environnemental du marché de Huanan », ajoute le communiqué. De fait, au lieu d'être scellé et gardé en l'état pour une enquête approfondie, le marché a été rapidement ratissé par des agents du CDC qui ont prélevé des échantillons dans les étals, qu'ils ont ensuite intégralement désinfectés.

« Jusqu'à présent, l'enquête n'a pas trouvé de preuve évidente de transmission interhumaine », précise enfin la commission. L'information est à l'évidence fausse. D'abord parce qu'elle est contredite par le récit de la docteure Zhang Jixian de l'hôpital provincial du Hubei. Mais elle est aussi suspecte étant donné le nombre de cas identifiés et alors qu'un virus, et à plus forte raison un coronavirus de la famille du SARS, est suspecté. Dans l'immense majorité des cas, une zoonose, la contamination d'êtres humains par une maladie portée jusque-là par des animaux, se limite à un nombre très réduit de cas, qui ne sont pas contagieux entre hommes, car la maladie n'est en général pas adaptée tout de suite aux cellules humaines. Il en résulte donc seulement une poignée de cas très graves, qui ne provoquent pas une large épidémie.

Dans le cas de ces pneumonies d'origine inconnue, le total initial de 27 cas a mis immédiatement la puce à l'oreille des scientifiques sur le fait que les autorités sanitaires chinoises transmettaient une information incorrecte.

« La nouvelle m'était parvenue le 30 décembre », témoigne l'Anglo-Américain Peter Daszak[16], président d'une organisation privée appelée EcoHealth Alliance, qui collabore depuis une quinzaine d'années avec les laboratoires de Wuhan. « Le 30, j'avais déjà entendu qu'ils pensaient que c'était un coronavirus, 20 % différent du SARS. Mais ce n'est pas quelque chose qu'on peut dire publiquement. Je ne l'ai pas indiqué dans mon premier tweet du 31 décembre, parce que ce n'était pas confirmé. »

La multiplication des cas ne lui semble pas coller avec un virus peu ou pas transmissible entre êtres humains. « Le 30, j'avais entendu parler de 8 cas, ajoute-t-il. Puis le nombre de personnes avait crû et d'ici au 10 janvier, c'étaient 30-40 cas. » Si toutes ces personnes avaient été contaminées par une source unique, des animaux ou de la viande, et n'étaient pas contagieuses, cela voulait dire que la source continuait d'infecter de nouvelles personnes. « Je ne pensais pas que c'était le plus probable, explique Daszak. La rumeur voulait que le marché ait été fermé. Donc il semblait qu'il y avait une transmission interhumaine. »

« Je ne comprends pas comment vous pouvez obtenir autant de cas sans transmission interhumaine », commente dès le 10 janvier 2020 dans le magazine *Science*[17] Peter Daszak. À la même période, l'épidémiologiste français Arnaud Fontanet de l'Institut Pasteur a eu le même raisonnement*. L'épidémie était probablement contagieuse, et beaucoup plus large qu'annoncé.

La nouvelle n'a pas tardé à arriver aux oreilles des plus grands dirigeants de la science mondiale, non pas juste les simples chercheurs, mais les directeurs d'agences et de fondations qui les financent.

L'un des tout premiers a été Jeremy Farrar, principal « patron » de la science médicale britannique. Il dirige depuis 2013 le Wellcome Trust, une organisation caritative basée à Londres. En 2018-2019, elle a distribué 1,1 milliard de livres sterling[18] à la recherche mondiale. Contrairement à d'autres, Farrar n'est pas une personnalité controversée dans le monde de la recherche. Ses confrères le décrivent comme un savant « très intelligent », « hypermalin », se remémorent volontiers les bons souvenirs de chopes de bière descendues en marge des congrès scientifiques.

Né en 1961, il a longtemps dirigé le centre de recherche de l'université d'Oxford à Hô Chi Minh-Ville au Vietnam, qui a alerté en 2004 sur l'émergence du virus de grippe aviaire H5N1. Professeur de médecine tropicale à Oxford jusqu'en 2013, c'est donc lui-

* Réponse écrite à des questions de l'auteur : « Le contexte (marché) et le tableau clinique (pneumopathie virale atypique et non grippale) correspondaient à celui d'un betacoronavirus comme le SRAS ou le MERS (Middle East Respiratory Syndrome) qui sont transmissibles de personne à personne. »

même un « chasseur de virus », et non comme d'autres dirigeants scientifiques un mandarin qui a grenouillé dans l'administration toute sa carrière. Nommé PDG du Wellcome Trust à seulement 52 ans, Farrar n'a pas chômé puisqu'il a été en première ligne durant la décennie face aux épidémies d'Ebola qui ont ravagé l'Afrique de l'Ouest et le bassin du Congo.

Le 31 décembre 2019, il est d'ailleurs dans un aéroport, de retour du Rwanda et de République démocratique du Congo, quand il repère les premières informations sur la mystérieuse pneumonie de Wuhan. Il envoie immédiatement un message à un homologue chinois, Gao Fu, le directeur des CDC de Chine*. Celui-ci se fait appeler George Gao par ses confrères occidentaux. Lui aussi est né en 1961 et a étudié à Oxford, mais pas au même moment que Farrar. Dans son livre, ce dernier décrit le chercheur chinois comme un « personnage très aimable, autant qu'un scientifique respecté, un brillant imitateur et un fan de karaoké ».

Gao a rappelé Farrar directement, assurant que les cas avaient été rapportés à l'OMS, et surtout « que nous n'avions pas besoin de nous inquiéter parce que ce n'était pas le syndrome respiratoire aigu sévère (SARS) ».

Quelques heures plus tard, George Gao téléphone à un autre grand chercheur, l'épidémiologiste Walter Ian Lipkin, de l'université de Columbia à New York. Selon une interview donnée à la BBC[19], Lipkin est alors en plein dîner de réveillon. « Il avait identifié le virus, rapporte l'Américain. C'était un nouveau coronavirus. Et il n'était pas très transmissible. Ça ne faisait pas vraiment sens pour moi, parce que j'avais appris que de très nombreuses personnes avaient été infectées. » Ian Lipkin retourne fêter la nouvelle année, comme

* Contacté, George Gao n'a pas répondu à nos questions.

des milliards d'êtres humains. Il n'envisage pas que son confrère lui mente, mais il se dit qu'il se trompe peut-être.

Le 1er janvier, les laboratoires d'analyse privés qui avaient les premiers identifié un nouveau virus reçoivent l'ordre de détruire leurs échantillons[20].

Le même jour, plusieurs médias chinois annoncent que la police de Wuhan[21] a arrêté huit personnes accusées de répandre des rumeurs.

L'ophtalmologue Li Wenliang est convoqué au poste le 3 janvier.

2

La boîte de Pandore

Une des premières personnes au monde à avoir eu connaissance de l'épidémie est la ministre de la Santé française Agnès Buzyn.

Fille d'un survivant de la Shoah – Elie Buzyn, mort au printemps 2022 –, elle est restée longtemps un personnage secondaire de la Macronie, le clan du très jeune chef d'État français, Emmanuel Macron, élu en 2017. Studieuse, l'hématologue a été présidente de l'Institut de radioprotection et de sûreté nucléaire et présidente de l'Institut national du cancer, avant d'entrer au gouvernement.

À la presse[1] et lors d'une audition parlementaire[2], elle a assuré avoir repéré l'information sur la nouvelle épidémie sur Internet* dès fin décembre 2019, avant

* La date et la source sont incertaines. La première déclaration dans l'article du *Monde* du 17 mars 2020 (voir note 1) indiquait le 20 décembre. Les déclarations ultérieures parlent du 25 décembre. Cette dernière date se retrouve dans un document présenté comme un « journal » de la ministre, écrit au cours de l'année 2020, retraçant jour par jour la gestion de la crise sanitaire au sommet de l'État français. Obtenu par l'auteur au début de l'année 2022, le « journal » avait été saisi dans le cadre de perquisitions menées par la Cour de justice de la République, qui a mis en examen Agnès Buzyn en septembre 2021. Interrogée par l'auteur, la ministre confirme une date entre le 25 et le 30 décembre,

même toute annonce officielle. A-t-elle alors conscience de ce qu'impliquent ses propos ?

Entre Noël et le réveillon 2019, elle profite de quelques jours de repos dans sa maison en Corse. Sur sa terrasse, elle aurait navigué sur son smartphone et serait tombée sur un « article d'un blog anglo-saxon », illustré d'une radiographie ou d'un scanner du thorax. Ce document, jamais identifié, aurait décrit des cas de pneumonies inexpliquées en Chine.

Intriguée, Agnès Buzyn met donc le ministère de la Santé français en alerte dès début janvier 2020[3]. Mais dans l'immédiat, Paris se concentre sur un dossier décrit – déjà ! – comme capital : la réforme des retraites !

Mardi 7 janvier, l'après-midi est consacré aux rituelles questions à l'Assemblée nationale. L'épidémie chinoise n'a pas encore retenu l'attention de la presse française. À 18 h 08 précisément, sur le banc des ministres, Agnès Buzyn envoie un court SMS à Jérôme Salomon, le directeur général de la santé, poste de commandement de l'administration sanitaire française :

« Des nouvelles de l'épidémie chinoise ? demande-t-elle.

– Élément troublant, Wuhan abrite le P4, précise Salomon.

– Le P4 n'est a priori pas fonctionnel, répond la ministre.

– A priori », lâche le DGS, mystérieux[4].

Agnès Buzyn connaît forcément ce fameux « P4 » : ce laboratoire de haute sécurité de l'Institut de virologie de Wuhan a été construit avec l'aide de la France, et

au cours de son séjour en Corse ; une source au sein de son cabinet confirme l'existence d'un message sur le sujet à cette période. Cependant, aucun post de blog correspondant à sa description n'a pu être retrouvé, ni aucun tweet sur la pneumonie de Wuhan avant la nuit du 30 au 31 décembre 2019.

son mari, Yves Lévy, a présidé l'Inserm jusqu'en 2018 et donc supervisé personnellement cette coopération.

La fourniture d'un laboratoire P4 à la Chine par la France est une histoire longue et tortueuse[5], un dossier explosif qui a hanté quatre présidences françaises, de Chirac à Macron.

P4 est une classification française pour les « pathogènes de classe 4* », les plus mortels, ceux pour lesquels il n'existe aucun traitement décisif, comme Ebola, la variole ou la fièvre hémorragique du Congo. Les virus type SARS sont eux des pathogènes de classe 3, donc moins dangereux. La mortalité du premier SARS était de seulement environ 10 % – contre plus de 60 % pour un virus comme Ebola. En général, un pathogène est supposé n'être manipulé que dans la classe de laboratoires correspondante – mais il n'y a pas de réglementation internationale, et même au sein de chaque pays, la règle peut varier. La dangerosité ne repose pas seulement sur la létalité. Comme pour la grippe de 1918 ou le Covid-19, un dosage particulier de mortalité modérée, de haute transmissibilité et d'absence d'immunité de la population peut occasionner des dommages beaucoup plus graves qu'une épidémie d'un pathogène de classe 4. C'est ce qu'on appelle des « pathogènes à potentiel pandémique », et certains experts en biosécurité s'interrogent pour savoir s'il faut les étudier aussi en P4[6].

L'idée de fournir un P4 à la Chine ne vient pas d'abord du gouvernement français, mais d'un industriel, le magnat pharmaceutique Alain Mérieux. Cet héritier d'une dynastie de médecins lyonnais qui a fondé en 1897 l'Institut Mérieux a transformé l'usine de vaccins

---

* En anglais, noté BSL 4, soit « *biosafety level 4* » (« niveau de biosécurité 4 »).

léguée par son père en multinationale. Il s'est lancé dès les années 1980 à la conquête du marché le plus prometteur du monde, la Chine. Il est un des très rares hommes d'affaires étrangers à entretenir des liens personnels avec les plus grands princes rouges, les descendants des fondateurs du Parti communiste chinois.

Des liens étroits s'étaient noués alors qu'il était engagé en politique, premier vice-président de la région Rhône-Alpes. Celle-ci avait signé en 1986 un accord avec la municipalité de Shanghai – dont le maire était alors Jiang Zemin, futur numéro 1 du PCC[7]. Et Mérieux a qui plus est réussi l'exploit de se maintenir bien en cour malgré les alternances chinoises, et leurs inévitables purges. En 2014, le nouveau président chinois en visite en France, Xi Jinping, avait carrément débarqué à Lyon directement chez l'industriel, avant de rendre visite au chef de l'État français d'alors, François Hollande[8].

À la fin des années 1990, le projet poussé par Alain Mérieux d'aider ses amis chinois à s'équiper d'un P4 avait initialement essuyé un « feu rouge » des services de renseignement français[9]. Cependant, en avril 2003, le Premier ministre Jean-Pierre Raffarin s'était rendu en Chine en pleine épidémie du premier SARS. À son retour, il avait convaincu le président de la République[10] : l'année suivante, le 9 octobre 2004, Jacques Chirac avait été à Pékin signer en grande pompe un « accord de coopération franco-chinois sur les maladies infectieuses émergentes ». Ce texte comprenait trois volets : l'ouverture d'un Institut Pasteur à Shanghai, ce qui fut chose faite moins d'un an plus tard ; la construction d'un laboratoire P4 à Wuhan ; et des programmes communs de coopération scientifique entre la France et l'Institut de virologie de Wuhan[11].

Les plans pour le P4 furent confiés à deux sociétés françaises : les architectes lyonnais Tourret et Jonery, qui avaient construit le P4 Jean-Mérieux de Lyon, inauguré en 1999 ; et un cabinet d'ingénierie spécialisé dans la biosécurité, Clima-Plus, chargé de concevoir un système de confinement à toute épreuve. Le chantier en tant que tel échut à des entreprises chinoises. Le suivi du dossier devait être supervisé par un « groupe de pilotage » de l'accord de coopération, coprésidé par un représentant chinois et un Français.

La réalisation du projet va cependant prendre plus de dix ans ! En cause, non pas tant des problèmes dans l'exécution qu'une impitoyable guerre intestine… entre Français.

D'un côté, Alain Mérieux, devenu coprésident du conseil de suivi en 2008, et les diplomates chargés de faire avancer la coopération, ont tenté d'exécuter l'engagement pris par la présidence de la République, et relayé maintes fois l'impatience des Chinois.

De l'autre, le renseignement a freiné des quatre fers. Les représentants français dans le conseil de l'accord comprennent en effet un fonctionnaire du secrétariat général de la Défense et de la Sécurité nationale (SGDSN), où siègent les agences de renseignement françaises. Ce secrétariat, sous l'autorité du Premier ministre, est chargé de valider les exportations de technologies à usage militaire, ou comme dans le cas d'un laboratoire P4, duales, c'est-à-dire pouvant servir à des usages à la fois civils et militaires.

Le SGDSN suspectait la Chine de vouloir détourner le P4 à des fins militaires, ou bien de viser à le dupliquer pour créer un laboratoire militaire. Son opposition à la coopération avec Pékin trouvait aussi des soutiens dans les ministères. Cette coalition informelle regroupait des directeurs des renseignements intérieur et extérieur, des officiers du ministère de la Défense, des fonctionnaires de Bercy chargés de lutter contre l'espionnage économique, des diplomates méfiants envers la Chine. Elle était qualifiée par ses adversaires de « néo-conservateurs » ou de « sinophobes ». L'un des membres de cette ligue hétéroclite s'amusait des critiques en surnommant lui-même ironiquement son propre camp la « Secte[12] ».

Pour les partisans de la coopération, les accusations prêtant aux Chinois un noir dessein ne reposaient cependant sur rien. De fait, la Chine n'a jamais vraiment été prise la main dans le sac. Si quelques liens troublants avec l'Armée populaire de libération ont été mis au jour parmi les entreprises chargées du chantier[13], jamais on n'a démasqué un véritable programme d'armes biologiques, ce qui aurait fait définitivement capoter la coopération.

Pour les défenseurs de l'accord de 2004, ces attaques étaient donc vues comme une manipulation pour torpiller le rapprochement franco-chinois... venant de Washington, qui avait toujours signifié son opposition. « Le SGDN* était sous la pression des Américains », déplore par exemple le professeur Bernard Belloc[14], responsable de la coopération scientifique à l'ambassade de France à Pékin de 2005 à 2007, puis conseiller scientifique du président Nicolas Sarkozy. « Les Américains voyaient bien que cela finirait par des partenariats sur les vaccins. Ils craignaient de perdre en compétitivité. »

La bataille, sans pitié, en a laissé quelques-uns sur le carreau. Des carrières brisées. Des scientifiques éberlués par des menaces de poursuites judiciaires. Des coopérants revenant de Chine pour finir au placard. Avec pour seule satisfaction d'avoir fini par accoucher de ce satané P4.

Malgré tout, Alain Mérieux est parvenu à mener le projet jusqu'au bout. Non sans payer de sa personne.

* Secrétariat général à la défense nationale, nom du SGDSN avant 2010.

Dans un courrier au gouvernement de 2010, il avait menacé de claquer la porte. Il prévoyait deux issues également désastreuses pour Paris si les dissensions dans la partie française continuaient de perturber les travaux[15] : soit « un refus d'accréditation du laboratoire P4 de Wuhan par l'autorité chinoise compétente et l'OMS » ; soit « en cas d'accréditation et donc de mise en service du laboratoire le danger d'un accident biologique grave. Dans les deux situations, la responsabilité de la France sera mise en cause ».

L'avertissement a eu son effet. La première pierre fut finalement posée en 2011, la dernière en 2015. Le chantier aurait englouti plus de 40 millions d'euros – payés par la Chine, la France ayant cependant investi plusieurs millions d'euros pour accompagner l'accord, en salaires de ses coopérants principalement[16].

Le résultat est un laboratoire biologique de classe mondiale.

Le P4 se situe à 30 kilomètres du centre-ville de Wuhan, à l'extrême sud de l'agglomération, dans un nouveau campus qui sert depuis de quartier général à l'Institut de virologie. À l'écart, après des bâtiments administratifs en brique, le laboratoire de haute sécurité est un cube d'aluminium gris surélevé et sans fenêtres. À l'intérieur, les murs sont en acier inoxydable, et les portes laissent apercevoir au travers d'épaisses vitres les espaces de confinement, les machines de décontamination, les isolateurs pour animaux, les congélateurs, les paillasses et les scaphandres alimentés en air depuis le plafond, renfermant des « opérateurs », les chercheurs formés aux procédures extrêmement strictes pour éviter tout risque de contamination.

Un laboratoire P4 est conçu comme une boîte absolument étanche. Seul le corps du chercheur est censé y entrer et en sortir. Le système d'aération est étroitement filtré, et tous ses déchets sont systématiquement incinérés.

Inspirés, dit-on, par des Français, les chercheurs de Wuhan décrivaient parfois le bâtiment en reprenant une vieille légende grecque. Première femme humaine, façonnée d'eau et d'argile par le dieu forgeron Héphaïstos, Pandore avait reçu la vie d'Athéna, et des dons des autres dieux de l'Olympe. Zeus lui avait remis une jarre scellée en lui interdisant de l'ouvrir. Mais rongée par la curiosité que lui avait insufflée Hermès, Pandore l'ouvrit. Elle contenait tous les maux de l'humanité : vieillesse, maladie, guerre, famine, misère, folie, vice, tromperie, passion, orgueil… et espérance.

On surnomma ainsi le laboratoire P4 la « boîte de Pandore[17] ».

3

Que cache Paris ?

En janvier 2015, le chantier du P4 terminé, Alain Mérieux a quitté le comité de pilotage de l'accord avec la satisfaction du devoir accompli. Lui a alors succédé le président de l'Inserm, Yves Lévy. Cet immunologue, spécialiste du VIH, est passé par le cabinet de la ministre de la Recherche au début de la présidence de François Hollande. Époux à la ville comme à la scène d'une technocrate de la santé, Agnès Buzyn, future ministre de la Santé du président Macron, ce personnage influent hérite d'un dossier toujours miné. Ceux qui l'apprécient le décrivent comme l'un des hommes les plus intelligents qu'ils aient rencontrés. Il a aussi ses ennemis.

En février 2017, l'accréditation du laboratoire par le Service d'accréditation national de Chine (CNAS*) a été l'occasion d'une inauguration en présence de l'éphémère Premier ministre de l'époque, le socialiste Bernard Cazeneuve. Dans son discours, le Premier ministre a promis 5 millions d'euros pour la coopération. Yves Lévy, présent à ses côtés, se voit confier la mission de concrétiser la promesse. Mais le P4 n'est pas encore tout à fait opérationnel à cette époque. Il faut encore

* China National Accreditation Service.

former les chercheurs, fournir des scaphandres, obtenir une accréditation internationale de l'OMS... Et préciser le contenu des éventuels « programmes communs ».

L'Institut Pasteur s'était déjà positionné sur le créneau. Dès le 25 mars 2016, l'Institut Pasteur de Shanghai et l'IVW ont signé un accord de coopération stratégique[1]. Le projet n'avait rien de secret, ni n'était une initiative locale entre institutions en Chine, mais était poussé au plus haut niveau de l'Institut Pasteur et des autorités scientifiques chinoises. À l'été suivant, Christian Bréchot, directeur du réseau Pasteur, a lui-même signé un accord avec l'Académie des sciences chinoise selon lequel Pasteur Shanghai et Wuhan étaient censés établir un « laboratoire de recherche commun[2] ». Fin 2017, le projet a commencé à se matérialiser avec la signature d'un nouvel accord, le « G4 », groupe de recherche à quatre ans, basé à l'Institut Pasteur Shanghai (IPS), et unissant le P4 de Wuhan, l'Académie des sciences chinoise, l'Institut Pasteur, et la Fondation Mérieux[3], doté de 150 000 euros annuels. Début 2018, Zhang Jie, le vice-président de l'Académie des sciences chinoise, ne manque pas de rappeler l'importance du projet en se déplaçant personnellement à Paris pour rencontrer le nouveau directeur de l'Institut Pasteur, Stewart Cole[4].

Quand la ministre de l'Enseignement supérieur et de la Recherche, la biochimiste Frédérique Vidal, débarque en Chine à l'été 2018, c'est donc l'occasion de la faire venir à Pasteur Shanghai pour l'impressionner en lui dévoilant le contenu des initiatives pasteuriennes.

Alors que Mme Vidal fume une cigarette lors d'une étape à Shenzhen, au sud du pays, l'ambassadeur français en Chine, Jean-Maurice Ripert, lui annonce de but en blanc qu'elle va ensuite à Shanghai pour se voir présenter les projets engagés, détaillés dans une note diplomatique datée du 31 mai 2018[5]. Flottement dans son cabinet ? La ministre n'a pas été briefée avant son voyage.

Dans l'avion de la République française qui transporte les officiels, le PDG de l'Inserm, Yves Lévy, président du groupe de pilotage de l'accord de 2004 censé superviser l'ensemble de la coopération, est à ses côtés. Ils lisent le dernier rapport des « coopérants » en Chine, le service scientifique de l'ambassade, et de Jean-Michel Hubert, nommé secrétaire général du groupe de pilotage par Alain Mérieux. Et tombent des nues. L'Institut Pasteur de Shanghai s'est engagé dans des collaborations étroites avec le P4 de Wuhan, mais ni Vidal ni Lévy n'ont été avertis pour validation*.

« L'accord G4 signé en avril 2018 par la Fondation Mérieux, l'Institut Pasteur Paris, l'Académie des sciences de Chine et l'Institut Pasteur Shanghai a été monté dans l'esprit d'être rapidement opérationnel : équipes de chercheurs identifiées, avec des moyens financiers confirmés et un plan de mise en œuvre sur cinq ans. Il intègre largement la finalité sociale et sociétale de la lutte contre les MIE [maladies infectieuses émergentes] et pourrait constituer une bonne base pour initier rapidement des projets dans le P4 de Wuhan et y assurer une présence française dans le cadre de son utilisation. »

La note conclut sur Pasteur Shanghai : « Un appel d'offres international important semble se mettre en place : le chiffre de 220 millions de yuans (30 millions d'euros environ) a été avancé de manière informelle par l'Institut Pasteur Shanghai. »

* La note est restée strictement confidentielle depuis. Retrouvée au cours de cette enquête, elle comporte même des annotations de la main de la ministre Frédérique Vidal, qui confirment son étonnement face à ces initiatives prises sans son aval.

Yves Lévy est catégorique : jamais il n'avait été consulté pour la préparation de l'ensemble de ces projets. « Pasteur a joué directement sa carte », déplore-t-il aujourd'hui[6]. En soi, rien de répréhensible, la rivalité entre Pasteur et l'Inserm est légendaire.

En cette fin juin 2018, agacée de ne pas avoir été elle-même dûment informée pour validation, la ministre Frédérique Vidal inscrit d'ailleurs dans la marge : « Accord ? Sans engagement de l'État ? » Elle s'étonne clairement que Pasteur ait signé un tel accord avec le P4 de Wuhan sans mettre Paris dans la boucle.

À Shanghai, la délégation est reçue en grande pompe par les équipes de Pasteur. Le codirecteur nommé par les Français, le pasteurien Fernando Arenzana, a préparé une présentation vidéoprojetée qui liste les recrutements déjà opérés ou en cours. Prise de choix : Philippe Sansonetti[7], affilié à la fois à l'Inserm et à Pasteur, et professeur au Collège de France. Lévy, qui est en théorie l'un de ses patrons en France, est effaré de ne pas avoir été mis au courant. Il griffonne sur un bout de papier qu'il passe discrètement à la ministre. « J'apprends alors que l'Institut Pasteur de Shanghai collabore avec le P4 de Wuhan », explique-t-il trois ans plus tard.

Pour lui, les officiels français installés en Chine ont court-circuité Paris, pour contourner les oppositions de certains services à l'approfondissement des coopérations avec Wuhan. La ministre aurait été « piégée », le but de la réunion étant de la mettre face au fait accompli.

Côté ambassade et Pasteur Shanghai[8], on perçoit tout de suite l'accueil glacial aux projets présentés. « Ça faisait règlement de comptes à OK Corral, en rit jaune un des participants[9]. Les Chinois se sont sentis insultés par leur comportement. » Mais à l'entendre, difficile de comprendre comment la ministre et sa délégation auraient pu être prises de court : l'ambassade a toujours informé pas à pas le ministère des Affaires étrangères.

Comment expliquer la surprise en juin 2018 de la ministre de la Recherche de l'époque et du directeur de l'Inserm ? À écouter les coopérants postés en Chine, le ministère de la Recherche aurait simplement mal suivi le dossier. Ses représentants changeaient, disent les diplomates, à chaque réunion interministérielle. Et ils se seraient fait excuser plusieurs fois, faute de prendre la coopération franco-chinoise au sérieux.

À la sortie de la réunion à Pasteur Shanghai, Yves Lévy a immédiatement confié son souhait à Frédérique Vidal : « On arrête ça. »

Il ne va pas avoir le temps de s'en assurer.

4

Le Français du P4

Il ne devrait s'agir que d'un banal rapport de l'ambassade. Mais il va provoquer un profond malaise dans l'appareil d'État.

En juin 2018, Frédérique Vidal, elle-même biochimiste, lit cette note rédigée le 30 mai dans l'avion qui la mène à Shanghai, et est visiblement inquiète. L'introduction présente Jean-Michel Hubert, le secrétaire général du groupe de pilotage de l'accord de 2004, et le nouveau « Monsieur Qualité » du P4 de Wuhan, le professeur René Courcol. N'ayant aucune idée de qui il s'agit, Vidal interroge son conseiller diplomatique, et Yves Lévy, le président de l'Inserm, qui, comme président du pilotage de l'accord, devrait superviser Hubert.

Il semblerait que ceux-là mêmes qui devraient suivre le dossier ont raté un épisode. Ni Hubert ni Courcol n'ont pris leurs ordres auprès d'eux, comme la procédure l'aurait voulu.

Certains responsables parisiens disent toujours aujourd'hui n'avoir rien validé, et découvert les derniers progrès de la coopération lors de ce voyage. Dénonçant, en off, une « diplomatie parallèle » menée par Hubert, « porte-flingue d'Alain Mérieux[1] ».

Dans la marge de sa note, Vidal dessine un panneau

danger : « Je ne connais aucune de ces personnes... Il me semble essentiel que ces personnes rapportent au président de l'Inserm chargé par le PM [Premier ministre] de la coordination de l'accord de 2004 pour rester "en ligne". » La suite détaille la mission de René Courcol à Wuhan, qui aurait réussi à établir une « relation de confiance » avec ses collègues chinois.

Né en 1948, Courcol est un bactériologue qui avait fait toute sa carrière à l'université de Lille[2]. Président de la Société française de microbiologie au milieu des années 2010, il est l'auteur de deux manuels sur la biosécurité[3].

En octobre 2017, il prend un poste à l'Institut de virologie de Wuhan comme « expert technique international » chargé de la qualité de la biosécurité. L'existence d'un tel poste paraît faire suite à un précédent expert technique qui a suivi le processus d'accréditation du laboratoire P4.

La mission de Courcol est pourtant différente. D'après la description qui en est faite dans la note de mai 2018, il s'agit de fournir aux Chinois une « assurance qualité » du laboratoire alors que celui-ci entre en opération.

Le texte est dithyrambique sur cette nouvelle mission : « La stratégie proposée par le professeur Courcol pour la mise sous assurance qualité du laboratoire P4 de Wuhan est novatrice car elle consiste en une approche intégrative de plusieurs normes complémentaires pour répondre à une absence de norme internationale pour les P4. Cette approche permettra de couvrir tous les domaines, notamment ceux du biorisque (sécurité et sûreté biologique). Bien que la position du CNAS à ce sujet ait été claire – il n'est prêt, pour l'instant, à accréditer que sur des normes existantes et uniquement sur des normes existantes et sur demande spécifique du laboratoire P4 –, la stratégie intégrative proposée par le professeur Courcol ne pose pas de problème majeur côté chinois (qui peut le plus, peut le moins). Cette approche pourrait même bénéficier au P4 de Lyon et plus largement devenir un nouveau type de standard. »

Derrière le charabia technique, l'ambassade explique simplement qu'il n'y a pas de norme internationale qui permettrait de garantir la qualité de la sécurité du P4 de Wuhan. Courcol propose donc de fournir au laboratoire un document, une sorte de synthèse de plusieurs textes réglementaires, qui pourrait servir de modèle aux chercheurs de Wuhan.

Il va sans dire qu'un individu seul, sans pouvoir d'enquête et de contrôle, ne peut pas garantir la qualité de la sécurité d'un site. Qui plus est dans un univers aussi difficilement pénétrable qu'un institut de recherche d'une dictature communiste – sans même parler de la barrière de la langue.

Là aussi, l'information trouble la ministre. Soulignant « biorisque », elle inscrit à gauche : « La France ne peut pas prendre cette responsabilité pour le compte d'un établissement chinois. »

« Nous n'étions pas garants de la sécurité », persiste Frédérique Vidal quatre ans après[4]. « Nous étions garants de l'accompagnement et de la formation des chercheurs pour aller à la certification par l'OMS. » Espérée au départ, cette certification n'a en réalité jamais abouti.

« J'ai écrit dès le départ qu'il n'y a pas à garantir la qualité », assure quant à lui Yves Lévy[5]. Il affirme donc s'être opposé à l'origine à cette mission de René Courcol : « La responsabilité de l'accréditation et de la qualité, c'est la responsabilité des Chinois. Depuis le début, je suis en opposition avec cette décision qui a été prise au ministère des Affaires étrangères en présence de Mérieux par Maurice Gourdault-Montagne, alors secrétaire général du ministère des Affaires étrangères, et qui a été de promettre que la France devait assurer la partie technique. Nous ne pouvons pas assurer la partie technique. »

Pour Yves Lévy, l'accord de 2004 prévoyait seulement d'aider à la mise en œuvre de la construction, mais « pas du tout » de veiller au-delà à l'assurance qualité du laboratoire.

Cependant, en 2008, les Chinois avaient obtenu un avenant[6] qui prévoyait que la France fournirait une « assistance technique » pour la « conformité aux normes ». Pour ceux qui ne voulaient pas engager la responsabilité de la France, il devait s'agir juste d'une mission de conseil, pas de garantir la qualité de la biosécurité du P4.

Ancien sherpa diplomatique de Jacques Chirac, dont il était au sein de la diplomatie comme le dépositaire des volontés, Maurice Gourdault-Montagne avait été en poste comme ambassadeur à Pékin de 2014 à 2017, avant de diriger l'administration centrale du ministère des Affaires étrangères de 2017 à 2019, comme secrétaire général. Il confirme les divergences fortes entre Yves Lévy et Alain Mérieux : « Yves Lévy était tout à fait sur la réserve, se souvient-il. Mérieux considérait ça comme une priorité. »

« Yves Lévy n'a jamais dit officiellement qu'il y était opposé », nuance-t-il toutefois au sujet de l'assurance qualité du laboratoire P4. « Mais quand vous êtes président d'une institution comme l'Inserm, il suffit de ne pas bouger, de laisser passer les années. Au grand dam de la maison Mérieux. »

Après son départ de Chine, l'ambassadeur Gourdault-Montagne a cru, assure-t-il, que la coopération était en état de « mort cérébrale », parce que « les Chinois ne semblaient plus vouloir se lier avec des étrangers ».

Prophétique, une note blanche de l'Inserm du 18 juillet 2018[7] atteste les inquiétudes de sa direction : « D'une façon globale la notion de responsabilité de la France en cas de problème survenant au cours de l'exploitation du laboratoire P4 de Wuhan semble mal encadrée, prévient le document. Rappelons qu'au départ, l'accord sur la collaboration dans le domaine des maladies infectieuses entre la France et la Chine a été conçu pour encadrer la construction par un consortium d'industriels français (architectes, designers, etc.) qui relève du secteur privé. L'État français s'est en revanche investi dans l'accompagnement de la mise en service et de l'exploitation du laboratoire (conseil dans le domaine normatif, transfert de procédures, formation du personnel à la biosécurité et au travail en laboratoire P4, assistance à la mise en place d'un système qualité). Le degré de responsabilité des acteurs français dans ces différents domaines reste flou. Il conviendrait de le formaliser au moins pour disposer d'un socle en cas de problème. »

Autrement dit, ce document avertissait que si un incident grave se produisait à Wuhan, la mission de René Courcol pourrait laisser penser que Paris serait en partie responsable de ne pas avoir assuré la pleine sécurité de l'installation.

Ce second document précisait les inquiétudes de l'Inserm : « Être en mesure de s'assurer que le laboratoire P4 de Wuhan est opérationnel constitue un point vital pour : 1) Éviter de se voir attribuer la responsabilité de tout accident ou incident ; 2) Assurer la sécurité de nos ressortissants amenés à utiliser l'installation dans le cadre de collaborations. »

Et il mentionne spécifiquement que l'Inserm avait été averti par la Chine que le laboratoire P4 était alors en phase de test avec des pathogènes de classe 3 – comme des coronavirus : « Nous avions d'ailleurs été informés par la partie chinoise que la prise en main du laboratoire devait être réalisée avec l'usage de pathogènes de groupe de risque 3 pendant un an[8]. »

La note blanche se faisait enfin l'écho d'alertes sur la sécurité du laboratoire P4 qui auraient été émises par des sources françaises : « Par ailleurs, il avait été noté il y a un an que certains équipements du laboratoire n'étaient pas opérationnels, voire pas adaptés (isolateurs pour les animaux). Cette situation ayant un impact au moins en termes de sécurité biologique, il conviendra de s'assurer que des équipements conformes ont été mis en place. »

Les isolateurs sont des boîtes à gants, ces grosses boîtes en Plexiglas transparent avec des gants dans lesquels les opérateurs peuvent glisser leurs bras pour faire des manipulations à l'intérieur. Ils servent ici à manipuler les animaux sur lesquels sont effectués des tests.

En 2017, une note secret-défense avait été émise par l'ambassade de France à Pékin pour alerter sur ces problèmes de biosécurité du P4[9]. D'après deux sources qui y ont eu accès, son contenu serait similaire à celui de télégrammes diplomatiques américains de la même époque[10].

De retour à Paris à l'été 2018, Yves Lévy, le président de l'Inserm et de l'accord de 2004, a fait le tour des ministères et des institutions, pour discuter des évolutions de la coopération dont il était en principe le représentant.

Il n'a pas eu le temps de reprendre les choses en main. Avant la fin de l'été, suite à une polémique sur son renouvellement à la tête de l'Inserm, il est contraint de se retirer. Après quatre ans de service, il doit renoncer à un second mandat à l'été 2018, contesté par une fronde des directeurs de recherche de l'Inserm. Un éditorial de la revue *The Lancet*[11] est allé jusqu'à dénoncer le « conflit d'intérêts » supposé que constituerait son mariage avec la ministre de la Santé, Agnès Buzyn, sous la tutelle de laquelle est placé l'Institut.

Après son départ, aucun des points de contentieux n'a été tranché.

À l'automne 2018, la Direction de la mondialisation du ministère des Affaires étrangères, chargée de la coopération virologique avec la Chine, a envoyé une note confidentielle au ministre, Jean-Yves Le Drian, pour l'avertir de l'urgence de régler les questions en suspens.

Yves Lévy écarté, il fallait lui trouver un successeur. Un temps envisagée, la nomination du directeur de Pasteur, Stewart Cole, virologue britannique, essuya un feu rouge du ministère des Affaires étrangères. La note émise par le Quai d'Orsay en octobre 2018 l'écartait en raison « de possibles restrictions dans son niveau d'information », étant de nationalité étrangère, et « du manque de transparence des activités de l'Institut Pasteur en Chine[12] ».

C'est donc le polytechnicien Gilles Bloch[13], nommé président de l'Inserm fin 2018, qui a finalement pris la suite de Lévy à la tête du pilotage de la coopération.

« L'entrée en service du laboratoire P4 doit par ailleurs, et dans un même temps, conduire à un renforcement du contrôle sur les enjeux de non-prolifération avec la Chine », avertissait la Direction de la mondialisation. « La coopération scientifique est aujourd'hui le principal moyen dont la France dispose afin de : garder un regard sur l'activité du laboratoire P4 ; éviter un détournement des objectifs agréés entre nos deux pays [...]. »

D'après toutes les sources interrogées, rien n'a été résolu en 2019, malgré une visite présidentielle en Chine en novembre[14]. Impéritie ? Désintérêt pour une problématique sanitaire et scientifique qui ne disait rien aux technocrates du « château » plus portés sur la finance et les affaires industrielles ? Stratégie du « en même temps » typique d'Emmanuel Macron, qui n'aurait pas voulu trancher entre factions de l'aristocratie d'État ? « Si l'Élysée avait tapé du poing en 2018, on n'en serait pas là », regrette aujourd'hui l'un de ceux qui se sont battus jusqu'à la dernière minute pour la coopération[15].

Résultat, celle-ci a continué à avancer, mais dans le plus complet désordre. Dans ces conditions, le sommet de l'État ne pouvait être au courant de tout ce qu'il se passait. Nommé, Gilles Bloch n'a pas reçu de « mandat » pour remettre de l'ordre. L'Inserm a mené un projet avec Wuhan sur le virus Nipah, sans grande ambition, sans envoyer de chercheurs dans le P4 à Wuhan, et sans transférer de souches du virus comme le réclamaient les Chinois.

Pasteur a continué ses projets avec le P4 de son côté, recrutant des chercheurs français et internationaux pour travailler avec Wuhan, et participant à des collectes de virus dans le Yunnan. L'accord G4, qui portait d'abord sur le virus de Crimée-Congo, est tombé dans une impasse. « L'équipe a avancé autant que possible dans les étapes ne nécessitant pas un P4, précise Alain Mérieux[16]. Le projet a fini par être bloqué, faute d'accès au P4, puis définitivement abandonné début 2020. »

Et René Courcol a poursuivi son travail pour « assurer » la qualité du P4.

5

Affaire classée

Le 23 septembre 2019, sous les dorures et les lustres du spectaculaire salon Justin-Godart de l'hôtel de ville de Lyon, le gotha franco-chinois de la recherche et de l'industrie biomédicale est réuni pour le forum « Confluences franco-chinoises 2019 », organisé par la fondation sinophile de l'ancien Premier ministre Jean-Pierre Raffarin. Le maire de Lyon Gérard Collomb, le nouvel ambassadeur de Chine en France Lu Shaye et l'industriel de la biologie Alain Mérieux défilent à la tribune.

Shi Zhengli, directrice adjointe du P4 de Wuhan, est au premier rang et écoute religieusement les discours. Elle doit elle-même donner une conférence sur la coopération scientifique franco-chinoise sur les maladies infectieuses émergentes. Celle qui a effectué son doctorat à Montpellier rend visite le lendemain à des confrères virologues français de premier plan, comme Branka Horvat, spécialiste du Nipah à l'Inserm, et Dimitri Lavillette, une des recrues de Pasteur Shanghai pour travailler dans le P4 de Wuhan.

Au cours de la rencontre, les scientifiques ont évoqué les « passerelles possibles entre l'Institut Pasteur Shanghai, le CIRI [Centre international de recherche en infectiologie] et le WIV [abrégé IVW en français] », témoigne toujours le site du CIRI, un laboratoire réunissant la crème de la recherche lyonnaise.

C'est à ce jour le dernier voyage hors de Chine de la chasseuse de virus.

Le SARS-CoV-2 est apparu trois mois plus tard.

Quand ils ont appris la nouvelle, des anciens de l'ambassade de France en Chine se sont immédiatement appelés : « Ça ne peut pas être un accident de P4. C'est complètement idiot d'étudier ces virus-là en P4 », se disent alors deux de ces Français revenus de Chine.

Le 7 janvier 2020, quand Agnès Buzyn et Jérôme Salomon textotent brièvement sur la mystérieuse épidémie de Wuhan, ils semblent eux-mêmes s'en être arrêtés là : le P4 ne serait pas encore « fonctionnel ».

La « curieuse coïncidence » les frappe, mais ils ont d'autres chats à fouetter. Le ministère de la Santé français a fort à faire avec une grève « administrative » qui couve parmi les médecins hospitaliers, souhaitant dénoncer leurs conditions de travail en arrêtant d'accomplir leurs tâches administratives. Cependant, le 11 janvier, l'annonce du premier mort par la Chine incite Agnès Buzyn à informer le sommet de l'État.

Deux messages quasi identiques sont envoyés, l'un au Premier ministre Édouard Philippe, l'autre au président de la République. Après des généralités, la ministre va jusqu'à confier à Emmanuel Macron qu'elle « suspecte le labo P4 de manipuler le virus[1] ».

Dans un récit écrit plus tard en 2020, la ministre de la Santé expliquera le fond de sa pensée : « Je me dis que je suis peut-être un peu paranoïaque sur le P4 dans mes SMS mais c'est Jérôme [Salomon] qui m'a mis la puce à l'oreille et difficile de ne pas faire un lien. Je ne pense pas que j'y aurais pensé toute seule car je n'avais pas en tête le nom de la ville dans laquelle il était situé.

Lors d'une réunion dans mon bureau je demande tout de même à Jérôme Salomon de vérifier avec le secrétaire général de la défense et de la sécurité nationale s'ils ont des informations récentes sur le P4. »

Ces vérifications ont rapidement abouti.

Le 29 janvier 2020, à 17 heures, dans la salle 221 du siège du SGDSN, au 51, boulevard de la Tour-Maubourg, une réunion est organisée pour faire un « point de situation sur l'épidémie ». Suite au confinement de Wuhan, un peu moins d'une semaine plus tôt, le gouvernement français est entré en gestion de crise. En coulisse seulement, car publiquement, le message à la population se veut rassurant.

Les ministres concernés enchaînent les réunions où on leur expose le risque d'une pandémie. Et les cabinets font l'inventaire des ressources, découvrant l'inquiétant état des stocks de masques, réduits à peau de chagrin.

Pour traiter les sujets les plus explosifs, le SGDSN réunit donc les fonctionnaires « défense et sécurité » des ministères, ainsi que quelques membres éminents des cabinets du Premier ministre et du ministère de la Santé. L'ordre du jour se contente d'annoncer une discussion sur le « plan pandémie » et sur des « mesures d'anticipation à instruire en cas de dégradation de la situation ».

Le laboratoire est évoqué en dernier point des comptes rendus. Il s'agit de rédiger des « EDL », des éléments de langage, autrement dit un bréviaire formaté pour les médias, afin de désamorcer toute controverse.

Le conseiller crise de la ministre de la Santé réplique rapidement par mail : « Le sujet P4 monte, je veux bien une première trame dès que possible[2]. »

Un article est en effet paru dès le 23 janvier dans la presse française[3], retraçant l'historique de sa construction.

Dix minutes plus tard, la demande est exaucée, le SGDSN fait parvenir un historique qui se termine sur les points suivants : « – En 2017 les autorités chinoises ont informé la France de leur décision d'accréditation de ce laboratoire pour la manipulation effective de pathogènes de classe 4 limités à Ebola, Nipah et au virus de la fièvre hémorragique de Crimée-Congo.

– Sur la période considérée, aucune information ou indication d'activité ne permet d'envisager la présence de pathogènes autres que ceux pour lesquels le laboratoire est accrédité[4]. »

La réponse du SGDSN est donc d'assurer que conformément à la classification courante des pathogènes, le laboratoire P4 n'a pas été utilisé, à sa connaissance, pour travailler sur un coronavirus de SARS, qui serait un pathogène de classe 3. Alors même que deux ans plus tôt la France avait été informée par les Chinois que le P4 serait testé avec des pathogènes de classe 3. Pourquoi une telle contradiction ? Amnésie ? Mensonge ? Un conseiller à la Direction générale de la santé ajoute en commentaire : « Le but est de dire que c'est un labo chinois géré par les Chinois. »

6

Une curieuse coïncidence

Dans nombre d'universités, il y a ce professeur mystérieux, souvent doté d'épaisses lunettes, quelquefois grognon, d'apparence bourrue, pourtant aimable quand on parvient à briser la glace, que certains trouvent génial et que d'autres détestent. Richard Ebright est l'une de ces figures clivantes.

Ce biologiste de l'université Rutgers dans le New Jersey a pourtant un très bon CV. Avec son colocataire de faculté à Harvard, il avait publié son premier article dans une revue scientifique nationale réputée à seulement 22 ans[1], sur le code de l'ADN*, le génome, l'information qui permet aux cellules de fonctionner et de se reproduire. Inconnu de ses camarades, il a terminé deuxième de sa promotion. Devenu professeur à Rutgers, il a accumulé dans les années 1990 et 2000 les prix académiques.

Mais Ebright a aussi de virulents détracteurs. Une chercheuse américaine de l'université de Columbia, Angela Rasmussen, a résumé leurs critiques par une formule assassine, le traitant publiquement d'« oncle

* Acide désoxyribonucléique, l'un des deux types d'acides nucléiques qui sont le support de l'information génétique, avec l'ARN.

raciste du dîner de Thanksgiving de la biosécurité[2] ». Un autre virologue, Michael Worobey, professeur à l'université d'Arizona, l'a plus récemment qualifié de « croisé anti-science[3] ». Il s'est fait ces ennemis dans son combat pour renforcer la sécurité des laboratoires, et resserrer la réglementation et les contrôles sur la biologie et la virologie.

La « croisade » de Richard Ebright a commencé en 2001, au lendemain des attentats du 11 septembre. Une semaine après la chute des tours jumelles du World Trade Center, des courriers sont envoyés à cinq médias et à deux sénateurs, contenant de l'anthrax, le bacille de la maladie du charbon, une substance mortelle. Cette attaque biologique a fait 5 morts et 22 malades. Les lettres portent des menaces imitant des slogans du terrorisme islamique : « Mort à l'Amérique, mort à Israël, Allah est grand. »

La réaction des autorités américaines est de donner la priorité à la « biodéfense » et de l'inclure dans leur stratégie de guerre contre le terrorisme. Pour les scientifiques, le résultat n'a pas été déplaisant : le budget du NIAID, dirigé par Anthony Fauci, a explosé, augmentant de 47 % entre 2001 et 2004[4]. Pourtant, Ebright, seul contre tous, s'est mis à dénoncer l'avalanche de crédits pour développer la recherche sur les pathogènes dangereux et multiplier les laboratoires de haute sécurité[5].

« Ma première réaction a été de me dire qu'on ne savait pas s'il s'agissait vraiment d'une attaque d'un ennemi hors des États-Unis, se remémore encore Ebright[6]. Il était tout aussi probable que l'attaque eût été menée en utilisant des échantillons obtenus dans un laboratoire américain. » Multiplier les personnes ayant accès à ces échantillons à risque lui paraissait donc précisément une solution contre-productive, voire dangereuse, accroissant les chances d'un accident ou d'une attaque venue de l'intérieur.

L'histoire a finalement semblé lui donner raison : en 2008, Bruce Ivins, un chercheur du laboratoire militaire de Fort Detrick, dans le Maryland, s'est suicidé alors que le FBI avait finalement resserré son enquête sur lui et que la justice s'apprêtait à le mettre en examen. Suspecté d'avoir commis les attentats à l'anthrax, il aurait voulu souligner ainsi le besoin de recherche sur un vaccin contre la maladie du charbon, sur lequel il travaillait lui-même.

Depuis, Ebright n'a jamais lâché son rôle de lanceur d'alerte sur les risques de biosécurité. C'est donc naturellement qu'il s'est impliqué dans la grande controverse de la décennie suivante. Durant l'été 2011, un virologue hollandais, Ronald Fouchier, révèle qu'il a modifié une souche de H5N1 pour la rendre plus contagieuse pour des mammifères[7]. Ce sous-type du virus de la grippe, détecté pour la première fois chez l'homme en 1997, induit une mortalité très élevée (65 % chez les premiers cas identifiés au Vietnam). Mais il n'est pas contagieux entre êtres humains.

En infectant de manière répétée des furets, Fouchier est parvenu à le rendre transmissible entre ces animaux beaucoup plus proches de l'homme que les oiseaux, qui plus est par voie aérosol. L'annonce de Fouchier a suscité un très vif émoi[8] dans la communauté scientifique, des chercheurs s'alarmant du risque produit par ce type d'expériences. Le virus ainsi créé, s'il était relâché par accident ou intentionnellement, pourrait provoquer une pandémie et des millions de morts. Et l'article scientifique publié pourrait constituer une recette pour des terroristes ou un État voyou pour créer une arme biologique.

Ces recherches sont souvent nommées « gain de fonction » parce qu'elles procurent aux pathogènes des « fonctions » nouvelles, comme une plus haute transmissibilité, ou la capacité à franchir la barrière des espèces, c'est-à-dire à contaminer des mammifères ou des hommes. On parle aussi de recherches sur des « pathogènes à potentiel pandémique renforcé ».

Les définitions varient, et les spécialistes s'écharpent, les uns convaincus du danger, les autres combattant les supposés fantasmes de ceux qu'ils voient comme des adversaires de la science. Les partisans de ce type de recherches plaident qu'elles permettent d'avoir un « coup d'avance » sur la nature, en connaissant les mutations qui pourraient provoquer des épidémies. Si certains opposants aux expériences de gain de fonction répètent qu'elles n'ont jamais eu d'applications concrètes, une grande partie des virologues et chercheurs, dont certains critiques de ces recherches, reconnaissent leur utilité dans certains cas.

De multiples incidents dans des laboratoires américains[9] en 2014 ont relancé le débat aux États-Unis. À un large groupe de « Scientifiques pour la science[10] », comprenant Ronald Fouchier et une centaine de soutiens des expériences à risque, a répondu durant l'été le « groupe de Cambridge[11] », réunissant une quinzaine d'experts, dont Richard Ebright, inquiets des lacunes de la régulation.

« Nous aimerions avancer de manière constructive », a proposé le camp des critiques, dans un appel au dialogue. La proposition est restée lettre morte. Le débat public ne s'est pas poursuivi. En octobre 2014, les incidents ont conduit l'administration Obama à imposer un moratoire sur ces recherches de gain de fonction. À la faveur de l'alternance, en 2017, le moratoire a finalement été levé – et la controverse s'est éteinte… jusqu'à début 2020.

Richard Ebright est donc retourné à ses étudiants et à ses molécules d'acides nucléiques, et s'est moins investi dans ces débats depuis plusieurs années, quand il remarque la nouvelle de pneumonies mystérieuses à Wuhan le 31 décembre 2019. L'information, vague, se perd d'abord pour lui dans les centaines de petites épidémies inexpliquées signalées chaque année aux quatre coins du globe. Mais le 4 janvier, alors que la Chine prétend toujours chercher à identifier le pathogène en cause, la rumeur se répand chez les spécialistes chinois et étrangers qu'il s'agirait d'un coronavirus[12].

« J'ai commenté sur Twitter un article qui affirmait spécifiquement que le pathogène était un coronavirus de chauve-souris de type SARS précédemment inconnu, rappelle Ebright[13]. Ça a immédiatement capté mon attention parce que quatre ans plus tôt, des scientifiques et des spécialistes raisonnables, des politiques scientifiques, intéressés à évaluer les risques des recherches de gain de fonction, avaient discuté un projet de recherches réalisé en coopération avec Wuhan sur les coronavirus liés au SARS. »

Malgré le moratoire imposé par Obama, en novembre 2015, des chercheurs américains avaient en effet publié dans la revue *Nature Medicine*, en collaboration avec des chercheurs chinois, un article décrivant comment ils avaient fabriqué un virus chimère du SARS en modifiant sa protéine Spike. Les virus sont en général formés de plusieurs protéines, les blocs fondamentaux du vivant, qui ont chacune une fonction. Les « coronavirus » sont par exemple baptisés ainsi parce qu'ils ont une forme de « couronne », composée d'une enveloppe virale sphérique, et des pointes qui la hérissent. Ces « spicules » font partie de la protéine « Spike[14] », et lui permettent d'infecter les cellules.

Comme des petites clés, ils sont plus ou moins adaptés aux cellules d'espèces déterminées. Un virus qui sait infecter des chauves-souris ne peut pas facilement infecter des mammifères ou des hommes. L'expérience publiée en 2015 visait précisément à remplacer la protéine Spike d'un virus de la famille du SARS par une protéine adaptée aux récepteurs de cellules humaines, dits ACE2*, qu'on retrouve entre autres dans les cellules humaines des poumons.

Ces travaux ont été réalisés en collaboration entre deux équipes : des Américains de l'université de Caroline du Nord à Chapel Hill, réunis autour du virologue Ralph Baric, l'un des pionniers de la bio-ingénierie des coronavirus ; et des Chinois de l'Institut de virologie de Wuhan. Cependant, ces derniers ont eu un rôle secondaire, et les débats suscités alors par cette nouvelle expérience ont moins porté sur la participation des Chinois que sur le risque produit par ces techniques de bio-ingénierie avancée. « Le seul impact de ce travail est la création, en laboratoire, d'un nouveau risque non naturel », avait protesté à l'époque Richard Ebright, interrogé alors par la revue *Nature*[15].

Il se souvient encore que la publication avait suscité dès cette époque, lors d'un colloque sur la sécurité de la recherche au Royaume-Uni, un « débat houleux » opposant partisans de ces expériences et alarmistes sur les « risques pandémiques » qu'elles posaient. À ses yeux, les manipulations génétiques sur des coronavirus sont dès cette période « le cas numéro 2, après les modifications de virus de grippe H5N1, dans le tableau d'honneur des recherches qui ne devraient pas être menées ».

« Depuis 2015, ces recherches étaient considérées comme parmi, si ce n'est les plus dangereuses des expériences de gain de fonction en cours, poursuit Ebright[16].

* *Angiotensin-converting enzyme 2*, « enzyme de conversion de l'angiotensine 2 ». Pour les notions de biochimie trop complexes pour être expliquées en quelques lignes, nous renvoyons les passionnés à leurs moteurs de recherche.

Aussi, une épidémie d'infections respiratoires liée à une source inconnue et à un coronavirus dans la ville à propos de laquelle, quatre ans plus tôt, nous discutions de la perspective d'une pandémie émergeant suite à l'échappement d'un coronavirus de chauve-souris modifié génétiquement était-elle une coïncidence impossible à rater. »

Même si la coïncidence lui est apparue notable, Ebright n'a cependant pas formulé publiquement l'hypothèse d'un accident de laboratoire avant plusieurs semaines. Des journalistes l'ont pourtant immédiatement contacté pour lui demander son avis. « J'étais réticent à le faire », assure-t-il, plaidant le manque de preuves concrètes à ce stade.

Ce dont il est certain, c'est qu'il n'a pas été le seul expert à immédiatement remarquer cette coïncidence. « Début janvier, dans la première ou deuxième semaine de l'année, les chercheurs et spécialistes de la politique scientifique devaient tous avoir fait le même rapprochement qu'évidemment, cela pourrait venir d'un laboratoire », juge aujourd'hui Ebright.

Effectivement, dès le 1er janvier 2020, l'idée est déjà publiquement discutée.

Et pas par n'importe qui.

Virologue à l'université de Caroline du Nord, Vineet Menachery était en 2015 l'un des deux auteurs correspondants de l'article de *Nature Medicine*, avec l'Américain Ralph Baric.

Dès le Nouvel An 2020, il commentait la nouvelle dans un tweet[17] : « Je trouve improbable qu'il s'agisse d'une infection associée à un laboratoire, mais le lieu en fait une étrange coïncidence. »

À l'autre bout du globe, une autre des auteurs de l'article de 2015 a aussi immédiatement eu des doutes : Shi Zhengli, la cheffe de l'équipe chinoise.

Elle est née en 1964, dans le Henan, une autre province du centre de la Chine, et a commencé ses études à l'Institut de virologie de Wuhan, avant d'obtenir un doctorat à l'université Montpellier-II en 2000. Nommée directrice du centre pour les maladies infectieuses émergentes de l'Institut de virologie de Wuhan en 2011, cette petite femme discrète s'est imposée comme l'une des meilleures spécialistes du monde des coronavirus et virus de chauve-souris. À tel point que ses collègues l'ont surnommée la « Batwoman ». Tous les scientifiques qui l'ont croisée ne tarissent pas en éloges, confiant pour elle un « immense respect[18] », la certitude qu'il s'agit d'une chercheuse d'exception, travaillant aux standards internationaux.

Fin décembre 2019[19], elle est à une conférence à Shanghai, quand elle reçoit un appel de son patron[20]. Elle apprend qu'un nouveau coronavirus a été détecté chez deux patients souffrant de pneumonies atypiques.

« Laisse tomber ce que tu es en train de faire et gère cela tout de suite », lui ordonne-t-on à Wuhan.

« Je me suis demandé si [les autorités sanitaires municipales] ne s'étaient pas trompées », a confié par la suite Shi à une journaliste scientifique chinoise. « Je ne me serais jamais attendue à ce que cette sorte de chose se passe à Wuhan, en Chine centrale. » Elle se rappelle aussi avoir pensé : « Est-ce que cela pourrait venir de notre labo ? »

7

La ruée vers l'or viral

Le docteur Edward Holmes porte bien son nom de famille – le même que celui du plus célèbre des détectives.

Cet Anglais chauve à grosses lunettes rectangulaires est ce qui s'approche le plus d'un fin limier et aventurier de la virologie.

Né en 1965 à l'ouest de l'Angleterre, il s'est envolé en 2012 pour l'université de Sydney et enquête depuis cette base idéalement située dans le Pacifique sur les microbes en Asie, ligne de front des grandes alertes épidémiques du nouveau millénaire. Un de ses anciens collègues l'a croqué par la formule : « Il va là où est le feu[1]. » Sans détour, Jeremy Farrar le qualifie de « biologiste de l'évolution hors du commun de sa génération, avec un cerveau unique quand il s'agit d'identification de motifs », en ouverture de son livre *Spike*.

Juste avant de partir pour Sydney, Holmes a reçu un mail d'un des chercheurs en maladies infectieuses chinois les plus en vue, Zhang Yongzhen de l'université Fudan de Shanghai.

« Seriez-vous intéressé par une collaboration ? » a offert d'emblée le Chinois.

« Absolument », a répondu sans hésiter le Britannique[2].

Après un premier article coécrit à distance, l'année suivante, Holmes a débarqué en Chine pour un premier projet de terrain. C'était le début d'un partenariat gagnant-gagnant.

« Nous sommes allés dans plusieurs régions où Zhang avait bâti un programme d'échantillonnage, sur des animaux comme des chauves-souris, des rongeurs et des insectivores, pour voir quels virus ils avaient », détaille Holmes. Outre Fudan, Zhang travaillait pour le CDC, et avait donc accès à son réseau d'antennes sur tout le territoire.

« Après cela, je suis retourné en Chine une ou deux fois par an, pour des séjours courts, d'environ une semaine, poursuit Holmes. On passait un peu de temps à Pékin ou à Shanghai, puis on allait sur un site de collecte. »

En retour de cet accès exceptionnel au terrain, Holmes offrait ses réseaux dans la science occidentale. Ces expéditions annuelles ont rapidement fait de lui une sorte de « bottin » de la virologie chinoise. Plutôt que de se concentrer sur une spécialité précise, il jouait un rôle de « passeur », se glissant parmi les signataires d'un nombre impressionnant d'articles remarqués, plus de 600 au compteur en 2022. Et il bataillait pour que les équipes chinoises accèdent aux revues internationales les plus prestigieuses, *Nature*, *Science*, *The Lancet*, *Cell*...

Zhang, lui, était un bourreau de travail. « Il travaillait avec des horaires de dingue, vraiment, se rappelle Holmes. Il dormait dans son bureau trois ou quatre soirs par semaine. Surtout dans son laboratoire du CDC en périphérie de Pékin. Il habitait au centre, et Pékin est gigantesque. Il était marié, pourtant. Mais il couchait sur un canapé, un minuscule canapé. Il avait toujours du travail à avancer sur ses virus. Je pouvais lui écrire un mail à n'importe quelle heure du jour et de la nuit, et il répondait en cinq minutes. »

En 2014, lors d'un de ces voyages, Zhang a emmené Holmes à Wuhan.

« Wuhan est un endroit incroyable, se souvient Holmes. Une ville énorme, 11 millions d'habitants, dans une plaine humide, comme des marais, où coule le Yangtzé. La démarcation entre la ville et la campagne est très nette. D'un coup, il y a des campagnes très sauvages. Cela en fait un lieu incroyable pour des émergences de maladies. »

Les chercheurs se demandent alors quel serait le meilleur lieu à échantillonner. Ils arpentent les fermes hors de la ville, les fonds de vallées humides, l'ouest montagneux de la province du Hubei…

Et finissent par visiter le plus gros marché de la région : le marché aux fruits de mer de Huanan, en plein centre de Wuhan. « Le lieu était comme un zoo d'animaux, exactement le genre d'endroit où l'on peut imaginer qu'une émergence se produirait, décrit Holmes. J'ai visité un certain nombre de ces marchés aux animaux, particulièrement en Chine, et celui-là était très grand. Il y avait beaucoup d'animaux sauvages, ce qui m'a vraiment surpris, entre autres des chiens viverrins*. Dès que vous y entriez, vous aperceviez ces cages. J'ai pris des photos avec mon téléphone. »

Autour d'un thé, Holmes, Zhang et les spécialistes du CDC local ont débattu de quelles recherches mener par la suite. Le Britannique voulait se concentrer sur les animaux sur le marché, Zhang préférait travailler avec les hôpitaux sur les humains. Deux stratégies opposées : étudier les virus avant qu'ils ne passent à l'homme, ou une fois qu'ils l'ont fait.

* Petit mammifère d'Asie de l'Est ressemblant à un raton laveur.

Zhang eut le dernier mot. En 2016, Holmes retourna visiter l'hôpital central de Wuhan et son service des maladies infectieuses. Là même où apparurent les premiers patients en décembre 2019.

Autant dire qu'à l'annonce de pneumonies mystérieuses détectées à Wuhan, le professeur Holmes est tout de suite monté au créneau. « Le CDC de Wuhan est sur l'affaire. Je travaille beaucoup avec eux. Je vais voir ce que je peux trouver », a-t-il tweeté[3] à la première nouvelle, au Nouvel An 2020. Zhang à Shanghai va être son ticket gagnant pour mettre la main le plus tôt possible sur l'« or viral* » : le génome complet du nouveau coronavirus.

Ayant demandé aux hôpitaux de Wuhan de lui en envoyer dès que possible, Zhang reçoit le 3 janvier un échantillon prélevé sur un patient dans une boîte en métal remplie de glace. Son laboratoire y travaille non-stop quarante heures, et le 5, à 2 heures du matin, le virologue chinois appelle « Eddie ». Le virus est immédiatement posté sur GenBank, une base de données en ligne gérée par les Instituts nationaux de la santé américains. Mais au lieu que les données soient immédiatement disponibles pour le monde entier, elles restent sous embargo plusieurs jours[4], et la Chine ne va reconnaître publiquement qu'il s'agit d'un nouveau coronavirus que le 9 janvier, soit plus de dix jours après son identification par Petit Chien de Montagne de Vision Medicals.

L'ordre de ne rien publier vient de Pékin. « Il s'agissait en partie pour le gouvernement de contrôler la communication, mais il s'agissait aussi pour certains scientifiques chinois de se garantir d'être les premiers à

---

* La formule est de Jeremy Farrar, *Spike*, *op. cit.*

publier. [...] George Gao [le directeur du CDC] voulait toute la gloire pour lui. »

Si le génome avait été mis en ligne sur-le-champ, le monde entier aurait pu l'analyser, et les chercheurs chinois se seraient fait damer le pion par des équipes étrangères en embuscade. « Shi Zhengli, de l'Institut de virologie de Wuhan, était dans la même situation, ajoute Holmes. Elle avait séquencé le virus entièrement le 2 janvier, peut-être plus tôt, et elle était soumise à une énorme pression pour ne pas publier. »

Une telle interdiction de communiquer n'est pas à prendre à la légère en République populaire de Chine, surtout quand l'on sait que des médecins ont déjà été emmenés au poste pour avoir supposément « propagé des rumeurs ». Tous les Chinois avaient en outre le souvenir du premier SARS, tenu secret pendant plusieurs mois, jusqu'à ce qu'il apparaisse à Hong Kong et dans des pays voisins en février 2003. Edward Holmes et Zhang Yongzhen ont donc soumis le 7 janvier 2020 leur article à la revue *Nature*. Et Eddie a décroché son téléphone pour trouver une solution et mettre le génome en ligne dès que possible.

C'est alors qu'il a contacté Jeremy Farrar, le respecté directeur du Wellcome Trust, l'une des plus grandes fondations biomédicales du monde.

Dans la nuit du vendredi 10 janvier, les deux scientifiques britanniques enchaînent les coups de fil pour se coordonner. Ils décident finalement de forcer la main des Chinois.

« Si vous ne publiez pas la séquence dans les prochaines vingt-quatre heures, nous la publierons dans la journée qui suit[5] », auraient menacé les deux hommes, fixant ainsi un ultimatum à leurs amis chinois : George Gao du CDC pour Farrar, Zhang Yongzhen de Fudan pour Holmes.

Le même jour, Jeremy Farrar tweete : « Si les rumeurs de publications sur la situation de la pneumonie de Wuhan actuellement en préparation et soumises à *Nature* et au *New England Journal of Medicine* sont vraies, et du fait que des informations de santé publique critiques ne sont pas partagées immédiatement avec l'OMS, quelque chose ne va vraiment pas. »

Convaincu, Zhang, alors dans un avion en partance pour Pékin, accepte par un simple message : « OK, publions-le. »

Pour que le génome soit disponible au plus grand nombre immédiatement, plutôt que de le soumettre à une base de données qui aurait pris plusieurs jours à le vérifier et à l'accepter, Holmes fait alors appel à un vieux camarade de l'université d'Édimbourg, le professeur de biologie de l'évolution Andrew Rambaut. Celui-ci a établi en 2008 un site, virological.org, qui est devenu le forum d'une bonne partie de la profession, où se discutent des questions de haut vol, et se règlent parfois d'âpres disputes théoriques.

En pleine nuit, à 1 h 05 le samedi 11 janvier, apparaît un post sobrement intitulé « Génome du nouveau coronavirus 2019[6] », attribuant la publication à Holmes et Zhang.

Le lendemain, le laboratoire de Zhang est fermé, pour « rectification ». Il va payer le prix d'avoir osé défier les ordres du pouvoir central. S'il ne semble pas avoir été arrêté ni poursuivi en justice, il a perdu ses postes au CDC et à Fudan.

Au mois de mai suivant, Donald Trump a empiré son cas en le mentionnant dans un courrier[7] accusatoire au docteur Tedros Adhanom Ghebreyesus, le président américain reprochant au directeur de l'OMS de ne pas être intervenu pour défendre le lanceur d'alerte. Le professeur disgracié s'est retrouvé pris au piège dans l'étau de la géopolitique qui a fait de lui un pestiféré pour le régime chinois.

Edward Holmes, resté en contact avec lui, a confié deux ans plus tard que son ami Zhang « n'est désormais plus le même homme[8] ».

Le sacrifice de Zhang ne va pas secouer la communauté scientifique mondiale. Celle-ci a d'autres priorités. Le même jour où le fichier est téléchargé sur virological.org, la Chine annonce son premier mort… et deux jours plus tard, un premier cas est confirmé en Thaïlande, indiquant que l'épidémie s'étend bien au-delà de ce qu'admettent les autorités chinoises – elles n'ont à ce stade toujours reconnu que 41 cas. Surtout, la publication du génome rend possible pour n'importe quelle équipe de le télécharger et de lancer des analyses approfondies. La course mondiale à la publication démarre.

Le nouveau coronavirus, comme tous les coronavirus, est un virus à ARN*. Les coronavirus ont un génome particulièrement long, d'environ 30 000 nucléotides**, la molécule de base de l'acide nucléique. Chaque nucléotide est noté par une lettre, ce qui donne un code de 30 000 lettres que seuls les spécialistes peuvent décrypter.

Pour démêler le sens de ce code, des bio-informaticiens ordonnent les nucléotides, en les répartissant en principaux blocs codant chacun une protéine. Ces structures de base des virus ont chacune une fonction spécifique : l'enveloppe (la protéine E), la membrane (M), la capside (N)

* Acide ribonucléique, l'un des deux types d'acides nucléiques qui sont le support de l'information génétique, avec l'ADN.

** Chaque nucléotide est noté en fonction de son type exact par une lettre. Dans l'ARN, on ne trouve que 4 bases nucléiques, l'adénine (A), la guanine (G), la cytosine (C) et l'uracile (U).

qui entoure le « noyau » contenant l'ARN viral, et enfin la Spike (S), ou spicule en français, les pointes de la couronne qui sont cruciales pour infecter les cellules.

Mais ce code ne peut vraiment être interprété qu'en le comparant à des génomes voisins, de virus de la même famille, pour noter les différences, les mutations, les insertions de séquences nouvelles, les recombinaisons, une partie du génome pouvant avoir été ajoutée suite à l'infection d'un même organisme par deux virus distincts.

Des articles sont soumis dès la semaine du 13 janvier aux plus grandes revues, par des équipes de Shanghai, Hong Kong, Pékin, Shenzhen... qui prennent de court les équipes des laboratoires de Wuhan !

La protéine Spike concentre l'attention. En son sein, une séquence spécifique code le « domaine de liaison au récepteur » (*receptor-binding domain* en anglais, abrégé RBD), qui permet au virus de s'arrimer aux récepteurs des cellules pour les infecter. Or celui-ci est spécifiquement adapté aux récepteurs de certaines cellules humaines, dits ACE2, qu'on retrouve entre autres dans la membrane des poumons. Cette spécificité confirme au niveau génomique la transmission interhumaine. Le nouveau coronavirus « pose un risque de santé publique important pour la transmission entre êtres humains », alertent des chercheurs de Pékin et Shanghai dans un article mis en ligne le 21 janvier[9].

En parallèle, les autorités chinoises sont donc obligées de reconnaître la transmission interhumaine. Le 13 janvier, une équipe de deux chercheurs taïwanais envoyés par le CDC de Taïwan a débarqué à Wuhan en pleine nuit. Avec une délégation hongkongaise, ils ont visité les hôpitaux de la ville, qui commencent à être débordés. L'un des Taïwanais est le docteur Chuang

Yin-ching, épidémiologiste de Tainan. « Tout était normal », s'étonne-t-il encore[10]. « Nous portions des masques dès l'avion parce que c'était la consigne à Taïwan. Mais à Wuhan, personne ne le faisait. » Sauf dans les hôpitaux. Ils sont accueillis par des équipes en combinaisons intégrales. « On se demandait si c'était sérieux », précise le docteur Chuang.

Les Chinois leur présentent finalement les 41 premiers cas. Parmi eux, deux familles de cas groupés où des malades n'ont pas été au marché et semblent avoir été contaminés par leurs proches. Chuang relève ce point. Un fonctionnaire chinois local nie que cela prouve la transmission interhumaine. Un autre, venu de Pékin, comprend qu'il ne sert plus à rien de mentir. Il tape l'épaule du représentant de Wuhan : « Tu répètes une vieille conclusion. Oui, vous avez raison, on ne peut plus exclure une transmission interhumaine limitée », avoue-t-il au docteur Chuang.

À son retour à Taïwan, il donne immédiatement une conférence de presse pour alerter la population.

À la suite des Taïwanais, d'autres grands docteurs, venus eux de grandes villes de Chine, mènent leur propre inspection le vendredi 17 janvier[11]. Cette délégation chinoise comprend certaines des plus grandes sommités du pays, au premier rang desquels le professeur Zhong Nanshan.

8

Autopsie d'un virus

En Chine, le docteur Zhong Nanshan est une légende. Athlète dans sa jeunesse, ce pneumologue est né en 1936 et garde à plus de 80 ans une beauté digne d'un personnage d'un film de Wong Kar-wai.

Il a connu le destin tragique et grandiose des Chinois de sa génération. Ses parents, un couple d'universitaires, ont été violemment persécutés durant la Révolution culturelle. Son père, un pédiatre, a été humilié, désigné comme « réactionnaire bourgeois ». Sa mère, une oncologue, s'est suicidée à 56 ans[1], en 1966.

Leur fils est devenu le médecin le plus écouté de Chine en 2003. Directeur de l'Institut pour les maladies respiratoires de l'université médicale de Canton (Guangzhou en mandarin), il avait vu affluer dans son service des cas de « pneumonie atypique ». Le gouvernement chinois tentait alors de contenir l'épidémie en la dissimulant. Peu transmissible, mais très mortelle (environ 10 % des cas), la maladie décimait jusqu'aux médecins eux-mêmes.

Infecté, Zhong avait dû se cacher chez lui durant plus d'une semaine, pour ne pas embarrasser les autorités par l'hospitalisation d'un médecin de son rang[2]. Rétabli, il avait cependant défié l'omerta en donnant, le 11 février

2003, une conférence de presse, qui se voulait toutefois rassurante. Il avait fallu ensuite un mois de plus pour que l'Organisation mondiale de la santé n'émette une alerte mondiale, suite à la détection de cas dans d'autres pays. Et encore plusieurs mois pour que le gouvernement chinois cesse de cacher l'ampleur de l'épidémie, après qu'un lanceur d'alerte, un médecin de Pékin, eut révélé en avril des décès cachés dans les hôpitaux de la capitale.

Dans un exercice classique de réécriture de l'histoire, la propagande du Parti communiste s'était ensuite attachée à valoriser le docteur Zhong Nanshan comme le « bon » lanceur d'alerte, le médecin qui avait averti du danger sans défier les autorités[3].

Avec le nouveau coronavirus, l'histoire s'est répétée. Au retour de la mission à Wuhan, le samedi 18 janvier 2020, Zhong Nanshan et ses pairs ont plaidé auprès des autorités centrales un virage à 180 degrés : cesser de minimiser la gravité de l'épidémie et prendre des mesures radicales, quitte à confiner Wuhan si besoin. Et dès le lundi 20 janvier, la délégation menée par Zhong Nanshan a donné une conférence de presse reconnaissant la transmission interhumaine[4].

L'Institut de virologie de Wuhan n'envoie finalement ses premiers articles qu'une fois la transmission interhumaine publiquement admise, d'abord une première étude similaire aux autres soulignant le rôle de la Spike[5], puis une comparaison approfondie du génome avec d'autres virus de la même famille[6]. Ce second article est rendu public le 23 janvier 2020 – le jour même où la Chine provoque un coup de tonnerre mondial en confinant Wuhan. Le texte est posté sur un site de prépublication, BioArkaïve*.

* Se lit à l'anglaise, « Bio Archaïve ».

Apparus avec Internet, ces serveurs permettent aux chercheurs de rendre leurs manuscrits disponibles avant leur publication en bonne et due forme par une revue scientifique et ainsi de recueillir des critiques et d'améliorer leur travail. La plupart des articles en prépublication sont cependant discutés uniquement entre spécialistes, les journalistes scientifiques préférant en général répercuter uniquement les articles déjà passés au travers des fourches caudines de la « revue par les pairs », pour ne pas donner trop d'écho à des recherches qui seraient ensuite réfutées ou corrigées.

Avant même d'être publié par *Nature* début février 2020, le « brouillon » posté par l'Institut de virologie de Wuhan va cependant faire le tour du monde. Car il révèle une information clé, jamais publiée jusque-là : dans ses banques de virus, l'Institut de virologie de Wuhan a déniché un virus de chauve-souris inédit, qui est « le plus proche parent » du nouveau coronavirus.

Selon l'article, ses auteurs rapportent avoir fouillé leurs archives et avoir trouvé ce virus de chauve-souris, qu'ils baptisent RaTG13, présentant une petite région du génome appelée RdRp*, avec une « identité de séquence élevée au 2019-nCoV ». Reproduisant l'examen sur la séquence complète de RaTG13, les équipes de Shi Zhengli découvrent une identité de 96,2 % avec le virus responsable de l'épidémie de Wuhan. La « prépublication » note enfin que RaTG13 a été « détecté auparavant chez [des chauves-souris] *Rhinolophus affinis* dans la province du Yunnan ».

Les rhinolophes intermédiaires sont une espèce de chauve-souris très répandue en Asie du Sud-Est. Le Yunnan est la province chinoise montagneuse et tropicale

* RNA-dependent RNA polymerases, gène codant l'ARN polymérase ARN-dépendante, qui sert à la réplication du virus.

qui borde le Vietnam et le Laos, à l'extrême sud-ouest de la Chine. Ce chaînon manquant permet ainsi de placer le nouveau coronavirus sur l'arbre « généalogique » de la famille des coronavirus, ce que les biologistes appellent un arbre phylogénétique, au sein d'un nouveau lignage comprenant RaTG13 et 2019-nCoV.

« La relation phylogénétique proche avec RaTG13 fournit des preuves d'une origine chez la chauve-souris du 2019-nCoV », conclut sobrement l'article de l'Institut de virologie de Wuhan. Une probable origine ancestrale chez la chauve-souris n'est pas vraiment une découverte, le virus du SARS remontant lui-même à des virus de chauve-souris. En revanche, le fait que le plus proche parent du nouveau virus se trouve dans les banques de virus de l'IVW est de nature à redoubler les interrogations sur un potentiel accident de laboratoire.

Mais attention à ne pas tirer de conclusion hâtive. Comme le font très rapidement remarquer des spécialistes, même si RaTG13 est son plus proche parent, il diverge du nouveau coronavirus de plus de 1 000 nucléotides. L'ancêtre commun des deux virus a plusieurs dizaines d'années[7], et RaTG13 est trop éloigné de son cousin pour qu'une modification mineure dans un laboratoire ait mené au parent immédiat du nouveau virus, ce qu'on appelle son « progéniteur ». En particulier, l'identité entre les séquences des protéines Spike des deux virus est de « seulement » 93,1 %. Entre le virus de chauve-souris RaTG13 et le nouveau coronavirus, la protéine Spike a donc changé considérablement, pour être nettement plus adaptée aux cellules humaines.

Publiquement, aucun scientifique n'évoque encore à ce stade l'hypothèse que cette divergence soit le résultat d'une manipulation en laboratoire. Cette évolution peut s'être produite par le hasard des mutations. Les tout premiers articles dans la presse scientifique mondiale[8] se concentrent sur le lien établi avec le marché. Pour évoluer ainsi, la possibilité la plus évidente est en effet que le virus ait dû s'adapter à des animaux plus proches de l'homme, comme des mammifères terrestres. C'est ce qui s'était produit pour les deux précédents coronavirus apparus au XXIe siècle, le SARS en 2002 et le MERS[9], au Moyen-Orient, en 2012 : le premier a transité par des civettes palmistes vendues dans le Guangdong, la grande province du sud de la Chine ; le second par des dromadaires dans la péninsule arabique.

Les animaux vendus au marché de Huanan seraient donc les suspects numéro 1. Mais malgré la descente des enquêteurs du CDC, les informations sur le commerce animal restent floues et confuses. Dès le 22 janvier, un menu d'animaux sauvages, rares et exotiques se met à circuler sur les réseaux sociaux chinois[10]. Il y figure un bestiaire extraordinaire : cerfs, autruches, paons, civettes, crocodiles, chameaux, testicules de taureau, louveteaux, salamandres géantes, serpents, rats... Cette étrange « boucherie », dont la devanture exhibe des enfilades de carcasses et l'enseigne annonce « Gibier d'élevage pour tous[11] », est une boutique comme la Chine en compte des milliers, en particulier dans le Sud. Lors de banquets ou de sorties entre amis ou collègues, les Chinois se fournissent dans ces marchés pour faire des « défis gastronomiques », consistant à manger les viandes les plus rares... et à impressionner ses convives par leurs prix[12]. Au marché de Huanan, la viande de cerf sika, une espèce rare, s'échange ainsi 6 000 yuans (soit 830 euros).

Avant d'avoir les résultats des analyses des échantillons prélevés par le CDC dans le marché de Huanan, les virologues peuvent comparer le génome du nouveau coronavirus et ceux d'animaux ou de pathogènes pour voir si des similarités pourraient indiquer un lien, par exemple une recombinaison, le virus ayant ainsi acquis certains fragments de gènes. Dès le 22 janvier, un premier article d'une équipe chinoise paraît dans le *Journal of Medical Virology*[13], qui mène une telle comparaison, rapprochant de manière inattendue le nouveau virus du génome des serpents. Mais le rapprochement est rapidement réfuté par les meilleurs spécialistes[14], qui rappellent que les virus de la famille du SARS sont des virus de mammifères.

La confusion s'accroît encore d'un cran quand *The Lancet*[15] publie le vendredi 24 janvier la première étude complète sur les cas les plus anciens de la nouvelle maladie : sur les 41 premiers hospitalisés, 13 n'ont pas de lien avec le marché de Huanan ; et le cas le plus ancien, alors daté au 1er décembre, en fait partie. Un rebondissement que beaucoup interprètent alors comme un signe que l'épidémie pourrait ne pas avoir commencé au marché[16].

Exactement au même moment, à l'autre bout de la Chine, une autre équipe va faire une découverte fondamentale, passée alors totalement inaperçue. Le lundi 27 janvier, le laboratoire de biologie de l'université de Nankai à Tianjin, le grand port du golfe de Bohai, non loin de Pékin, dépose sur le serveur de prépublication chinois ChinaArkaïve* un court article destiné à paraître dans le *Chinese Journal of Bioinformatics* (« Journal chinois de bio-informatique »), une revue spécialisée. Le texte est intitulé : « Un site de clivage à la furine a été découvert dans la protéine S du nouveau coronavirus 2019 de Wuhan ».

* Se lit à l'anglaise, « Chaïna Archaïve » : https://chinaxiv.org/abs/202002.00004.

Comme l'explique l'article, un tel « site de clivage à la furine » est absolument unique dans la famille des virus du SARS. Ce « site furine » est une sorte de capteur sur la protéine Spike qui recrute la « furine », une enzyme très spécifique, produite en particulier par les cellules humaines. Quand le site furine est présent, la furine « clive » la protéine Spike et la rend encore plus adaptée pour infecter les cellules.

Imaginons les cellules humaines comme des serrures[17]. La protéine Spike serait la clé. Mais elle ne serait pas naturellement parfaitement taillée pour leurs verrous. Le site furine serait comme un outil de crochetage ultra-précis, dédié à forcer le coffre-fort du corps humain. Le site furine recrute la furine produite par des cellules humaines, et change la forme de la protéine Spike, la clé du virus. Il l'adapte spécifiquement aux portes du corps humain.

On retrouve ce type de sites furine dans d'autres virus très contagieux ou dangereux pour l'homme, comme des grippes, le VIH ou Ebola, note en outre l'article. « Cette mutation peut augmenter l'efficacité de l'infection virale dans les cellules, ce qui fait que le 2019-nCoV a une transmissibilité nettement plus forte que le coronavirus du SARS », avertissent donc les chercheurs de l'université de Nankai.

Cette publication ne sera pas reprise ou commentée publiquement, ni en Chine, ni à l'étranger, ni au moment de sa parution, ni d'ailleurs plus tard. Sa découverte est pourtant au cœur de tous les débats sur le nouveau coronavirus.

L'auteur correspondant de l'article, le professeur Gao Shan, s'est rapidement étonné de ne pas être cité, même après la publication de l'article dans la revue, mi-février. Il a écrit furieux à de nombreux confrères à l'autre bout du monde qui ne citaient pas ses travaux en analysant eux-mêmes le site furine, dénonçant le « plagiat » de son travail. La convention du monde de la recherche voudrait qu'on cite le premier article scientifique qui ait établi une découverte.

Mais c'est surtout auprès des autorités chinoises que les découvreurs chinois du site furine se sont heurtés à un mur. « Nous avions publié pour dire au CDC [chinois] ce qu'il fallait faire », regrette Gao Shan[18]. Il dit avoir proposé un plan, pour éliminer totalement le virus, et trouver sa source.

« Pour l'enquête sur l'origine, j'ai proposé un plan [...], qui a été accepté [...], mais à la fin il a été refusé par le gouvernement. Et j'ai été mis en garde par certaines autorités, ajoute-t-il. Après, à cause du conflit entre la Chine et les États-Unis, la recherche a été sous le contrôle d'un pouvoir supérieur au CDC. Aucun débat n'a plus été permis. »

9

La clé

« Heureux vous qui êtes pauvres, car le royaume de Dieu est à vous. » La citation de l'Évangile de Matthieu se prêterait bien à décrire le laboratoire du professeur Bruno Canard. Dans la compétition globale où les financiers internationaux font pleuvoir des milliards sur la recherche biomédicale, cette unité de l'université d'Aix-Marseille est le coureur sans le sou, comme ces athlètes des pays les plus pauvres qui remportent néanmoins des marathons. En clair, l'incarnation de la paupérisation des chercheurs français, sommés d'accomplir des miracles avec des bouts de ficelle.

Sur un campus toujours en chantier, hanté par des chats errants, leurs locaux de faculté de province contrastent avec ceux souvent rutilants des équipes américaines ou chinoises. Contre toute attente, au forceps, ils se hissent dans les sacro-saints classements, et jouissent d'une certaine reconnaissance internationale.

Sur les murs, des posters potaches et des photos-souvenirs rappellent aussi la bonne ambiance qui y règne malgré les économies de bouts de chandelle. Sur un trombinoscope humoristique, le chef, Bruno, est affublé du doux surnom de « The Dreamer » (« le rêveur »). Le portrait de son principal collaborateur,

Etienne (Decroly), affiche un sourire béat, tout en étant qualifié d'« obsédé des contrôles ». D'origine belge, ce virologue a élu domicile à Marseille quinze ans auparavant, et est le genre d'esprit méticuleux qui fait que ces bureaux décatis sont en fin de compte bien tenus.

Un bon tiers des photos collées au mur du couloir les montrent à la montagne, dans une petite station familiale des Hautes-Alpes, Crévoux, où la tradition veut qu'ils effectuent une fois par an une « retraite de laboratoire ». Au programme, séminaires le matin et le soir… et ski ou randonnée la journée.

Ignorant les effets de mode, le labo Canard s'était depuis les années 2000 spécialisé sur les coronavirus. Ceux-ci, en dépit de l'alerte du SARS de 2003, avaient en effet été plutôt négligés par la science française, plus attirée par la grippe, championne historique des risques pandémiques, ou par les fièvres hémorragiques comme Ebola, à la fois plus préoccupantes par leur létalité, et plus frappantes alors qu'elles affectaient d'anciennes colonies d'Afrique, et non le lointain Extrême-Orient.

Début janvier 2020, Etienne Decroly repère tout de suite l'information sur la mystérieuse épidémie de Wuhan. Il note en particulier un graphique comparant la « cinétique » du SARS-CoV-1 et celle du nouveau coronavirus. Il y apparaît immédiatement que ce dernier se propage beaucoup plus rapidement. À la machine à café, il prophétise : « En mars, on sera confinés et on aura tous des masques[1]. » Les collègues mettent ça sur le compte de son tempérament inquiet.

Sans trop se presser, Etienne Decroly et Bruno Canard se penchent sur le génome du virus dans la seconde moitié de janvier. Ils avaient avant cela à rendre un épais et visionnaire dossier de demande de financement sur les « émergences ». Comme trop souvent, ça n'a rien donné. Le patron du labo pensait ensuite prendre des congés. Ils ont été reportés pour cause de pandémie.

Auscultant le génome, Decroly se concentre d'abord sur les protéines du complexe de réplication, puis s'intéresse à la Spike – domaine qu'il connaît par cœur.

« Au même moment, la Chine a annoncé construire deux hôpitaux de campagne pour 3 000 unités au total », rappelle le virologue. Trompétés par la propagande[2], ces chantiers exécutés en dix jours trahissaient les projections spectaculaires des épidémiologistes chinois, se préparant à un afflux de patients exponentiel. Conclusion pour Decroly : « Il était évident que la transmission interhumaine était très efficace. » Le Belge se met donc en tête de comprendre pourquoi.

Il termine ses analyses et rédige quand commence la retraite de Crévoux, et c'est donc dans un chalet de montagne qu'il met la dernière touche à son premier article – le plus remarqué qu'ils aient jamais publié.

En alignant le génome avec d'autres virus de la même famille, il a repéré une insertion qui retient son attention : le site de clivage à la furine.

En inspectant la jonction entre les deux premiers blocs de la protéine Spike, dits S1 et S2, cette nouveauté saute aux yeux par rapport aux virus de la même famille. Quatre acides aminés – les composés organiques de base des protéines – se détachent, notés P R R A, absents chez les cousins du nouveau coronavirus. Chaque acide aminé est lui-même un emboîtement de trois nucléotides. Les douze nucléotides du site furine sont notés ainsi :

CCU CGG CGG GCA

Selon la formule d'un journaliste du quotidien espagnol *El País*, ce sont « douze lettres qui ont changé le monde[3] ».

L'équipe chinoise n'a pas encore mis en ligne ses travaux, et Decroly refait donc la même découverte indépendamment, en tirant les mêmes conclusions.

« Je connaissais bien la littérature sur la furine, pour y avoir consacré mon post-doc durant cinq ans », précise Etienne Decroly. Il postule donc que c'est une des clés de la « pathogenèse » du nouveau coronavirus, sa dangerosité pour l'homme.

Il implique Bruno Coutard, un autre professeur d'Aix-Marseille, et le biochimiste canadien Nabil Seidah, de l'université de Montréal, spécialiste mondial des sites furine, chez qui il a fait son post-doc.

« On n'est pas les seuls à avoir vu le site furine, est-il convaincu. C'est dans les manuels de virologie. Tous les virologues qui ont travaillé dessus ont dû le voir. On a juste écrit très vite. »

L'équipe marseillaise ne s'interroge pas tout de suite sur l'origine du coronavirus. Decroly sait bien qu'il y a un P4 à Wuhan, mais sait aussi qu'il n'est pas destiné aux recherches sur les virus de la famille du SARS, et se méfie donc des rumeurs. À ses yeux, le SARS de 2003 et le MERS de 2012 ont amplement démontré le « potentiel zoonotique » des coronavirus. Il ne travaille pas lui-même de toute manière sur ces aspects écologiques.

L'idée qu'il pourrait s'agir d'un accident de la recherche ne lui vient que tardivement, quand il s'attelle à la bibliographie, fin janvier-début février 2020, lors de la retraite à Crévoux. Il découvre d'abord les expériences de gain de fonction de l'article de 2015 entre les laboratoires de Shi Zhengli et de l'Américain Ralph Baric. Mais aussi que des virologues ont inséré des sites furine dans des coronavirus, au cours des années précédentes[4].

La « possibilité » d'une insertion artificielle lui effleure l'esprit, mais il ne s'y arrête pas. Après une brève discussion avec ses coauteurs, ils décident d'éviter toute spéculation inutile. Le 31 janvier, un premier brouillon est envoyé à *Antiviral Research*, revue spécialisée du groupe Elsevier, qui édite aussi *The Lancet*.

Le texte n'aborde pas l'origine du site furine. Il se contente de noter son absence jusque-là dans la famille du SARS, et les « conséquences fonctionnelles possibles ».

Peu après que le brouillon eut été envoyé à l'éditeur de la revue, le virologue américain Mike Bray, Etienne Decroly reçoit un étrange appel d'un homme qu'il ne connaît pas. Celui-ci se présente comme un officier américain et lui demande sans autre forme d'explication : « Quelle est votre opinion sur l'origine du site furine ? »

Decroly, alors de retour à Marseille, botte en touche. Il ne s'est pas encore forgé une opinion. Il raconte tout de même à Bruno Canard cet étrange appel. Comment cet officier américain peut-il déjà savoir qu'un obscur laboratoire marseillais a soumis un article sur le site furine alors que celui-ci est encore entre les mains de l'éditeur ?

Accepté, l'article paraît le 10 février. Il a les honneurs d'un communiqué du service de presse du CNRS[5].

Quelques jours plus tard, Etienne Decroly reçoit un mail du professeur Gao Shan, de l'université de Nankai à Tianjin, qui s'étonne que son article dans le *Chinese Journal of Bioinformatics* ne soit pas cité dans l'article paru dans *Antiviral Research*. Si les Chinois ont déposé leur article (en mandarin) en prépublication dès le 27 janvier, ils ne l'ont soumis à leur revue que le 4 février – la publication n'intervenant que le 22. Les Français l'ont soumis dès le 3 février et ont coiffé au poteau Gao Shan de plus de dix jours.

C'est cependant un tout autre article de chercheurs

chinois qui finit par retenir l'attention de Bruno Canard. Jusque-là, il restait circonspect face aux interrogations d'Etienne Decroly. Le 3 février, paraît dans *Nature* l'analyse détaillée du génome du nouveau coronavirus par l'équipe de Shi Zhengli et de l'Institut de virologie de Wuhan[6], qui révèle entre autres RaTG13. Extrêmement détaillé, l'article montre des alignements de la Spike. Mais ils ignorent le site furine, qui semblait impossible à rater aux spécialistes du laboratoire marseillais. En annexe, la figure 3 qui détaille des parties du génome est opportunément centrée sur la sous-unité S1. Coupant pile à l'acide aminé précédant P R R A.

« Est-ce un hasard ? » se rappelle-t-il s'être demandé. Vingt-neuf scientifiques spécialisés auraient raté précisément l'élément le plus intéressant du génome. « C'est là que je me suis intéressé au sujet de l'origine[7]. »

10

Tchernobyl à Washington

Soudain les politiques s'en sont mêlés.

Beaucoup de commentateurs ont attribué à Trump la paternité de la « théorie d'une fuite de laboratoire » (*lab leak theory*, en anglais). En réalité, le turbulent président américain a pris le train en marche, n'emboîtant le pas de la controverse que tardivement, au printemps 2020. En janvier et février, il était dans des dispositions plutôt favorables à Pékin. Il venait de signer une trêve dans la guerre commerciale, et a même félicité Xi Jinping pour sa bonne gestion de la crise sanitaire.

Bien avant Trump, les « théories du complot » sont parties non pas de l'Occident, mais de Chine. Depuis le 31 décembre 2019, des internautes chinois commentent régulièrement les annonces officielles en pointant vers le « laboratoire P4[1] ». Le mot-clé est d'ailleurs banni par les censeurs du Web chinois dès le premier jour[2].

Cela ne va pas empêcher la rumeur d'enfler. Dès mi-janvier, Wang Dinggang, un dissident en exil proche de l'extrême droite américaine, prétend sur YouTube qu'une source lui assure que la Chine ment et que le nouveau virus pourrait provenir d'une manipulation[3].

La théorie va même être reprise par un média de République populaire de Chine, pourtant soumis à une sévère censure. Le 26 janvier 2020, un site chinois spécialisé dans les informations militaires, xilu.com, publie un article à sensation[4] qui assène : « Les données prouvent que le virus de Wuhan ne peut avoir été produit que par ingénierie dans un laboratoire ! » À l'appui, des citations trompeuses d'un des premiers articles étudiant la protéine Spike, publié entre autres par des chercheurs de l'Institut Pasteur de Shanghai[5]. La supposée démonstration ne fait aucun sens. La vraie étude scientifique constate seulement les différences entre la Spike du premier SARS et celle du nouveau virus. Le texte de xilu.com y voit la preuve que c'est forcément le résultat d'une manipulation génétique. Et en accuse même les Américains, qui auraient donc relâché le virus à Wuhan pour commettre un « génocide du peuple chinois » – les mutations étant supposées permettre à cette arme biologique de frapper en priorité les Hans.

L'article est tout de même resté en ligne près de quinze jours, avant d'être supprimé dans la deuxième semaine de février. Entre-temps, il a fait le tour du monde en étant repris par les puissants réseaux de médias de la secte Falun Gong* et par le milliardaire en exil Guo Wengui**.

Contrairement à ce qu'affirment ces reprises, l'article de xilu.com n'a rien d'officiel. Il ne prouve pas que la Chine a reconnu très tôt une origine artificielle. Il n'a pas été publié sur un site institutionnel de l'Armée

* Mouvement mystique des années 1990 violemment persécuté depuis par le Parti communiste chinois. Voir par exemple https://www.jenniferzengblog.com/home/4-key-proteins-of-covid19-have-been-replaced-which-can-precisely-attack-chinese.

** Magnat de l'immobilier, Guo Wengui a fui la Chine en 2014. Il est devenu proche du conseiller spécial de Donald Trump, Steve Bannon, éminence grise de la droite radicale américaine. Dès fin janvier 2020, il a publié plusieurs articles et vidéos affirmant que le virus était d'origine artificielle. Voir au 25 janvier : https://archive.ph/6TdBe.

populaire de libération, mais sur un obscur média destiné aux passionnés d'informations militaires. Comme tous les médias chinois, il est évidemment contrôlé par le PCC. Il pourrait certes s'agir d'une opération de désinformation de la propagande chinoise – mais cela peut aussi bien, tout simplement, être un dérapage isolé d'un auteur délirant.

Ces « théories du complot » ne sont cependant pas le véritable point de départ du débat enflammé qui se déclenche à la même période à l'autre bout de la planète, au cœur du pouvoir des États-Unis d'Amérique.

À la découverte du génome, dès la semaine du 20 janvier, sur des boucles de discussion privées, des scientifiques américains s'inquiètent d'une possible origine artificielle*.

C'est dans ce contexte que le 28 janvier, un jeune sénateur républicain de l'Arkansas, Tom Cotton, écrit une lettre à l'administration Trump, où il appelle à une fermeture des frontières américaines pour les voyageurs en provenance de Chine – en invoquant l'hypothèse d'une origine artificielle : « Si le virus ne provient pas du marché aux fruits de mer, il est essentiel de déterminer d'où il vient – en particulier, je me dois d'ajouter, puisque Wuhan abrite également un super-laboratoire de biosécurité de niveau 4 qui se consacre à l'étude du coronavirus, parmi d'autres agents pathogènes mortels[6]. »

Après la publication de ce courrier, Cotton enfonce le clou deux jours plus tard dans un long et solennel

* Voir Jeremy Farrar, *Spike*, *op. cit.* Richard Ebright, lors d'un entretien vidéo avec l'auteur le 4 août 2022, mentionne une chaîne de mails de chercheurs intéressés à la biosécurité où « le sentiment prégnant parmi les participants était que cela ressemblait à une fuite de laboratoire ».

discours lors d'une réunion du Comité des forces armées du Sénat des États-Unis : « Ce coronavirus est une catastrophe de l'échelle de Tchernobyl pour la Chine. Mais en fait, c'est probablement pire que Tchernobyl, qui était localisé dans ses effets. Le coronavirus pourrait résulter en une pandémie mondiale[7]. » Et de noter à nouveau la présence du P4 de Wuhan.

Né en 1977, Tom Cotton a été élu à moins de 40 ans, ce qui fait de lui le plus jeune membre de la chambre haute du Congrès des États-Unis. Il traîne une réputation sulfureuse d'« insurgé » trumpiste, pour ses déclarations outrancières, parfois complaisantes envers des groupes néo-nazis[8], ou appelant à rétablir l'ordre avec l'armée suite à des manifestations violentes. Le site d'investigation The Intercept l'a carrément qualifié de « sénateur le plus dangereux de l'Amérique[9] ».

Ses déclarations sur le coronavirus ont donc suscité un rejet pavlovien dans les grands médias de référence américains, pour bonne partie favorables aux démocrates. En quelques jours, sans aucune véritable enquête scientifique ni journalistique, une pluie d'articles de *fact-checking* (« vérification d'information » en anglais) s'est empressée de catégoriser les propos de Cotton de « théorie marginale » ou de « complotisme[10] ». Un an plus tard, certains, comme le *Washington Post*, feront amende honorable en corrigeant leurs articles, supprimant les anathèmes contre le sénateur républicain[11].

Cette joute politique masque en fait la vraie controverse scientifique. Au même moment, les cénacles de spécialistes bruissent de conjectures, mais aucun ne saute le pas pour évoquer l'hypothèse en public.

« Les journalistes scientifiques le savaient, ils ont immédiatement commencé à m'appeler », témoigne le professeur Richard Ebright, expert de la biosécurité de l'université Rutgers. D'abord hésitant, il finit par céder aux requêtes d'un des enquêteurs les plus expérimentés et respectés de la presse scientifique américaine, Jon Cohen du magazine *Science*[12].

« Ce qui a déterminé ma décision à la fin janvier de parler *on-the-record** fut la reconnaissance que les mesures employées pour ces travaux [des chercheurs de Wuhan] n'étaient pas appropriées, poursuit le biologiste. La séquence ne portait pas de traces évidentes de modification. Mais des informations avaient circulé montrant que les méthodes et les mesures de sécurité en place durant les campagnes de collectes de terrain et au sein des laboratoires, à l'Institut de virologie et au CDC de Wuhan, étaient insuffisantes. L'IVW et le CDC avaient réalisé, de manière routinière, en de multiples occasions, des collectes sans aucun équipement de protection, ne les revêtant que pour les photos, et encore, pas toujours, puisque nous avions des images où ils ne les portaient pas. Et pour les travaux en laboratoire, ils préféraient travailler en niveau de biosécurité P2. Cela m'a convaincu que cela valait le coup de parler. »

Les preuves de ces pratiques à risque ne sont pas des documents secrets. Plusieurs articles et reportages publiés par des médias chinois dans les années précédant l'apparition du nouveau virus montraient les chercheurs de Wuhan sans combinaison, parfois même sans masque ni gants, lors d'expéditions dans des grottes abritant des colonies de chauves-souris[13].

De même, concernant l'usage d'un niveau de biosécurité minimal pour certaines expériences à risque, un

---

* Dans le journalisme américain, une source peut requérir de parler « *off-the-record* », auquel cas les échanges restent entièrement confidentiels. Elle peut alors autoriser des citations anonymes. Si elle accepte d'être citée nommément, les échanges sont considérés « *on-the-record* ».

article scientifique publié en 2016 par l'Institut de virologie de Wuhan attestait dans sa méthodologie : « Toutes les expériences sur des virus en culture ont été menées dans des conditions de biosécurité de niveau P2[14]. »

Si un P4 est un coffre-fort quasi inviolable dont rien ne peut sortir, un P2 est juste un laboratoire normal avec des règles de décontamination et des équipements de protection basiques, blouses, masques, gants, lunettes... Les travaux comportant des risques d'infection doivent y être réalisés à l'intérieur d'une « enceinte de sécurité biologique », un équipement vitré limitant le risque de contamination*.

La citation de Richard Ebright dans l'article du magazine *Science* n'entre toutefois pas dans ces détails. Plutôt qu'une affirmation catégorique, l'expert a simplement postulé que les données sont alors « cohérentes avec l'entrée dans la population humaine soit par un accident naturel, soit par un accident de laboratoire ».

Sans s'en rendre compte, Richard Ebright vient de déclencher une guerre fratricide dans la science.

La réaction en chaîne commence avant même la publication de l'article. Le journaliste du magazine *Science*, Jon Cohen, s'empresse de directement confronter d'autres

---

* Le risque induit par l'usage d'un niveau de sécurité biologique P2 pour manipuler un virus comme le SARS-CoV-2 est âprement débattu depuis le début de la pandémie. Richard Ebright compare les P2 à des « cabinets de dentiste », ce que des virologues dénoncent comme une exagération, rappelant l'usage d'enceintes de sécurité biologique et les mesures strictes de décontamination. Pour le nouveau coronavirus, le CDC américain a recommandé l'usage de laboratoires P3 : https://www.cdc.gov/coronavirus/2019-ncov/lab/lab-biosafety-guidelines.html. Le niveau de sécurité requis est différent dans le cas d'un virus circulant déjà dans l'espèce humaine, avec une population largement immunisée. Certains experts recommanderaient un niveau de sécurité maximal dans le cas de pathogènes à potentiel pandémique.

scientifiques à l'hypothèse formulée par leur confrère, à commencer par ceux qui ont collaboré avec les chercheurs de Wuhan.

Le principal d'entre eux est Peter Daszak, zoologue et virologue d'origine britannique, installé aux États-Unis depuis deux décennies. À la différence des autres pontes du domaine, Daszak n'est pas un chercheur universitaire, ou le directeur d'un grand laboratoire public. C'est davantage un aventurier de la science.

Doté d'un doctorat sur les parasites, il travaille depuis les années 2000 pour des organisations privées qui orbitent autour des grands financeurs américains de la science, comme les NIH, l'USAID* ou les fondations caritatives de milliardaires soutenant la science médicale. Le rôle de Daszak consiste à plaider auprès de ces grands argentiers et à récolter des fonds pour des laboratoires.

Il s'est fait un nom en étant un des principaux tenants d'une nouvelle conception écologique des épidémies. Selon celle-ci, les maladies émergentes sont causées par des activités humaines provoquant des transformations de l'environnement, la déforestation, le braconnage, le commerce d'animaux exotiques ou en voie de disparition, l'élevage intensif... Or, ce discours, issu de milieux écologistes, gagne au même moment les cercles dirigeants des sciences médicales, à l'OMS et dans d'autres agences de l'ONU, ainsi que les grandes institutions publiques américaines. Elles adoptent à cette période une nouvelle doctrine, « One Health » (« Une seule santé »), une approche systémique de la santé humaine, comme liée à la santé animale et à l'environnement.

Au milieu des années 2000, Daszak rejoint comme

* United States Agency for International Development (Agence des États-Unis pour le développement international).

rédacteur en chef une petite revue scientifique, *EcoHealth*, fondée par The Wildlife Trust (« La Fondation de la nature sauvage »), une des organisations pionnières du mouvement One Health. La structure est encore à l'époque une petite association de scientifiques portés par une fibre écologique.

Daszak fait tout de suite forte impression à ses collègues. Dès cette époque, il noue des liens avec des chercheurs chinois, en particulier Shi Zhengli de l'Institut de virologie de Wuhan, et multiplie les articles dans des revues prestigieuses. « Ces organisations privées caritatives sont très compétitives, c'est choquant, reconnaît lui-même Peter Daszak[15]. Elles se battent entre elles pour se partager des financements limités des grandes fondations, et le Wildlife Trust n'était pas compétitif. Les autres étaient meilleures sur le terrain de l'écologie. Mais notre avantage compétitif pour les levées de fonds, la science et l'intérêt du public, était le lien entre écologie et santé, dont j'étais chargé. »

« J'ai quelques années de plus que lui, mais j'avais l'impression qu'il pouvait m'apprendre des choses[16] », admet à son sujet Colin Butler, un épidémiologiste australien qui collaborait alors avec la revue *EcoHealth*. Ils se sont brouillés par la suite. Car en quelques années, Daszak a pris le contrôle de la petite organisation, l'a renommée EcoHealth Alliance (EHA) et l'a transformée en machine de guerre, dédiée à récolter des fonds pour de coûteuses recherches de pointe. D'où les désillusions de Butler, pour qui l'idéal écologique originel s'est perdu en chemin : « Il est une sorte de bâtisseur d'empire. Il a colonisé le nom EcoHealth », déplore-t-il.

EHA est dès lors devenue une plateforme pour distribuer des crédits entre des laboratoires partenaires du monde entier, du Mexique à la Chine, avec un budget annuel en millions de dollars[17]. Peter Daszak enchaîne les signatures dans des dizaines d'articles remarqués. En 2013, il participe par exemple à la découverte majeure de Shi Zhengli, l'identification du bassin originel du virus du premier SARS, chez des chauves-souris de la province du Yunnan[18]. L'Américain et la Chinoise ont aussi mené ensemble des recherches de bio-ingénierie avancée, consistant à manipuler le génome de virus de la famille du SARS, comme celles réalisées en niveau de biosécurité P2, publiées en 2016.

Interrogé par *Science magazine* fin janvier 2020 sur la possibilité d'un virus échappé d'un laboratoire de Wuhan, Peter Daszak balaie les spéculations d'Ebright : « Chaque fois qu'il y a une maladie émergente, un nouveau virus, la même histoire ressort : il s'agit soit d'une émergence naturelle, soit de la libération d'un agent ou d'un virus manipulé en laboratoire, déclare alors Daszak. C'est juste une honte. Il semble que les êtres humains ne peuvent pas résister à la controverse et à ces mythes, pourtant la vérité est sous nos yeux. Il y a cette incroyable diversité de virus dans la faune et nous n'avons fait qu'en effleurer la surface. Au sein de cette diversité, il y en aura certains qui peuvent infecter les gens et au sein de ce groupe, il y en aura qui causent des maladies. »

L'article se conclut par une énumération des recherches menées en partenariat entre EHA et l'Institut de virologie de Wuhan : des échantillons prélevés sur 10 000 chauves-souris, menant à la découverte de 500 nouveaux coronavirus, dont 50 de la famille du virus du SARS, RaTG13 inclus… Le journaliste fournit même une précision sur le lieu où ce dernier a été trouvé, qui manquait au brouillon posté par Shi Zhengli une semaine plus tôt : RaTG13 provient précisément d'une « grotte à Mojiang », un comté au centre du Yunnan, non loin de la frontière laotienne.

Cette petite enquête parue dans la presse spécialisée est à l'époque passée inaperçue. Il faudra deux mois pour que les mêmes débats et acteurs se retrouvent dans la presse généraliste.

Mais elle n'a pas échappé aux plus hautes autorités scientifiques.

À la direction du NIAID, Anthony Fauci la partage avec ses collaborateurs et sa hiérarchie : « Cela vient d'être publié. Donne une vision équilibrée », écrit-il dans la nuit au secrétaire adjoint à la santé, Robert Kadlec[19]. Une valse de mails s'ensuit.

Dans l'après-midi du 1er février 2020, une téléconférence réunissant une quinzaine de sommités discutera de cette hypothèse d'un virus échappé d'un laboratoire.

Le public n'en saura rien durant seize mois.

II

DÉSINFORMATION

Février 2020 - avril 2020

11

Les héros chinois

Certains des meilleurs journalistes du monde sont chinois.

Pourtant, ils n'ont reçu aucun prix, aucune grande reconnaissance internationale. Personne n'a applaudi à leurs enquêtes, comme on le fait si souvent pour celles du *New Yorker*, du *Monde* ou du *Washington Post*.

On leur doit pourtant tout, ou quasiment, de ce que nous savons du début de la pandémie. Ils n'ont malheureusement eu qu'une très étroite fenêtre pour exprimer leur talent.

Durant l'hiver 2020, dans un moment de flottement exceptionnel, avant que Pékin ne reprenne totalement en main le contrôle de l'information, des dizaines de journalistes chinois, bien que travaillant dans des médias contrôlés par le Parti communiste chinois, ont enquêté sur la cause du désastre au péril de leurs vies et de leurs carrières.

Si la République populaire de Chine se classe parmi les pires régimes pour la liberté de la presse[1], des reporters courageux se sont toujours battus tant bien que mal pour y informer correctement le public. Impossible évidemment de toucher à certains sujets, comme les crimes du régime, ou les affaires politiques et financières des princes rouges, les grandes familles des fondateurs du PCC. Mais certaines rubriques, comme la santé publique, ont longtemps été de rares espaces de relative liberté pour de véritables enquêtes.

Ainsi en a-t-il été de l'épidémie de Wuhan, au tout début.

Ces journalistes d'exception ont été envoyés sur place principalement par des médias hongkongais, comme Phoenix TV et le quotidien *South China Morning Post* (SCMP), ainsi que par Caixin, un groupe de presse basé à Pékin et spécialisé dans l'information financière. Celui-ci a été fondé en 2009 par l'une des rares journalistes d'investigation chinoises, Hu Shuli, connue pour avoir révélé des affaires de corruption.

Arrivés à Wuhan mi-janvier, ils ont découvert des hôpitaux rapidement débordés, puis ont témoigné jour après jour du confinement spectaculaire décrété le 23 janvier.

Pour la première fois depuis la grippe de 1918, une ville de plusieurs millions d'habitants était placée sous cloche, coupée du monde. En quelques heures, les métros et les trains ont cessé de circuler, l'aéroport s'est arrêté, des barrages policiers ont été déployés à toutes les sorties de l'agglomération puis de la province du Hubei. Les autorités locales ont dressé des palissades entre les pâtés de maisons, et les comités de quartier sont même allés jusqu'à sceller les portes de certains logements.

Dignes d'un scénario de film post-apocalyptique, les images des rues absolument désertes d'une agglomération de 11 millions d'habitants ont sidéré la planète.

Ça n'a pas arrêté les journalistes chinois.

Ils ont écumé les services d'urgence, et décrit en détail le désarroi des patients et soignants, l'afflux subit de malades, l'incapacité du système à les traiter, et avant cela même à les tester ou à les diagnostiquer, du fait du manque de laboratoires et de réactifs pour les PCR. En pleine tempête, ils ont aussi réussi à mener de véritables enquêtes de terrain.

Leur attention s'est évidemment portée sur le marché de Huanan. Le 28 janvier, le site d'information financière de Phoenix TV met en ligne une longue enquête[2] qui révèle l'identité des propriétaires et gérants de cette gigantesque halle couverte présentée comme « le plus grand marché du centre de la Chine ».

Celui-ci a été ouvert en 2005 dans un immense bâtiment de 50 000 mètres carrés, à 800 mètres de la gare centrale de Wuhan. C'est un dédale extrêmement dense, qui comprend 678 étals, divisés en deux grandes parties, avec à l'est les commerces de viande de bétail traditionnel, et à l'ouest les poissons et fruits de mer. Selon une étude approfondie du CDC parue en prépublication en 2022, 10 étals à l'ouest vendaient des animaux vivants d'espèces dites sauvages[3].

L'enquête de Phoenix TV révèle dès fin janvier 2020 que le marché est bien le rendez-vous incontournable des amateurs de « Jianbanyan », les viandes de gibiers rares dans l'argot des rues du vieux Wuhan. Et que 33 des 585 échantillons environnementaux prélevés par le CDC lors du Nouvel An étaient positifs au nouveau coronavirus, « ce qui suggère que le virus provenait d'animaux sauvages vendus sur le marché des fruits de mer de Huanan », affirme l'article.

Mais ce sont des « échantillons environnementaux », donc simplement prélevés sur des surfaces, pas sur les animaux mêmes. Trois ans après, on ne sait toujours pas si des animaux eux-mêmes ont été testés ou non.

L'article met aussi en lumière les jeux de pouvoir qui se cachent derrière ce bazar en apparence anodin.

Le marché appartient en effet à la famille d'un homme d'affaires local, Yu Zhusheng, né en 1962, un « parrain[4] » à la tête d'un petit empire d'une cinquantaine de sociétés, qui fait commerce de tout, spécule sur l'immobilier et les projets de rénovation urbaine de ce quartier central, et traîne quelques contentieux pour avoir démoli de vieux lotissements voisins sans avoir proprement indemnisé leurs habitants. Il a aussi une réputation de joueur : quelques années plus tôt, il a perdu 17 millions de dollars dans un casino australien en une semaine[5] !

Mais jamais « Frère Yu » ne fera surface.

Les journalistes accrédités ne sont pas les seuls à avoir pris des risques pour se rendre sur place et enquêter.

Plusieurs simples citoyens, parfois influenceurs de longue date sur les réseaux sociaux, mais aussi des anonymes, se sont rués dans la ville confinée pour filmer et poster leurs vidéos.

Le plus suivi d'entre tous est le jeune Chen Qiushi, avocat pékinois de 37 ans, qui s'était fait connaître l'année précédente en bravant la censure chinoise pour aller filmer les manifestations pro-démocratie à Hong Kong. Arrivé par l'un des derniers trains le jour du confinement, il montre l'envers du décor, les hôpitaux débordés, les corps étendus dans les couloirs, les crématoriums qui fonctionnent à plein régime.

Dans l'une de ses dernières vidéos[6], le 30 janvier, il paraît épuisé et aux abois : « J'ai peur, confesse-t-il. Devant moi est la maladie. Derrière moi le pouvoir légal et administratif chinois. Mais tant que je serai en vie, je ne rapporte que ce que je vois et entends. J'ai envie d'être franc réellement, aujourd'hui je vais dire quelque chose de direct. ALLEZ VOUS FAIRE FOUTRE, je n'ai pas peur de mourir. Tu crois que j'ai peur de toi, Parti communiste ? »

Le chaos qui permet alors une telle liberté va brusquement cesser.

Infecté le 8 janvier par le nouveau virus et tombé gravement malade, l'un des médecins lanceurs d'alerte, Li Wenliang, a ému le pays en révélant son identité sur le réseau social Weibo fin janvier et en donnant quelques interviews à des médias sur son lit d'hôpital. Cependant, il décède prématurément le 6 février 2020 dans la soirée[7]. La nouvelle provoque une nuit de colère et d'hommages sans précédent en Chine, dont les réseaux sociaux sont inondés de récriminations contre les autorités.

Le retour de bâton est immédiat.

Dans les semaines suivantes, les enquêtes indépendantes cèdent la place aux communiqués scriptés et triomphants. Trois cents journalistes sont envoyés à Wuhan par l'agence d'État Chine nouvelle (Xinhua en mandarin), pour revisiter la crise suivant la ligne de la propagande, comme une bataille victorieuse[8].

Un à un, les citoyens journalistes et youtubeurs vont disparaître.

Chen Qiushi est mis de force en quarantaine[9]. Il ne refera surface qu'après six cents jours, en octobre 2021, sans jamais rien dire de sa disparition.

Il a cependant inspiré un jeune journaliste de la télévision d'État CCTV, Li Zehua. Né en 1995, celui-ci démissionne de son travail de présentateur, et se rend aussi à Wuhan, le 16 février, soit juste après la disparition de Chen Qiushi, cherchant à le retrouver, et postant comme lui des vidéos sur les réseaux sociaux.

Dix jours après son arrivée, le jeune Li Zehua se rend aux abords de l'Institut de virologie de Wuhan et de son laboratoire P4, au sud de la ville. Après avoir observé le bâtiment de l'extérieur, il rebrousse chemin au volant de sa petite Volkswagen, quand un quatre-quatre blanc occupé par des hommes en uniforme le prend en filature. Il live-streame la course-poursuite durant une trentaine de secondes. « Ils me poursuivent, aidez-moi ! » a-t-il tout juste le temps de lâcher, avant de couper pour se concentrer sur sa fuite.

Il échappe miraculeusement à ses poursuivants. De retour à son hôtel, il lance la vidéo diffusée en direct sur YouTube, avec des milliers de spectateurs affolés.

Les lumières sont éteintes et il reste silencieux.

L'attente va durer des heures, il préfère ne pas parler pour qu'on croie la chambre déserte.

Au bout d'un moment, on frappe une première fois lourdement à la porte.

Comme personne ne répond, les visiteurs repartent.

Ayant attendu quarante minutes sans rien dire, Li Zehua comprend qu'il est perdu de toute manière et déclame un dernier discours : « Il n'y a aucune chance que je m'échappe, et ce n'était pas mon plan, lâche-t-il. Avant de venir ici, je m'attendais à finir comme [Chen Qiushi]. »

Au bout de quatre heures, les hommes reviennent frapper à sa porte. Il leur ouvre. Quatre policiers entrent. Il est arrêté et emmené, toujours en direct[10].

Li Zehua réapparaîtra le 22 avril en postant une vidéo de confession forcée où il renie son travail de journaliste indépendant à Wuhan et remercie la police de l'avoir bien traité[11].

Le cas devenu le plus célèbre est enfin celui de l'ancienne avocate Zhang Zhan.

Née en 1983, cette chrétienne de Shanghai est depuis longtemps dans le viseur des autorités, pour avoir entre autres manifesté seule à Shanghai, en soutien aux Hongkongais, en septembre 2019.

Arrivée le 1er février à Wuhan, elle est la plus audacieuse des citoyennes journalistes, documentant les aspects les plus sensibles de l'épidémie, les hôpitaux débordés, le poste de police où a été emmené Li Wenliang, la sous-estimation du nombre de morts, les crématoriums, et elle rôde même plusieurs fois aux abords de l'Institut de virologie de Wuhan[12].

Elle disparaît à son tour en mai[13]. Elle est ramenée à Shanghai, et arrêtée formellement le mois suivant. En détention, elle a mené une longue grève de la faim pour protester, mais ses geôliers l'ont nourrie de force et torturée[14]. Elle a écopé de quatre ans de prison ferme fin 2020[15].

12

Similitude étrange

Est-il seulement possible de distinguer un virus artificiel d'un virus issu de la nature ? C'est la question qui taraude le monde de la virologie depuis fin janvier 2020.

Avant la pandémie de Covid-19, il n'y avait eu que des discussions très générales et théoriques sur la question, dans des publications et cénacles de spécialistes. Le grand public était évidemment totalement passé à côté. La presse généraliste ne colportait qu'une représentation sommaire de ces expériences, sensationnaliste même aux yeux de beaucoup de chercheurs.

Pour désigner les virus modifiés en laboratoire, les tabloïds britanniques et la presse française ont par exemple popularisé le néologisme de « frankenvirus[1] ». L'image est saisissante, figurant comme la créature du docteur Frankenstein un virus « chimérique » composé de plusieurs morceaux d'autres virus.

Les « frankenvirus » ainsi créés présenteraient des « cicatrices », aussi grossières que les sutures qui servent à faire tenir ensemble les membres des différents corps employés par le « Prométhée moderne » pour créer son monstre dans le livre de Mary Shelley. Le caractère « contre nature » des « frankenvirus » sauterait aux yeux.

L'image correspond bien à une méthode d'ingénierie des virologues : l'insertion et l'assemblage par ciseaux génétiques. Apparus dans les années 2000, ceux-ci permettent de composer des virus « artificiels » ou « chimères » en y insérant une petite séquence, ou en assemblant des parties de plusieurs virus ensemble.

Pour attacher les différents blocs, il faut employer des « ligases », des suites de nucléotides servant à « souder » les morceaux entre eux. Ces « sutures » identifiées par une suite de quelques « lettres » sont reconnaissables quand elles bordent des séquences connues. Mais elles ne sont pas en soi artificielles : la nature emploie le même type de « soudures » quand elle opère des recombinaisons par hasard.

Ces ligases peuvent cependant fournir une « signature » attribuable à des équipes spécifiques de chercheurs, car chaque laboratoire a ses méthodes favorites, qui constituent sa « marque de fabrique ». Pour reconnaître un tel virus de synthèse, il suffit d'analyser le génome pour identifier les séquences insérées ou assemblées et les potentielles « coutures » entre chaque bloc. En épluchant la bibliographie, on saurait immédiatement si les séquences se retrouvent dans des expériences publiées auparavant par une équipe. Un virus synthétisé ainsi serait en principe rapidement identifiable.

Mais le mot « frankenvirus » hérisse les poils de nombre de spécialistes. D'abord parce que l'image porte d'emblée un jugement moral : suivant le cliché éculé du roman anglais, l'hybris du savant fou aboutirait inévitablement à la catastrophe. La métaphore est aussi trompeuse. Par l'image des « sutures », elle n'illustre qu'une toute petite partie des méthodes de manipulation des virologues. Il existe en effet bien d'autres manières de modifier un virus.

Certaines ne nécessitent aucune ingénierie génétique avancée.

On peut par exemple accélérer et orienter l'évolution d'un virus en laboratoire, sans intervenir à l'échelle génétique. Ce deuxième type de méthodes est au fond comparable à l'élevage sélectif pratiqué depuis des millénaires avec le bétail et les animaux domestiques. Pour des virus, l'« élevage » se fait en les injectant dans des cultures de cellules ou bien dans des animaux de laboratoire.

Pour accélérer et orienter l'évolution d'un virus, la méthode la plus courante consiste à effectuer des « passages en série » ou « passages successifs ». Par exemple, on cultive dans des cellules humaines un virus qui n'est pas infectieux pour l'homme. Normalement, le virus va s'éteindre, incapable d'infecter des cellules. Mais avant qu'il ne disparaisse, on prélève un échantillon, et on l'injecte à nouveau dans une autre culture de cellules humaines. Et on répète l'opération un très grand nombre de fois. À chaque passage, une petite partie des virus mute, et immanquablement, certains finissent par s'adapter aux cellules humaines. Les passages successifs accélèrent la sélection naturelle de ces virus mieux adaptés. Au bout d'un grand nombre de passages, ils finissent par proliférer au lieu de s'éteindre. En quelques semaines ou mois, on parvient à faire évoluer un virus autant qu'il muterait dans la nature en plusieurs décennies.

La même procédure peut aussi être réalisée avec des animaux de laboratoire. C'est par exemple ce qu'avait fait le Hollandais Ronald Fouchier en 2011 avec le virus de la grippe H5N1 et des furets. Le virus, contagieux entre oiseaux seulement dans la nature, était devenu transmissible entre mammifères[2].

Le virus ainsi produit est-il artificiel ou naturel ? Son génome en tout cas serait quasi impossible à distinguer de celui d'un virus ayant connu la même évolution par hasard dans la nature sur une période beaucoup plus longue. La même question se pose pour les chiens de race ou les taureaux d'élevage : sont-ils moins naturels que les loups et les bisons ?

En outre, si l'homme peut le faire dans son laboratoire avec des moyens aussi réduits, la nature est elle-même capable de beaucoup de choses, grâce aux mutations et recombinaisons perpétuelles de milliards de virus répartis dans d'immenses réservoirs animaux, et aux contacts quotidiens entre ces animaux et les hommes. Le « laboratoire de la nature » peut être autant, voire plus inventif que celui des hommes. Tout comme l'évolution a créé un nombre d'espèces mille fois plus incroyables que les races péniblement sélectionnées en quelques milliers d'années de domestication. Quant aux organismes génétiquement modifiés depuis la fin du siècle dernier, ils sont une goutte d'eau dans l'océan de la diversité génétique produite par la nature en 4 milliards d'années d'évolution.

Mais le génie génétique a connu un développement exponentiel qui brouille les cartes. Au-delà des deux premières grandes méthodes, largement employées dès les années 2000, les dernières années avant la pandémie avaient vu un foisonnement exceptionnel de nouvelles techniques extrêmement sophistiquées, dont beaucoup ne sont pas aussi facilement détectables que les vieilles technologies de ciseaux génétiques et d'évolution dirigée qui fabriquaient des « frankenvirus ».

Ces expériences ne sont pas forcément dangereuses ou problématiques. Contrairement à la caricature qui en est faite, les virus ainsi produits ne sont pas tous des « supervirus » dressés pour tuer. Toutes les modifications n'ont pas pour but ni pour conséquence de rendre les virus plus mortels ou plus contagieux. Et une partie des travaux sont réalisés sur des « pseudovirus », des virus imitant le virus original, mais sans sa capacité de réplication. Un « outil » qui permet de faire de la virologie et des manipulations sans créer un monstre qui ravagerait la planète s'il s'échappait.

Avant d'entrer dans le débat sur une éventuelle origine artificielle du nouveau coronavirus, il faut donc garder à l'esprit ces nuances et incertitudes.

En résumé, il est difficile d'identifier de manière définitive un virus artificiel. Pour l'établir solidement, la complexité des manipulations possibles impliquerait une étude extrêmement approfondie à la fois du génome, mais aussi de la bibliographie, tout en menant des échanges avec les chercheurs concernés. Le tout constituerait une enquête en bonne et due forme allant jusqu'à accéder aux « cahiers de laboratoire » des équipes visées. Sauf cas absolument évident d'une fuite d'un virus issu d'une expérience déjà publiée, il ne suffirait pas de regarder le génome pour y voir du premier coup d'œil la preuve d'une origine artificielle – ou à l'inverse la certitude d'une origine naturelle.

Ces nuances n'étaient pas connues du public ni même d'une bonne partie des spécialistes début 2020, quand le nouveau coronavirus est apparu à quelques kilomètres des laboratoires de Wuhan.

Quand le soupçon est né, la méthode scientifique aurait voulu qu'une discussion ouverte entre scientifiques s'engage, pour mieux comprendre les travaux les plus récents des chercheurs chinois et vérifier ou réfuter l'hypothèse d'une origine artificielle. Cet échange rationnel et systématique n'a jamais eu lieu.

Le 31 janvier 2020, une équipe indienne de New Delhi publie sur un serveur de prépublication, bioRxiv, une étude titrée abruptement : « Similitude étrange d'insertions uniques dans la protéine Spike du 2019-nCoV avec le VIH-1 gp120 et Gag*[3] ».

D'emblée, le texte, qui a été rendu public à la va-vite et n'a fait l'objet d'aucune revue par des pairs, sous-entend que le nouveau virus est d'origine artificielle. « La découverte de 4 insertions uniques dans le 2019-nCoV, qui ont toutes une identité/similitude avec les résidus d'acides aminés dans les protéines structurelles clés du VIH-1, est peu susceptible d'être de nature fortuite », suggère frontalement le résumé.

Pour preuve de manipulations génétiques, l'article constate que 4 petites séquences de la protéine Spike du nouveau coronavirus sont absentes du virus du SARS, et se retrouvent à l'identique dans le génome du VIH.

La démonstration, comme le soulignent immédiatement les meilleurs spécialistes sur les réseaux sociaux[4], est en réalité totalement erronée. Les insertions repérées sont trop courtes pour être significatives, se retrouvant à l'identique dans bien d'autres organismes et pathogènes que le VIH. Plusieurs d'entre elles existent d'ailleurs dans des virus de la famille du SARS, dont le RaTG13, le virus de chauve-souris tout juste publié par les chercheurs de Wuhan, plus proche parent du nouveau virus.

Face au tollé, l'article mis en ligne le vendredi est rétracté le dimanche par les auteurs eux-mêmes, qui admettent la nécessité de « corriger » leur analyse et prétendent qu'une version amendée paraîtra par la suite. Cette dernière n'a jamais vu le jour.

Le mal est fait.

Dès le jour de sa publication, « similitude étrange » est repris massivement sur les réseaux sociaux dans le monde entier, en particulier par un blog très suivi,

---

* GP120 et Gag sont deux protéines du VIH (virus de l'immunodéficience humaine).

Zero Hedge[5]. Animé par un ancien trader à la réputation sulfureuse, Daniel Ivandjiiski, ce média en ligne est habitué à diffuser des informations erronées ou sensationnalistes sur des sujets explosifs, corruption, diplomatie, espionnage, guerre, politique américaine… Le blogueur ajoute son grain de sel en affirmant que l'étude indienne renforcerait les « craintes d'une arme biologique créée artificiellement ».

Le jour même, le compte Twitter de Zero Hedge est suspendu, accusé à tort d'avoir enfreint les règles du réseau social[6]. La machine s'emballe. Au lieu d'étouffer la désinformation dans l'œuf, la sanction contre le supposé désinformateur fait exploser son audience, dans un classique effet Streisand*.

La polémique est telle qu'elle oblige les Chinois eux-mêmes à sortir du bois.

---

* En 2003, la chanteuse Barbra Streisand avait poursuivi un photographe pour avoir pris une photo de sa résidence à Malibu. La procédure a immédiatement rendu l'image célèbre.

13

Punition de la nature

Elle ne pouvait plus se taire.

Le dimanche 2 février 2020, Shi Zhengli, la directrice des recherches sur les maladies infectieuses émergentes de l'Institut de virologie de Wuhan, répond aux accusations dans un post public sur le réseau social chinois WeChat : « Partages bienvenus : le nouveau coronavirus 2019 est la punition de la nature pour les mœurs barbares des êtres humains. Moi, Shi Zhengli, je jure sur ma vie que cela n'a rien à voir avec le laboratoire. Conseil à ceux qui donnent foi et propagent les fausses rumeurs dans les médias et à ceux qui ont cru en la prétendue “étude académique” peu fiable de chercheurs indiens, fermez vos sales gueules. Par la même occasion, faites suivre ce nouveau message cinglant : les universitaires indiens ont décidé de rétracter cet article en prépublication. L'un d'eux a lui-même déclaré : “Ce n'était pas notre intention d'alimenter les théories du complot… nous apprécions les critiques… et nous reviendrons avec une version corrigée[1].” »

Nouvel effet Streisand : la colère de Shi Zhengli fait le tour du Web chinois. Et suscite des soutiens… mais aussi davantage d'accusations.

Une internaute qui se présente comme le « docteur Wu Xiaohua » et prétend avoir une expérience dans les manipulations génétiques en laboratoire et les expériences sur des animaux répond au post WeChat de Shi Zhengli en pointant l'absence d'animal hôte intermédiaire au marché de Huanan, et les questions qu'on peut se poser suite à la publication de l'article de Shi Zhengli révélant l'existence de RaTG13. « Ne prenez pas les gens pour des idiots ! » conclut le lapidaire réquisitoire[2].

Des internautes révoltés par l'attaque contre Shi Zhengli prennent à leur tour à partie l'accusatrice. Mais celle-ci persiste et signe en développant dans un texte plus long ses allégations[3].

Si ces accusations sont diffamatoires en l'absence de preuves, elles sont fondées sur une discussion relativement informée des manipulations réalisées par Shi Zhengli, et ne sont donc pas du même ordre que la prépublication indienne comparant le nouveau virus au VIH. Pour étayer son propos, le docteur Wu Xiaohua rappelle l'article de 2015 publié en collaboration entre les équipes chinoises et américaines de Shi Zhengli et de Ralph Baric visant à adapter la protéine Spike aux cellules pulmonaires humaines.

Mais ce brûlot comprend aussi des affirmations sans preuves, partiellement fausses : semblant se référer à la pause édictée par Barack Obama sur les expériences de gain de fonction de 2014, Wu Xiaohua affirme (à tort) que quand les « États-Unis ont compris que le virus pourrait devenir une arme biologique en 2014, ils ont immédiatement arrêté le programme de modification du virus et cessé de financer la recherche en question » ; et elle ajoute en outre (sans preuves) que « l'équipe de Shi Zhengli a continué à expérimenter avec des singes pour simuler l'effet du virus sur le corps humain ».

Officiellement, le moratoire sur les expériences à

risque décrété en 2014 par la Maison-Blanche l'a été pour des inquiétudes sur les risques d'accident, et non en raison du potentiel usage dual de ces recherches. Quoi qu'il en soit, les collaborations entre Américains et Chinois à Wuhan ont échappé à cette pause et ne se sont jamais vraiment arrêtées. Aucune publication de l'Institut de virologie de Wuhan ne permet enfin d'affirmer que les recherches sur les coronavirus ont été menées sur des singes dans le laboratoire P4.

La controverse s'étend toutefois davantage quand un milliardaire de la tech, Xu Bo[4], fondateur d'une start-up cantonaise de jeux vidéo extrêmement populaire, Duoyi Network, rebondit à son tour par un long texte posté sur Weibo, reprenant les arguments de Wu Xiaohua, et y ajoutant d'autres accusations. « Je soupçonne que l'Institut de virologie de Wuhan a mal géré les animaux de laboratoire », précise le PDG. Avant d'espérer une enquête officielle. « Des singes vivants sont vendus au marché des fruits de mer de Chine méridionale à Wuhan », prétend Xu Bo. La rumeur était apparue dans les médias et sur les réseaux sociaux après la révélation de l'épidémie[5]. Mais aucun document ni témoignage fiable n'a jamais attesté que des singes auraient été effectivement trafiqués sur le marché de Huanan.

Le cauchemar de Shi Zhengli ne s'arrête pas là.

D'autres spéculations vont venir de chercheurs établis. Le 6 février, le biologiste Xiao Botao et sa femme Xiao Lei, une physicienne, affiliés à des centres de recherche de Canton et Wuhan, publient un court texte présenté comme un article scientifique sur le site de prépublication Researchgate, qui se propose de décrire « Les possibles origines du coronavirus 2019-nCoV[6] ». L'argument sommaire du couple est que les chauves-souris porteuses de cette famille de virus ne vivent pas à Wuhan, n'étaient pas vendues sur le marché, et qu'aucun « hôte intermédiaire » n'a été identifié. Ils suggèrent donc une alternative : « À environ 280 mètres du marché, il y a le Centre de contrôle et de prévention des maladies de Wuhan (WCDC). » Et ils notent carrément qu'un de ses chercheurs, Tian Junhua, spécialiste des collectes de virus de chauve-souris, s'est étalé dans la presse scientifique et dans des interviews télévisées durant les années précédant la pandémie en se vantant des risques pris dans son travail : morsures de chauve-souris, éclaboussures de sang ou d'urine sur sa peau, et même une quarantaine de quatorze jours imposée suite à de tels incidents[7]...

« Le coronavirus tueur a probablement pour origine un laboratoire de Wuhan », concluent les auteurs, sans apporter d'éléments concrets. L'article est supprimé par eux, alimentant les spéculations selon lesquelles les Xiao ont été sanctionnés ou détenus. Un an plus tard, Botao reconnaîtra dans un bref mail au *Wall Street Journal* avoir retiré l'article parce qu'il « n'était pas étayé par des preuves directes[8] ».

Quelques jours après l'article des époux Xiao, l'hypothèse d'un accident de la recherche a carrément été discutée publiquement dans un prestigieux centre de recherche de langue chinoise, à l'université nationale de Taïwan. Le 22 février, lors d'un séminaire sur l'épidémie, le professeur Fang Chi-tai, spécialiste des maladies infectieuses, a dressé un panorama des hypothèses avancées par des spécialistes sur l'origine du nouveau virus. Au cours de sa présentation, il relève les travaux d'une « équipe française » qui a identifié « 4 acides aminés » qui rendent le virus plus « invasif, pathogène et transmissible[9] ». D'où selon lui les interrogations légitimes sur l'hypothèse d'une « version améliorée » du virus du SARS.

« Sur le plan scientifique, nous pouvons seulement dire que le nouveau coronavirus peut avoir été créé par l'homme, mais cela ne signifie pas qu'il a vraiment été créé par l'homme, conclut-il prudemment. Il faut une enquête administrative au sein du laboratoire P4 de Wuhan pour clarifier cette question. »

Les déclarations font alors sensation dans la petite île de mer de Chine et sur le Web sinophone. Une vidéo de l'intervention de Fang Chi-tai, initialement postée sur la page Facebook de la faculté de santé publique, a été immédiatement supprimée[10]. Deux jours plus tard, interrogé par un journaliste du site Taiwan News, le professeur dément avoir fait ces déclarations et assure qu'il « ne soutient pas la théorie très populaire d'une origine artificielle de ce virus[11] ».

Un dernier article scientifique marque ces débats précoces en Chine sur l'origine mystérieuse de l'épidémie. Le 21 février, un groupe de chercheurs de Pékin et du Yunnan, la province où a été collecté le plus proche parent du nouveau virus, RaTG13, dépose sur le site de prépublication ChinaXiv un article qui analyse les toutes premières souches du nouveau coronavirus[12].

En étudiant les mutations de 93 souches prélevées sur les premiers patients, ces biologistes tentent de recomposer la « généalogie » du début de l'épidémie. Ils affirment que la souche la plus ancestrale, dont semblent descendre toutes les autres, a été prélevée sur un patient qui « n'a pas de lien avec le marché de Huanan ». En conséquence, « cela suggère que la source du coronavirus au marché de Huanan a été importée d'autre part, comme suggéré aussi par d'autres chercheurs », conclut l'étude, reprise par les médias chinois[13].

La confusion atteint finalement son comble.

Le début de l'épidémie se concentre sur un marché aux animaux. Mais aucun réservoir animal n'a été identifié. Des chercheurs doutent que le marché soit l'origine. Les laboratoires de Wuhan avaient effectivement des projets de recherche à risque précisément sur cette famille de virus et sur les caractéristiques du nouveau coronavirus. La plus grande sommité de l'Institut de virologie, Shi Zhengli, est accusée sans preuves par des anonymes, des influenceurs et même des confrères. Elle nie en bloc.

Le débat n'a pas beaucoup évolué depuis.

Car en trois ans, très peu d'éléments nouveaux ont émergé de Chine. Suite au chaos du début de l'épidémie, tout comme la presse a été reprise en main, les scientifiques chinois ont été bâillonnés. Une enquête de l'agence AP[14] le révélera dans les mois suivants : un ordre émis le 24 février 2020 par le CDC de Chine puis redoublé début mars par une instruction du Conseil des affaires de l'État, le bureau central du gouvernement, impose un contrôle total des autorités politiques sur les publications scientifiques concernant la nouvelle épidémie, baptisée depuis peu Covid-19 par l'OMS.

Le virus a désormais un nom : SARS-CoV-2[15].

En réaction aux accusations contre Shi Zhengli et d'autres chercheurs chinois, la prestigieuse revue britannique *The Lancet* publie le 19 février 2020 une lettre signée par 27 scientifiques internationaux de premier plan[16] : parmi eux, Peter Daszak d'EcoHealth Alliance, partenaire de longue date des laboratoires de Wuhan, mais aussi l'Allemand Christian Drosten, conseiller d'Angela Merkel, et Jeremy Farrar, respecté directeur du Wellcome Trust. Les signataires ne déclarent aucun conflit d'intérêts.

L'élan de solidarité est parti de Peter Daszak, choqué

par les accusations contre ses collègues chinois. « Ils étaient attaqués, explique-t-il[17]. Je savais que ça se passait, je l'avais vu. Et quand on est proche de ces gens et qu'on les connaît, c'est dégueulasse, c'est affreux. »

Présenté comme un message de soutien aux scientifiques chinois, le texte « condamne fortement les théories du complot qui suggèrent que le Covid-19 n'a pas une origine naturelle ».

« Des scientifiques de plusieurs pays ont publié et analysé les génomes de l'agent causal, le coronavirus 2 du syndrome respiratoire aigu sévère (SARS-CoV-2), poursuit le texte, et ils concluent à une écrasante majorité que ce coronavirus a pour origine des animaux sauvages, comme tant d'autres agents pathogènes émergents. [...] Les théories du complot ne font que créer de la peur, des rumeurs et des préjugés qui mettent en péril notre collaboration mondiale dans la lutte contre ce virus. »

14

Le bouc émissaire

Les destins tragiques des innocents accusés à tort portent une leçon universelle.

Les plus chanceux se retrouvent sous les projecteurs quelques jours ou semaines, arrêtés, mis en garde à vue, souvent diffamés en une des journaux, avant d'être lavés par l'enquête, et d'être recrachés par le système pour revenir à une impossible vie normale.

Les plus malchanceux sont lynchés sans autre forme de procès, passent une partie, si ce n'est le reste de leur vie derrière les barreaux, ou finissent sur l'échafaud. On ne découvre que longtemps après leur innocence.

Durant un temps, le monde entier, sauf eux-mêmes et de rares esprits indépendants, a été convaincu de leur culpabilité.

Qu'ils soient blanchis rapidement ou après leur mort, ces figures nous enseignent qu'un individu peut avoir raison, seul contre le jugement de tous. Et qu'il faut toujours observer une affaire sous plusieurs angles avant de se faire un avis, sous peine de s'enfoncer dans une ornière creusée par des prémisses erronées.

Avec la pandémie de Covid-19, le pangolin est en quelque sorte devenu le totem de ces innocents injustement accusés.

Ce petit mammifère était quasi entièrement inconnu du grand public avant 2020.

L'animal, présent en Afrique et en Asie du Sud et du Sud-Est, est une de ces particularités de la nature qui la rendent si fascinante. Lointain cousin des carnivores comme les loups ou les ours, cet ordre à part regroupe huit espèces, à l'anatomie tout à fait singulière.

Son corps fait entre 30 centimètres et 1 mètre de long. Son nez allongé et ses courtes pattes font penser aux porcs-épics, mais au lieu de piquants, il est couvert d'une armure de grosses écailles en forme de chevrons. Comme un tatou, il paraît venir d'une autre planète, ou tout du moins appartenir à un autre temps, une ère préhistorique, entre les dinosaures et nous.

Nocturne, il se nourrit de fourmis, de termites, d'insectes et de larves.

Son nom vient du malais « penggoling », « celui qui s'enroule ». Quand il est menacé, il se love en spirale en passant sa tête sous sa queue pour ne plus laisser apparaître que ses écailles.

Mais ces écailles sont aussi sa malédiction. En Afrique et en Asie, les croyances traditionnelles leur prêtent des vertus médicinales – démenties par la science. Longtemps la cible d'un petit braconnage local pour la viande et la médecine traditionnelle, le pangolin est devenu l'objet d'un commerce globalisé, alors même que sa population décline, ses huit espèces étant classées comme menacées, trois étant en danger critique. Entre 2014 et 2018, le volume total des saisies au niveau mondial a été décuplé[1]. Et la Chine, dont la « médecine traditionnelle » est devenue une puissante industrie promue par Xi Jinping lui-même, est la destination pour plus de la moitié de ces saisies.

Cette tragédie du pangolin n'a longtemps intéressé personne. Seuls de rares scientifiques et activistes s'évertuaient à sensibiliser les populations contre les ravages du trafic. L'écologue Alice Hughes est de ceux-là. Née à Birmingham en 1985, cette spécialiste des chauves-souris alerte depuis plusieurs années sur l'explosion du trafic mondial[2]. Après un doctorat sur les chauves-souris en Thaïlande, elle a été recrutée en 2013 par un parc naturel de la province du Yunnan, à l'extrême sud-ouest de la Chine. Niché dans les contreforts des grandes jungles montagneuses d'Asie du Sud-Est, le « jardin botanique de Xishuangbanna » est le site idéal pour observer les chauves-souris.

Proche de la frontière du Laos et du Vietnam, ce havre reculé est aussi aux premières loges pour surveiller les trafics frontaliers, les routes de contrebande et les petits marchés aux animaux sauvages le long de la frontière. « Une bonne partie du trafic d'animaux transitait dans des camions au travers de la frontière, témoigne-t-elle. Parfois, on voyait même des passagers embarquer des cages dans les bus. Dans certains restaurants, ils abattaient des pangolins sur la table devant vous, pour qu'on voie que la viande servie venait de vrais pangolins[3]. » Elle a milité pour que la Chine prononce une interdiction complète et l'applique fermement. En vain.

Comme Shi Zhengli à Wuhan, la spécialité d'Alice Hughes lui a valu le surnom de « Batwoman[4] ». Son expertise est indispensable à des confrères virologues cherchant à étudier les maladies des chauves-souris. Elle leur sert de guide pour trouver les grottes où nichent des colonies, apporte sa connaissance des mammifères volants, et veille aussi à ce que les chasseurs de virus respectent ces petites bêtes qui la passionnent.

Le travail de terrain des virologues dans ces grottes consiste entre autres à capturer les animaux pour prélever, avec un écouvillon, de la matière fécale, par un prélèvement anal. « Ils pouvaient ainsi stresser les animaux, explique-t-elle. Quand on les tient pour faire les prélèvements, il y a des manières pour minimiser la détresse des chauves-souris et minimiser le risque [de morsure ou de griffure pour le chercheur]. »

La collaboration avec les virologues amène aussi son lot de désaccords. Les spécialistes des pathogènes suivent en effet des protocoles de sécurité plus stricts, comme l'usage de combinaisons de protection, voire de scaphandres, qui ne sont pas forcément adaptés aux défis de l'exploration d'une grotte – et ont de quoi terroriser les chauves-souris.

« Quand j'ai commencé à collaborer avec des chercheurs en Thaïlande vers 2009, à cette époque, tous les virologues portaient des équipements de protection intégraux, alors que tous les écologues étaient en tee-shirt et en claquettes, se souvient-elle. C'était une différence d'opinion majeure lorsque nous allions sur le terrain avec des virologues. Ils portaient même parfois des scaphandres à pression négative. Avec cet équipement, vous entendez mal. La sécurité pour moi doit primer la biosécurité. C'est dangereux si vous ne pouvez pas entendre qu'une pierre est en train de vous tomber dessus, qu'on vous avertit qu'il y a un trou dans le sol ou un serpent, ou que vous ne vous rendez pas compte que l'oxygène manque dans une partie de la grotte. »

Malgré tout, Alice Hughes poursuit ces fructueuses mais difficiles collaborations quand l'épidémie de Covid-19 est apparue. Le nouveau virus, détecté à Wuhan à plus de 1 500 kilomètres de sa base du Yunnan, n'est d'abord qu'une lointaine rumeur… jusqu'à ce que vers le 20 janvier, elle s'envole pour l'Argentine. L'épidémie, qui déborde brusquement bien au-delà des frontières chinoises, fait subitement la une des médias du monde entier, et les Argentins voient arriver la voyageuse en provenance de Chine avec une certaine inquiétude.

Le téléphone de Hughes est assailli par des collègues et des journalistes qui lui demandent son avis. Elle penche pour l'hypothèse « la plus probable » selon elle, celle d'un hôte intermédiaire vendu sur le marché de Huanan, des chiens viverrins par exemple, mentionnés déjà par des médias chinois. Elle rentre en Angleterre pour attendre que la tempête passe. C'est là qu'elle découvre que le pangolin se retrouve embarqué dans l'affaire.

Le 7 février 2020, Liu Yahong, président de l'Université agricole de Chine du Sud, à Canton, convoque la presse[5]. Très solennellement, sept sommités sont installées sur une longue table. Ils souhaitent visiblement conférer à leur annonce un caractère historique. Sûrs d'eux-mêmes, ils affirment que « les pangolins sont des hôtes intermédiaires potentiels du nouveau coronavirus ». Selon ses déclarations lors de cette conférence de presse, l'équipe a compulsé ses bases de données et découvert qu'un virus de pangolin aurait une identité quasi complète avec le nouveau coronavirus. « L'identité de la séquence de la souche [prélevée sur des pangolins] et de la séquence de la souche infectant actuellement l'homme s'élève à 99 %[6] », prétend alors le président Liu.

Si les chercheurs chinois gardent quelques précautions rhétoriques, le chiffre de 99 % avancé est de nature à clore l'instruction et sceller le dossier. Un virus animal qui aurait 99 % de son génome identique au SARS-CoV-2 serait ce qu'on appelle un « progéniteur », soit un parent immédiat du virus, circulant chez un hôte intermédiaire juste avant qu'il n'ait franchi la barrière de l'espèce et se répande chez les humains. C'est d'ailleurs ainsi que la presse nationale et mondiale reprend l'information en chœur. La machine médiatique s'emballe et on parle tout de suite de « suspect numéro 1 », quand ce n'est pas de « coupable[7] ».

Pourtant, dès cette annonce tonitruante, quelques rares experts invitent à la prudence[8]. Une simple déclaration ne suffit pas. « Ce ne sont pas des preuves scientifiques », avertit d'emblée James Wood, directeur du département de médecine vétérinaire de l'université de Cambridge[9]. La séquence peut avoir été contaminée. Il faudrait de multiples échantillons démontrant une large circulation, et des preuves de la présence de pangolins trafiqués à Wuhan.

Il faut attendre le 20 février pour que les données précises soient rendues publiques en étant déposées sur un serveur de prépublication[10]. Quasi le même jour, trois autres articles scientifiques sur les pangolins sont mis en ligne par d'autres équipes sur le même site[11].

Dans cette nouvelle ruée vers l'or viral, l'une des études est cosignée par une véritable équipe de choc basée à Hong Kong. Parmi eux, le virologue Guan Yi était celui qui avait découvert l'hôte intermédiaire du premier SARS, la civette palmide. L'un de ses coauteurs est le Britannique Edward Holmes, l'as de la coopération avec la Chine.

En coulisse s'est jouée une autre de ces courses effrénées à la publication. Tout début février 2020, avant même la conférence de presse de l'université cantonaise, Holmes et Guan Yi travaillent à analyser leurs propres données[12]. Mais ils se sont fait doubler par la tonitruante annonce le 7 février. Ils parviendront finalement à devancer les autres de deux jours, en rendant public leur prépublication le 18. Et leur article atteindra un mois plus tard les colonnes de la plus prestigieuse des revues, *Nature*[13].

Malgré ce tir groupé, c'est la douche froide pour ceux

qui s'étaient emballés. Le pangolin ne fait qu'épaissir le mystère.

Tout d'abord, l'identité de 99 % était un raccourci. La totalité du génome du virus de pangolin n'est que 90,3 % identique à celui du SARS-CoV-2. Ce n'est pas, et de loin, le progéniteur du nouveau coronavirus. En outre, le virus a été isolé à partir d'échantillons prélevés sur des pangolins saisis par les douanes de Canton, la grande métropole du sud de la Chine. Et ils provenaient de Malaisie. Aucun lien direct avec le marché de Huanan, à 1 000 kilomètres au nord, n'est établi.

L'équipe cantonaise plaide une « erreur de communication embarrassante[14] ». Mais à la même période, les rumeurs et théories se multiplient sur un virus en réalité échappé d'un laboratoire. Naît alors le soupçon que l'inexactitude sur l'identité des séquences ait été intentionnelle. Sur les réseaux sociaux, bientôt, une myriade d'internautes accusent les scientifiques chinois d'avoir voulu charger le pauvre pangolin avec des preuves fabriquées de toutes pièces.

Petit Chien de Montagne, la laborantine de la start-up Vision Medicals à Shenzhen, suit l'affaire de près. Depuis fin janvier, quand elle avait raconté l'histoire de la découverte du nouveau virus, elle s'était tue. Ses premiers posts ont été supprimés. Elle a même diffusé le 30 janvier un étrange texte d'autocritique. Il est visiblement écrit sous la contrainte ou dicté par des autorités l'ayant réprimandée pour ses révélations. Elle y affirme avoir écrit son premier post pour elle-même, sans penser qu'il serait lu et partagé. Et elle interdit aux médias de le reproduire.

« Le cœur de l'impérialisme ne mourra jamais, et toute information peut être manipulée par des forces extérieures antichinoises pour alimenter le scandale », ajoute-t-elle, dans un langage soudainement empreint de l'idéologie du Parti communiste chinois, et absent de ses précédents écrits.

On l'a donc sans doute muselée sous la menace.

Mais l'affaire du pangolin la révolte au point qu'elle sort de nouveau de son silence. Dans un nouveau post de blog du 23 février 2020[15], elle confie sa gêne : « Pour être honnête, après avoir vu la conférence de presse de l'Université agricole de Chine du Sud à cette période, même si je gardais mes doutes, j'attendais toujours avec impatience [leur article], débute-t-elle. Cependant, après que l'étude et les données eurent été rendues publiques, j'ai été très déçue », ajoute-t-elle quelques lignes plus loin.

Le reste du texte développe une analyse très savante qui compare les différents articles, critique les exagérations des chercheurs qui ont parlé de 99 % d'identité, et se lamente de la difficulté de trouver le véritable hôte intermédiaire.

Elle en retient cependant un point frappant : si l'ensemble du génome n'est pas identique, une séquence particulièrement significative a bien une identité de quasi 99 % dans les deux virus. Il s'agit du fameux « domaine de liaison au récepteur » (abrégé RBD en anglais), la clé de la protéine Spike pour infecter les cellules humaines.

Le RBD est donc quasi identique dans le SARS-CoV-2 et le virus de pangolin. Or c'est justement lui qui différait dans le nouveau coronavirus par rapport à ses plus proches parents comme RaTG13. Et c'est lui qui rend le nouveau virus singulièrement adapté aux récepteurs ACE2, présents entre autres dans certaines cellules humaines, comme celles des poumons.

Le virus de pangolin ne donne donc pas la solution du mystère, et les pangolins ne sont pas les hôtes intermédiaires qui ont transmis le nouveau virus aux hommes sur le marché de Huanan. Mais il indique qu'un chaînon manquant existe dans la nature. Des virus qui ont exactement le même RBD que le SARS-CoV-2 circulent.

Reste à savoir d'où vient cette séquence commune. Dans leur article, Guan Yi et Edward Holmes envisagent deux pistes. Soit une évolution convergente, soit une recombinaison : en infectant le même animal, deux virus peuvent se « mixer » et échanger des séquences.

Mais Petit Chien de Montagne n'est pas convaincue, et pense que le petit animal insolite n'a qu'un très lointain rapport avec l'origine du virus. Elle conclut en appelant à s'intéresser à un autre hôte intermédiaire potentiel : les rongeurs.

Ce sera son dernier message sur l'origine du virus.

Coincée en Angleterre, Alice Hughes est néanmoins rapidement impliquée dans ces débats qui la passionnent.

En fouillant dans leurs archives, des virologues avec qui elle a collaboré se rendent compte qu'ils avaient prélevé ensemble en 2019 un autre virus qui avait de fortes similarités avec le SARS-CoV-2. Cette nouvelle trouvaille provient aussi de chauves-souris de grottes du Yunnan, dans la zone frontalière de Mengla. L'équipe baptise sa découverte RmYN02. Le génome de cette souche a une identité de « seulement » 93 % avec le SARS-CoV-2[16]. Ce n'est donc pas le progéniteur.

Alors que la plus grande partie de RmYN02 est quasi identique, son RBD est lui très différent. RmYN02 n'en est pas moins très intéressant, car le virus a aussi une insertion à un emplacement très important : celui où le SARS-CoV-2 porte un site de clivage à la furine. Il ne s'agit pas d'un site furine, mais ces mutations indiquent selon les auteurs que « des événements de ce genre sont un élément attendu et naturel de l'évolution des coronavirus ».

Le site furine, la spécificité complète du nouveau virus, pourrait donc s'être produit par les hasards de l'évolution, dans la nature.

Pour les chasseurs de virus, toutes ces publications dessinent un immense jeu de piste. Le génome du nouveau coronavirus est un puzzle. Chaque pièce se trouve dans différents génomes présents dans la nature, des pangolins de Malaisie aux chauves-souris du Yunnan.

Ces différents virus ont des parents communs encore inconnus, qui doivent circuler entre plusieurs espèces. Mais comment des pangolins malais peuvent-ils attraper des maladies de chauves-souris chinoises ? Seule une vaste chasse aux virus pourrait y répondre.

C'est là que l'expertise d'une écologue comme Alice Hughes est indispensable. Elle s'investit depuis des années pour lutter contre les trafics. Et elle connaît sur le bout des doigts les données sur les contacts entre pangolins et chauves-souris. Ceux-ci peuvent s'être croisés dans la nature. « Les pangolins peuvent descendre dans des grottes de chauves-souris et ils peuvent ainsi être exposés à leurs fluides », décrit-elle.

Mais le plus probable selon elle serait que les contaminations mutuelles se produisent en captivité : « Les pangolins ont en fait des systèmes immunitaires assez faibles, précise-t-elle. Cela signifie que des pangolins en captivité, avec un système immunitaire compromis par le stress, peuvent être facilement infectés par des chauves-souris à côté desquelles ils sont enfermés. Il est aussi possible que cela se passe durant le transport. C'est même le plus probable, surtout avec d'autres hôtes intermédiaires comme les chiens viverrins ou les civettes. »

Mi-mars, alors que la pandémie déferle sur le reste du

monde, la Chine reprend le contrôle sur son territoire. Alice Hughes rentre dans son parc naturel, espérant enquêter sur les traces du nouveau virus.

Rien ne va se passer comme elle le pensait.

15

Le Conseil scientifique

La France aurait dû être l'un des pays les mieux préparés à la pandémie. C'était précisément l'objectif de l'accord de coopération sur les maladies infectieuses émergentes signé avec Pékin en 2004. Pourtant, c'est avec un certain retard et en complet désordre que l'exécutif aborde la première vague.

Début mars 2020, l'aggravation de la situation en Italie confirme que la réaction chinoise à Wuhan n'était pas exagérée. Et les modèles mathématiques prévoient déjà que la même submersion des hôpitaux se produira inéluctablement dans l'Hexagone[1].

Mais les grandes sommités médicales françaises sont divisées. Si quelques experts appellent très tôt à des mesures fortes, ils sont contredits publiquement par un chorus de médecins et professeurs très écoutés, qui défilent sur les plateaux de télévision et aux micros des radios pour comparer le nouveau virus à la grippe.

Ce déni collectif tient en France d'abord à un réflexe de défiance envers les alertes épidémiques. On pourrait même dire que la patrie de Louis Pasteur est devenue une terre d'« épidémioscepticisme » depuis les années 2000. Le SARS, en 2003, pourtant déclaré urgence internationale, était resté cantonné à l'Asie de l'Est et n'avait jamais vraiment menacé l'Europe. Les alertes à la grippe aviaire, accompagnées de prophéties apocalyptiques de dizaines de millions de morts, n'avaient jamais causé que quelques poignées d'hospitalisations dans des pays lointains comme le Vietnam ou la Chine – et des abattages de volaille très impopulaires au pays du poulet rôti et du foie gras de canard.

Enfin, la pandémie de grippe H1N1 de 2009 avait fini de convaincre une bonne partie de l'opinion de la fragilité des prédictions des virologues et épidémiologistes, et des excès d'un certain « principe de précaution ».

L'achat de 94 millions de doses de vaccins par la ministre de la Santé de l'époque, Roselyne Bachelot, avait suscité un violent débat, mobilisé des commissions parlementaires[2] et même failli déboucher sur une instruction.

Pharmacienne de formation, Mme Bachelot faisait face avant même 2009 à une certaine hostilité d'un monde médical dominé par les mandarins des facultés de médecine. Les dirigeants de syndicats de médecins ne manquaient pas de lui rappeler son corps de métier. Son bagout et son franc-parler, typiques de la France des rues commerçantes plutôt que du monde savant, contrastaient avec l'idéal de distinction de la bourgeoisie médicale. Le tout évidemment teinté d'une indéniable misogynie, d'autant plus implacable quand une politicienne assume d'être une femme. Beaucoup se tenaient donc en embuscade pour la descendre en vol.

La mortalité de cette vague de grippe H1N1 avait finalement été beaucoup plus basse que prévu. La population ne s'était pas pressée pour se faire vacciner. Et l'État s'était retrouvé avec des dizaines de millions de doses surnuméraires. L'annulation des commandes a coûté près de 50 millions d'euros au contribuable.

Pourtant, rétrospectivement, Mme Bachelot est certaine que l'histoire lui a donné raison. À ses yeux, le coût astronomique de la pandémie de Covid-19 démontre bien qu'il vaut mieux en faire trop à chaque risque pandémique, plutôt que de négliger le danger. « Les virus sont facétieux, philosophe-t-elle avec le recul[3]. Il n'y a pas de risque à surestimer. Il y a un risque à sous-estimer. C'est très curieux qu'on ne fasse pas les mêmes remarques sur les préparations de défense militaire. »

Mais le « monde d'avant » était différent. Et Roselyne Bachelot fut en France le « pangolin » de 2009. L'accusation était qui plus est alimentée par des conflits d'intérêts supposés de certains de ses conseillers. Une figure avait alors fait scandale : le virologue Bruno Lina, professeur d'université et directeur du laboratoire des Hospices civils de Lyon, à la fois membre du comité de lutte contre la grippe rattaché au ministère de la Santé et guidant la politique de la ministre, conseiller de Margaret Chan, médecin hongkongaise nommée directrice de l'OMS dans la foulée du SARS, et président du comité scientifique d'un très technique « Groupe d'expertise et d'information sur la grippe (GEIG) » – une organisation privée créée par des laboratoires pharmaceutiques pour faire du lobbying pour leurs vaccins et traitements[4].

« Je n'ai pas de gourou à la solde des labos », s'était sèchement défendue Roselyne Bachelot[5]. « J'ai différentes casquettes, mais je l'assume », arguait pour sa part Lina. En audition au Sénat, il avait joué cartes sur table, détaillant ses liens d'intérêts[6]. Les parlementaires s'étaient satisfaits de cet exercice de transparence. Manque de preuves pour vraiment établir que la gravité de la grippe A aurait été exagérée à dessein pour arroser l'industrie ? Absence d'une législation suffisamment sévère ? Fatalisme typiquement français face aux scandales ? Porosité excessive entre les sphères publiques et privées dans le monde de la recherche ? L'affaire s'était arrêtée là.

Début mars 2020, quand la présidence de la République française a finalement décidé de réunir des scientifiques et des industriels à l'Élysée pour trancher le débat sur la gravité de la situation, une pointure comme le professeur Bruno Lina est de toute évidence en tête de la liste des invités. Il a été consulté dès janvier par Santé publique France, l'agence responsable de la lutte contre les épidémies. Ses avis ont alimenté une note confidentielle datée du 26 janvier 2020, qui présentait un scénario de pandémie à impact significatif – mais pas a priori extrêmement grave[7]. Ce dimanche-là, la prédiction a même été reprise par la ministre de la Santé, Agnès Buzyn, dans une réunion rassemblant ministres et Premier ministre. Au même moment, dans les médias, Lina est de ceux qui se voulaient rassurants[8].

D'autres sont plus surpris d'être conviés par le cabinet d'Emmanuel Macron. C'est le cas par exemple de Bruno Canard, de l'université d'Aix-Marseille. Un conseiller qu'il ne connaît pas lui transmet l'invitation pour le jeudi 5 mars dans l'après-midi. « Mon nom a dû circuler sur les coronavirus », se l'explique-t-il rétrospectivement[9]. Il a été ajouté à la dernière minute par l'Élysée[10].

Canard a cosigné avec son équipe l'un des articles précurseurs sur le nouveau virus, l'étude révélant le site furine responsable de sa haute transmissibilité. Il venait en outre de donner une interview au journal *Le Monde* dénonçant le retard pris dans la recherche sur les coronavirus depuis le SARS[11]. Mais le professeur marseillais n'est pas des réseaux de pouvoir parisiens ou lyonnais qui font la santé publique en France.

Il se souvient bien de cette journée. Il est à Bruxelles le matin pour une réunion. Il manque un Thalys, peine à changer de billet et de gare, et finit par arriver à la dernière minute à Paris. Il pleut à verse. Il n'a pas le temps de se changer en chemin vers le palais présidentiel, où il pénètre vêtu d'une vieille doudoune et « mouillé comme un chien ».

Dans un salon d'honneur, des dirigeants d'institutions scientifiques, des virologues et quelques représentants de grands groupes pharmaceutiques attendent le président de la République.

« Je suis tombé tout de suite sur Stewart », poursuit Canard.

Brillant microbiologiste britannique, Stewart Cole a été son directeur de thèse à la fin des années 1980, à l'Institut Pasteur. Depuis janvier 2018, Cole en est le directeur général, nommé après une très turbulente période de crise. Son prédécesseur, Christian Bréchot, a dû se retirer suite à un scandale sur des échantillons de virus MERS transférés de Séoul à Paris dans une boîte en plastique en soute d'un vol commercial, en violation flagrante des règles de biosécurité[12]...

Canard et Cole en sont à se donner des nouvelles quand un jeune « fringuant » en costume s'invite dans leurs retrouvailles.

« Salut Stewart, tu as entendu la nouvelle ? demande le nouvel arrivant. On vient de recevoir 650 millions de la BARDA. »

Le jeune cadre supérieur travaille pour Sanofi, le champion pharmaceutique français. La Biomedical Advanced Research and Development Authority (abrégé BARDA en anglais) est l'agence de recherche américaine responsable de développer traitements et vaccins. Elle vient de signer un partenariat avec Sanofi pour le développement de son vaccin[13]. En tout, sur l'année 2020, la BARDA va attribuer plus de 2,1 milliards d'aide au laboratoire pharmaceutique français[14]. Le vaccin de

Sanofi n'arrivera finalement sur le marché que fin 2022, avec deux ans de retard sur ses concurrents.

La petite unité publique de Bruno Canard, elle, fonctionne à l'euro près.

La réunion du 5 mars 2020 n'aboutit à rien. Il faudra encore plus d'une semaine pour que l'exécutif se résigne aux inéluctables mesures-choc.

À la fin de la réunion, Cole présente Canard au jeune président. Ils ont à peine le temps d'échanger quelques mots que le professeur Bruno Lina s'interpose et attire le président ailleurs.

Au moment même, dans les rues de Paris, les chercheurs défilent pour protester contre le délabrement de la recherche publique. À la fin de la manifestation, un texte de Bruno Canard qui dénonce le « hold-up » du crédit impôt-recherche est lu, un dispositif qui permet aux entreprises de défiscaliser massivement en déclarant leur budget de recherche et développement. Repris sur Internet[15], le témoignage de Bruno Canard devient un des étendards de la contestation.

Il n'a pas été invité quand l'Élysée a réuni cinq jours plus tard son premier « Conseil scientifique ». Bruno Lina sera un de ses principaux membres. L'Élysée n'a pas demandé au Conseil scientifique d'avis sur l'origine du virus.

À l'Assemblée nationale, le professeur Lina sera interrogé le 29 avril 2020 par un député, le républicain Jean-Pierre Door, pour avoir son avis à ce sujet : « Des rumeurs ont néanmoins circulé à propos du laboratoire P4 de Wuhan, où je me suis également rendu, ose alors le député. Le président de la République a évoqué ses doutes à propos de ce laboratoire et de la Chine. Avez-vous un avis qui pourrait nous rassurer et dissiper ces rumeurs, à moins qu'il ne soit possible de les confirmer ? »

À quoi le virologue lyonnais répond : « Quant aux allégations relatives au laboratoire P4 de Wuhan, elles relèvent de la rumeur. Aucune étude sérieuse ne permet d'affirmer que ce laboratoire soit impliqué dans l'origine ou le développement de l'épidémie. Une étude phylogénétique du virus – un tel travail consiste à faire son arbre généalogique et à essayer d'identifier ses points d'évolution – montre qu'il aurait évolué en trois temps. Il aurait émergé dans un premier temps non pas à Wuhan, mais dans une province du sud de la Chine, où l'on avait relevé la présence de pangolins infectés, et il ne serait apparu sur le marché de Wuhan que dans un deuxième temps. »

Lina était mieux placé que n'importe qui pour répondre : son équipe travaille dans le P4 Jean-Mérieux de Lyon, et a participé à la formation des chercheurs de Wuhan à l'usage des P4.

Dans cette installation française de pointe, bâtie avec l'aide du groupe d'Alain Mérieux, Bruno Lina avait mené des expériences de manipulation génétique, sur les virus de la grippe H5N1 et H1N1, en 2009. Avant même le Hollandais Ronald Fouchier, et les autres précurseurs des recherches de gain de fonction. Ces travaux à risque étaient d'ailleurs présentés dans un rapport parlementaire français de 2010, rédigé par Jean-Pierre Door[16]. Ils ont été en partie publiés seulement après huit ans[17]. Selon plusieurs spécialistes de la biosécurité interrogés, ces recherches constituaient bien un « exemple de recherche de gain de fonction préoccupante[18] ».

16

Juste un article

L'histoire de la science est d'ordinaire rarement dramatique. Les chercheurs mènent leurs travaux et en rendent compte dans des textes difficiles d'accès qui restent absolument confidentiels.

Seuls quelques très rares documents révolutionnaires ou disputés – le plus souvent les deux – finissent par marquer leur temps.

À l'époque moderne, le plus connu de tous est sans doute « De l'électrodynamique des corps en mouvement », publié en septembre 1905 par un très jeune physicien allemand, Albert Einstein, qui y expose pour la première fois en détail sa « théorie de la relativité ».

Un autre exemple devenu célèbre est « Mémoire sur les corpuscules organisés qui existent dans l'atmosphère. Examen de la doctrine des générations spontanées » du biologiste Louis Pasteur, paru en 1862. Il y réfutait l'hypothèse d'une génération spontanée des microbes.

La pandémie de Covid-19 est dans l'histoire de la science l'événement qui a généré le plus d'articles scientifiques. Rien que sur les six premiers mois de 2020, la communauté scientifique mondiale a produit plus de 25 000 publications sur ce seul sujet – et plus de 300 000 en trois ans !

Dans ce flux torrentiel, rares sont les textes qui feront date.

Sur le Covid-19, si l'un d'eux a marqué 2020, c'est bien « L'origine proximale du SARS-CoV-2[1] ». Avec près de 5 000 citations, c'est pour cette année l'article le plus cité de *Nature Medicine*, une revue spécialisée du groupe Nature. C'est aussi toutes revues scientifiques confondues l'un des textes les plus médiatisés de l'année – écrasant nettement la concurrence sur le réseau social Twitter, où il a caracolé en tête des partages au printemps 2020[2].

Son objet est d'ausculter le génome du nouveau virus, pour « discuter les scénarios par lesquels il pourrait être apparu ». Des arguments scientifiques devraient permettre selon les auteurs de réfuter les pistes invalides, et de suggérer les axes urgents de la recherche de l'origine de la pandémie.

« Nos analyses démontrent clairement que le SARS-CoV-2 n'est pas une construction de laboratoire ou un virus manipulé délibérément », annoncent-ils en introduction.

Le texte a l'audace d'aborder le débat tabou d'une possible origine artificielle.

Ce n'est pas le premier article sérieux à le faire. Dès le 26 février, des virologues américains et chinois avaient fait paraître dans la revue *Emerging Microbes & Infections* un « commentaire » (soit une sorte de tribune plutôt qu'une vraie étude fondée sur des données originales) intitulé « Aucune preuve crédible ne soutient les allégations d'une manipulation en laboratoire du SARS-CoV-2[3] ».

Paru le 17 mars 2020, exactement au moment où première vague et confinement s'abattent sur les grandes démocraties occidentales, « Proximal origin » (parfois abrégé PO) va marquer nettement plus les esprits.

Sans doute tout d'abord parce que ses auteurs sont des virologues et spécialistes des maladies infectieuses de grandes institutions, basés aux États-Unis, au Royaume-Uni et en Australie – de quoi attirer l'attention de la presse anglo-saxonne aux quatre coins du globe : Kristian Andersen, biologiste de l'évolution à l'Institut de recherche Scripps à San Diego, une des écuries scientifiques les plus puissantes des États-Unis, sacrée institution de recherche la plus influente du monde par *Nature* en 2017[4] ; Robert Garry, virologue de la faculté de médecine Tulane à La Nouvelle-Orléans, un des établissements les plus anciens du pays ; Edward Holmes, le chasseur de virus de l'université de Sydney, très connecté en Chine ; Ian Lipkin, épidémiologue star de l'université de Columbia à New York, et l'un des découvreurs de l'origine du MERS en 2012 ; et Andrew Rambaut, ancien d'Oxford comme Holmes, et animateur de virological.org, site de référence qui a le premier publié le virus* le 11 janvier.

Contrairement à la manière dont il a souvent été présenté, « L'origine proximale » n'est pas un « article » de la revue *Nature* au sens strict. Publié dans une revue spécialisée du groupe, il s'agit en réalité d'une « lettre », parue dans les pages « Correspondance », soit un texte plus court, destiné à commenter un sujet d'actualité, à l'opposé d'un article scientifique qui présente des données nouvelles qui devraient en elles-mêmes marquer l'actualité[5].

Toutefois, contrairement à certaines critiques qui lui ont été adressées, il s'agit bien d'un texte « revu par des pairs », un processus de révision sévère garantissant que les affirmations ont été examinées et critiquées par

---

* « Publier un virus » signifie le présenter dans un article scientifique et déposer son génome sur une base de données publique accessible à tous.

au moins deux spécialistes avant parution. Cela évite en principe la publication de positions scientifiquement fausses ou contestables, comme dans le cas des textes déposés dans des serveurs de prépublication. Le système n'est évidemment pas parfait.

L'argumentation de « L'origine proximale » est d'apparence très technique. Elle pourrait en réalité se résumer à un argument clé : contrairement à ce qu'affirment ceux qui prétendent voir dans le génome du SARS-CoV-2 la preuve d'une origine artificielle, il n'y a aucune preuve flagrante d'ingénierie génétique et la nature peut produire un tel virus.

Les auteurs relèvent d'abord « deux caractéristiques génomiques remarquables » qui alimentent les spéculations : le virus semble « être optimisé pour se lier au récepteur humain ACE2 » ; et il comporte un « site de clivage (à la furine) ».

Pour réfuter la possibilité que ces deux caractéristiques soient le résultat d'une manipulation en laboratoire, l'article détaille des contre-arguments majeurs.

Tout d'abord, l'optimisation du « domaine de liaison au récepteur » du SARS-CoV-2, si elle présente une « haute affinité », « n'est pas idéale ». Et « la séquence RBD est différente de celles montrées dans le SARS-CoV-1 comme étant optimales pour la liaison aux récepteurs ».

Autrement dit, loin d'être la clé exacte pour ouvrir la porte des cellules humaines, c'est une clé légèrement différente. Qui ne correspond qui plus est pas à celle du premier SARS.

L'article retient dès lors un enseignement principal de la parution récente des virus de pangolin : des domaines de liaison au récepteur très similaires existent dans la nature. « Cela montre clairement que la protéine Spike du SARS-CoV-2 optimisée pour se lier à l'ACE2 humain est le résultat de la sélection naturelle », en conclut-il. Le hasard de la nature fournirait « une explication bien plus forte et parcimonieuse » que des expériences menées en laboratoire.

Par « parcimonieux », les scientifiques désignent une hypothèse plus simple. Au XIVe siècle, le moine franciscain anglais Guillaume d'Ockham, surnommé « le Docteur invincible », souhaitait fonder sa philosophie sur ce principe d'économie. Alors que les autres penseurs médiévaux se perdaient en des spéculations sans fin sur le « sexe des anges », lui plaidait pour « raser », au sens d'éliminer, toutes les idées trop abstraites et théoriques qui ne servaient à rien et en revenir à une métaphysique plus sobre. Cette méthode est restée sous le nom de « rasoir d'Ockham ».

« Proximal origin » applique le même raisonnement au site furine. S'il est bien unique chez les proches parents du virus, la branche des sarbecovirus (virus proches du SARS), il est présent dans sa famille étendue, les betacoronavirus, par exemple dans des coronavirus du rhume ou dans le MERS.

« Compte tenu du niveau de variation génétique de la Spike, il est probable que des virus de type SARS-CoV-2 avec des sites de clivage polybasiques partiels ou complets seront découverts chez d'autres espèces », prédisent en conséquence Andersen et ses coauteurs. Ce que l'article cosigné par l'écologue Alice Hughes sur le virus RmYN02 avec des mutations à l'emplacement du site furine confirme. Holmes est bien placé pour le savoir : il est lui aussi un des auteurs de cette étude, déposée sur le serveur de prépublication BioRxiv le 11 mars. Elle paraîtra au mois de mai dans *Nature.*

Vient enfin leur argument clé. Nulle part dans la

littérature scientifique n'existe un modèle qui correspondrait au génome du nouveau virus. Les différentes méthodes utilisées auparavant par l'Institut de virologie de Wuhan auraient été identifiables. « De plus, si une manipulation génétique avait été effectuée, l'un des nombreux systèmes de génétique inverse disponibles pour les betacoronavirus aurait probablement été utilisé, ajoutent les chercheurs. Cependant, les données génétiques montrent de manière irréfutable que le SARS-CoV-2 n'est dérivé d'aucun squelette de virus précédemment utilisé. »

En effet, les chercheurs de Wuhan n'ont pas publié dans les années précédentes un virus suffisamment proche du SARS-CoV-2 qui aurait pu être utilisé comme « squelette » pour créer le nouveau coronavirus. RaTG13, publié en janvier 2020, en est trop éloigné.

Les auteurs examinent en outre l'hypothèse d'un accident de la recherche lié au « passage en série [...] dans des cultures de cellules et/ou des modèles animaux », soit une évolution dirigée ou aléatoire dans un laboratoire, plutôt que de l'ingénierie à l'échelle génétique.

Ils avancent deux objections à ce dernier scénario. Les sites furine n'apparaissent pas facilement par passage en série, seulement après des opérations prolongées. Et au seuil du site furine, une mutation* est caractéristique d'une adaptation à un système immunitaire, pour que le virus parvienne à lui échapper. Les cellules en culture n'ont pas de réaction immunitaire. Donc cette mutation ne peut pas être apparue lors d'un passage en série dans des cellules, mais devrait avoir eu lieu au sein de l'organisme d'animaux.

La conclusion générale admet : « Bien que les preuves montrent que le SARS-CoV-2 n'est pas un virus déli-

---

* Un acide aminé appelé la proline, noté P.

bérément manipulé, il est actuellement impossible de prouver ou de réfuter les autres théories de son origine décrites ici. Cependant, puisque nous avons observé toutes les caractéristiques notables du SARS-CoV-2, y compris le RBD optimisé et le site de clivage [à la furine] polybasique, dans des coronavirus apparentés dans la nature, nous ne pensons pas qu'un type de scénario en laboratoire soit plausible. »

Ce raisonnement est discutable : que le virus ait pu émerger dans la nature n'exclut pas qu'il ait été fabriqué en laboratoire. Mais une origine naturelle offre en effet une explication plus « parcimonieuse » qu'une hypothèse liée aux laboratoires. Cette dernière nécessite un grand nombre de spéculations sur des virus non publiés, et des mensonges des chercheurs de Wuhan.

Il s'agissait en somme d'un simple commentaire scientifique, l'opinion de quelques spécialistes, fondée sur des arguments extrêmement techniques, que seuls d'autres spécialistes seraient à même de juger.

La créature va totalement échapper à ses créateurs.

L'article va devenir rapidement la publication scientifique la plus controversée de la pandémie.

Dans un premier temps, les adversaires de l'hypothèse d'une origine artificielle vont la brandir partout dans le monde, des pages sciences des grands médias aux services de « vérification de l'information ».

En guerre contre les « complotistes », certains chercheurs et journalistes de *fact-checking* prétendent dès lors qu'il s'agit là d'une démonstration définitive[6]. Selon eux, toute discussion sur une éventuelle origine en laboratoire tient du « conspirationnisme ». Ils mettent ainsi dans le même sac les scientifiques s'interrogeant légitimement et les internautes anonymes délirants qui inventent des histoires d'armes biologiques ou de conjuration mondiale.

Dans un second temps, à partir de juin 2021, dans un mouvement de balancier extrême, des révélations successives sur l'histoire de la rédaction de « Proximal origin » vont alimenter des accusations extrêmement graves de « fraude scientifique » et de « conspiration secrète » des auteurs pour interdire tout débat sur l'origine de la pandémie.

Au sommet de la controverse, fin 2022, Edward Holmes n'en revient toujours pas : « Je n'ai jamais compris, assure-t-il. N'est-ce pas juste un article scientifique ? Non ? Ce n'est pas un ordre, ce n'est pas un décret, non ? Nous ne dictions pas ce en quoi les gens devaient croire. Si vous n'y croyez pas, ce n'est pas grave. Si vous avez d'autres données qui le réfutent, ce n'est pas grave. C'est comme cela que fonctionne la science, non ? Ce n'est pas une instruction sur comment penser. C'est notre interprétation des données[7]. »

Quelle que soit l'intention des auteurs, après leur « lettre » à *Nature Medicine*, le débat scientifique sera paralysé durant près d'un an. Dans les semaines qui suivent la publication de « Proximal origin », des chercheurs de haut niveau échouent à soulever des objections : les revues scientifiques refusent tout simplement de faire paraître un article allant contre ce qui devient alors une doxa.

Michael Antoniou, professeur de génétique au King's College de Londres, tente rapidement de soumettre une lettre[8] pour répondre à « Proximal origin ». À ses yeux, il est impossible de conclure que le génome exclut une origine en laboratoire. Les arguments des auteurs ne tiennent pas. Il souhaite rappeler qu'il existe d'autres techniques de manipulation intraçables. Et il pointe vers des méthodes de passage en série permettant de modifier des parties spécifiques du virus.

Nature Medicine a refusé de publier ses commentaires, par un très sec : « Nous ne pensons pas qu'ils fassent avancer ni ne clarifient la compréhension. »

Ce n'était que le premier d'une très longue liste d'articles et points de vue scientifiques valides mais refusés par les grandes revues[9].

17

Le confinement

« Nous sommes en guerre[1]. » Répétée six fois lors de son discours du 16 mars 2020 diffusé par les journaux télévisés de 20 heures, la formule d'Emmanuel Macron a littéralement provoqué un électrochoc en France.

Après plusieurs semaines à minimiser l'épidémie, le sommet de l'État opère un virage à 180 degrés. Quelques jours plus tôt, le Conseil scientifique récemment formé a finalement convaincu le jeune président de la gravité de la situation. Des simulations indiquent qu'en l'absence d'une réponse radicale, la première vague provoquerait des centaines de milliers de morts[2].

La solution adoptée est le confinement, mais ne dit pas son nom. Le terme n'est pas employé dans le discours présidentiel. « Je vous demande de rester chez vous », se contente d'ordonner à demi-mot Macron. Un système de contrôle policier et d'amendes va cependant effectivement se mettre en place dès le lendemain. Il va limiter considérablement la liberté de mouvement de la population, assignée à résidence sauf pour les activités vitales.

Une très violente réaction de défiance saisit une grande partie de la société française. Le phénomène des « théories du complot », rampant depuis deux décennies dans des franges en rupture, connaît une explosion historique, à des niveaux inédits, infusant tout le corps social.

La lecture dominante des événements consiste à en rendre responsables les masses incultes. Mais on pourrait à l'inverse voir dans l'irrationalité et le déni des autorités la cause de l'irrationalité et du déni du public. Les « théories du complot » seraient dans cette perspective la manière pour la population de réconcilier les contradictions patentes du message venu d'en haut, passé en quelques jours seulement du « rassurisme » à la mobilisation guerrière.

Le lendemain du discours présidentiel, un internaute qui se fait surnommer « Cat Antonio » sur Facebook, diffuse une vidéo[3] où il assure avoir découvert l'origine du nouveau coronavirus. Cet habitant de l'Oise, l'une des régions les plus touchées, affirme qu'un brevet[4] déposé en 2004 par l'Institut Pasteur prouve que le SARS-CoV-2 est une création de laboratoire des disciples du père fondateur de la biologie française.

La démonstration est évidemment grotesque. L'auteur sera condamné en première instance en diffamation[5]. Le document mis en avant n'a rien à voir avec le Covid-19, mais correspond à de vieilles recherches vaccinales suite à la première épidémie de SARS. Pourtant, la vidéo de vingt minutes fait un carton, propulsée par l'ouragan de rumeurs et de commentaires suscités par le discours-choc d'Emmanuel Macron. En une journée, elle totalise 96 000 partages et 1 million de vues ! Et d'autres « youtubeurs » emboîtent le pas à Cat Antonio, reprenant les mêmes accusations délirantes, engrangeant à leur tour des millions de vues.

« C'était vraiment une attaque en règle contre l'Institut Pasteur », dénonce encore longtemps après Jean-François Chambon, alors directeur de la communication[6]. Pour la vénérable institution de recherche, l'épisode demeure un traumatisme durant de longs mois. Comment la direction s'explique-t-elle rétrospectivement cette vindicte populaire ? En étant érigé en centre de référence dès les premières semaines, Pasteur aurait selon elle acquis une « visibilité » qui aurait ensuite attiré les obsessions de la « sphère de la désinformation ». L'expression désigne les nébuleuses d'activistes et d'anonymes qui alimentent sur les réseaux sociaux des « fausses informations » et « théories du complot », impliquant souvent des groupuscules d'extrême droite, des polémistes antisémites, et des militants gravitant autour du mouvement des « gilets jaunes » qui a secoué la France durant le premier mandat d'Emmanuel Macron.

Selon les termes de Jean-François Chambon, la réplique des scientifiques est d'organiser une « contre-communication » pour diffuser auprès des services de *fact-checking* des réfutations tous azimuts des théories les plus délirantes qui circulent.

L'intention est bonne. Mais comme aux États-Unis, la contre-propagande « scientifique » déborde rapidement la simple réfutation des diffamations contre Pasteur, pour devenir une dénonciation de toute interrogation sur une potentielle origine en laboratoire comme du conspirationnisme. Et sans explication, la communication de Pasteur n'évoque à aucun moment ses liens anciens et bien documentés avec l'Institut de virologie de Wuhan et son P4[7].

Le 20 mars, l'Institut ouvre une page sur son site Internet pour mettre en garde le public contre les « fausses informations sur le Covid-19 circulant sur les réseaux sociaux[8] ».

Sous prétexte de dénoncer des vidéos conspirationnistes, la page est catégorique : « NON, le coronavirus n'a pas été créé en laboratoire ! [...] Le coronavirus n'a pas été créé par l'homme. [...] Le laboratoire de type P4 de la ville de Wuhan, ville où est apparu le virus SARS-CoV-2, n'a rien à voir avec l'Institut Pasteur de Shanghai. »

À l'appui de ces affirmations, l'Institut Pasteur invoque l'article « Proximal origin » de *Nature Medicine* publié un mois plus tôt. Cette position officielle de la « confrérie » des disciples du grand biologiste français sera défendue dans les grands médias par le virologue Étienne Simon-Lorière[9]. Elle n'a en réalité jamais fait consensus parmi les pasteuriens, plusieurs se refusant à exclure une possible origine en laboratoire[10].

L'autre point sur lequel insiste alors la communication de l'Institut Pasteur est l'absence de coopération avec l'Institut de virologie de Wuhan. Pasteur prend un soin particulier à nier l'existence de programmes de recherche communs entre l'IVW et l'IPS, l'antenne du réseau Pasteur en Chine. « L'IPS n'a aucun projet actif ni au sein du laboratoire P4 de Wuhan ni même au sein des P3 de Wuhan ! » martèle, en gras, la page de lutte contre la désinformation de l'Institut Pasteur.

Ces affirmations contredisent l'existence des liens anciens et actifs entre l'Institut Pasteur et les laboratoires de Wuhan[11].

18

Trump et le « virus chinois »

Donald Trump est, pour beaucoup, le pire président que les États-Unis aient jamais eu.

Après sa tentative de coup d'État le 6 janvier 2021, cette condamnation a même gagné les rangs de certains républicains. Pour certains, son existence tout entière est un scandale.

C'est d'ailleurs sa stratégie : il provoque ce « camp de la raison » quotidiennement, par ses déclarations et ses tweets, pour que tous l'attaquent en chœur. Mais au lieu de le délégitimer, cet acharnement collectif radicalise sa base – issue de la majorité blanche de l'Amérique et unie par son sentiment d'exclusion du monde éduqué et multiculturel de la côte est. Quand il a accusé la Chine d'avoir fabriqué le virus au printemps 2020, il était donc naturel d'être méfiant. Beaucoup vont chercher à le contredire par tous les moyens.

Les déclarations de Trump ont conduit à un raccourci historique, selon lequel le « mauvais génie » de la Maison-Blanche aurait ouvert la boîte de Pandore et déclenché une dispute géopolitique sur la question de l'origine du virus. Il aurait ainsi définitivement compromis tout espoir de connaître un jour la vérité, la

Chine répliquant par ses propres accusations délirantes, et faisant ensuite barrage au travail des scientifiques.

C'est la thèse répétée inlassablement par certains des chercheurs défendant leur certitude d'une origine naturelle du virus[1]. Cette thèse est fausse historiquement. C'est une réécriture de l'histoire. Quelles que soient les innombrables fautes de Donald Trump, il n'est pas coupable de la crise du monde scientifique sur l'origine du Covid-19.

« Même une horloge arrêtée donne l'heure juste deux fois par jour », dit le proverbe. Ce n'est pas parce que Trump a soutenu l'hypothèse des laboratoires que cette hypothèse est fausse. Dans la controverse sur l'origine du virus, il n'est qu'un personnage secondaire, un épouvantail utilisé par ceux qui veulent marginaliser les interrogations sur un potentiel accident de la recherche.

Donald Trump n'a pas subitement accusé la Chine seulement pour faire diversion sur sa gestion catastrophique de la pandémie. C'est en réalité d'abord la Chine qui a accusé Washington d'avoir créé le virus. Le 12 mars 2020, un porte-parole du ministère des Affaires étrangères chinois, le pugnace Zhao Lijian, a repris sur Twitter[2] puis en conférence de presse quotidienne une « théorie » selon laquelle le virus serait originaire des États-Unis.

Pour bien comprendre cette séquence clé de l'histoire de la pandémie, il faut savoir que Zhao Lijian n'est pas un anonyme attaché de presse de la diplomatie chinoise. Lui-même haut diplomate de carrière, il s'est imposé comme le chef de file des « guerriers-loups[3] », ces partisans zélés de Xi Jinping qui défendent la République populaire de Chine sur la scène internationale avec un discours beaucoup plus agressif que celui qui prévalait à Pékin depuis Deng Xiaoping empreint de mesure et de discrétion.

Et la théorie qu'a reprise Zhao Lijian à partir du 12 mars n'est pas une hypothèse scientifique, ni une rumeur en ligne spontanée, mais une campagne de désinformation probablement manigancée par le Parti communiste chinois.

Il partage en effet précisément sur Twitter un article d'un obscur site Internet canadien, Global Research, se prétendant la publication d'un « Centre pour la recherche sur la mondialisation[4] ». L'auteur, « Larry Romanoff », est faussement présenté comme professeur à l'université de Fudan à Shanghai. En 2021, une enquête approfondie de l'Irsem[5], un centre de réflexion rattaché au ministère de la Défense français, a retracé le parcours erratique de Romanoff.

Celui-ci aurait plus de 80 ans. Faisant des affaires avec la Chine depuis au moins vingt ans, il anime des sites relayant des fausses informations alimentant un discours anti-américain et pro-chinois. Un cas d'école d'« "idiot utile", peut-être influencé et encadré par le Parti-État », jugent les chercheurs de l'Irsem. Dans l'organisation léniniste millimétrée du pouvoir chinois, la reprise d'une telle source par un officiel n'est pas une initiative personnelle. Le Parti s'est d'ailleurs tenu à cette version.

Contrairement aux discussions sur un éventuel accident de laboratoire à Wuhan, la théorie colportée par Romanoff et reprise par Zhao Lijian n'a aucune validité scientifique et contredit les données élémentaires sur l'apparition du virus[6]. En résumé, l'article paru initialement le 4 mars 2020 assure que les États-Unis auraient connu une vague de pneumonies d'origine inconnue à l'été 2019, qui aurait été faussement attribuée aux cigarettes électroniques, et proviendrait en fait d'un accident dans un laboratoire militaire américain, le P4 de Fort Detrick[7] – celui-là même où travaillait Bruce Ivins, l'homme suspecté d'être l'auteur des attaques à l'anthrax de 2001. Le virus aurait ensuite circulé sans jamais être détecté aux États-Unis, et aurait été introduit à Wuhan par des athlètes américains au cours des Jeux mondiaux militaires qui y ont eu lieu entre le 18 et le 27 octobre 2019*. La Chine n'a pas apporté de preuves de cette théorie, qui apparaît comme une pure et simple fausse information.

C'est donc à ces fausses accusations contre les États-Unis que Donald Trump répond le 17 mars 2020 par ses propres invectives. L'expression « virus chinois » (*Chinese virus* en anglais) lâchée d'abord sur Twitter[8] est répétée ensuite en conférence de presse[9] à la Maison-Blanche, du seul fait que les Chinois accusent des soldats américains d'avoir amené le virus à Wuhan.

Près d'un mois plus tard, le 15 avril, Donald Trump aggrave son accusation en confirmant à Fox News, en conférence de presse, que les États-Unis enquêtent sur une possible origine du virus liée aux laboratoires de Wuhan[10]. La veille, le *Washington Post* a révélé l'existence de deux télégrammes diplomatiques de début 2018, alertant selon le quotidien le département d'État d'une « sécurité inadéquate au laboratoire[11] ». La publication

* Si au printemps 2020, de nombreux athlètes y ayant participé ont affirmé avoir été malades, peu ont été testés pour chercher des anticorps liés au Covid-19, et aucune analyse n'a jamais établi qu'un athlète aurait eu le Covid-19 dès les Jeux de Wuhan. Les symptômes décrits par les sportifs ayant témoigné peuvent correspondre à un grand nombre d'autres maladies.

En l'absence de prélèvements sérologiques systématiques réalisés sur les athlètes à l'époque qui pourraient être aujourd'hui analysés, toute enquête sur le sujet est hautement spéculative.

Suivant le principe du rasoir d'Ockham, nous évitons donc d'alimenter des telles spéculations.

de l'intégralité de ces « câbles diplomatiques » en juillet suivant[12] nuancera cependant la portée des documents.

Ces alertes n'étaient pas en elles-mêmes la prophétie d'un possible futur accident de laboratoire, mais relevaient simplement, au moment où le laboratoire P4 commençait son activité, la pénurie et le besoin de formation du personnel pour le mettre en opération[13]. Elles pointaient toutefois de manière très pertinente les recherches à risque de Wuhan sur les coronavirus[14].

Un autre document de la diplomatie américaine aurait incité alors Washington à accuser Pékin. Révélé un an plus tard par une journaliste australienne[15], un rapport du département d'État rendu le 26 avril 2020 appuie en coulisse les accusations de Trump. Celui-ci a été réalisé par Miles Yu, un spécialiste de la Chine proche des républicains travaillant sous les ordres du secrétaire d'État Michael Pompeo. Il ne contient aucune information confidentielle qui aurait été obtenue par de la surveillance électronique de pointe ou des sources humaines top secret. Il ne s'agit que d'une synthèse de l'ensemble des données disponibles en sources ouvertes, en particulier sur le Web chinois et les sites des institutions scientifiques de Wuhan.

« Il n'y a pas de preuve directe type *smoking gun* [pistolet fumant] pour démontrer qu'une fuite de l'Institut de virologie de Wuhan a causé la pandémie, mais il y a des preuves circonstancielles convaincantes pour lier la négligence généralisée de la Chine pour la biosécurité à une telle fuite potentielle à l'IVW », conclut le texte de manière plus ou moins mesurée.

Les principaux arguments tiennent aux recherches d'ingénierie génétique sur les coronavirus menées par Shi Zhengli, et à des écrits et déclarations du directeur de l'Institut de virologie de Wuhan, Yuan Zhiming, qui commentait avant la pandémie les défis et problèmes du laboratoire P4 pour atteindre ses objectifs de biosécurité. On est donc loin des preuves promises par l'administration Trump. Le 30 avril 2020, le bureau du directeur national du renseignement, qui supervise les grandes agences américaines, tient même à démentir les allégations des politiciens, en rappelant le « consensus scientifique selon lequel le virus du Covid-19 ne serait pas artificiel ou modifié génétiquement[16] ».

Les réactions dans la communauté scientifique sont pavloviennes. Telles les déclarations de Tom Cotton en janvier, celles du président provoquent une avalanche de démentis venant de scientifiques, repris en chœur par les médias de référence, en partie favorables aux démocrates en cette année électorale. Jusqu'à la fameuse conférence de presse de la Maison-Blanche le 17 avril où le docteur Anthony Fauci, le plus respecté des « leaders scientifiques » du pays, assure que le virus est naturel, en s'appuyant sur l'article « Proximal origin » paru un mois plus tôt.

Le camp présidentiel n'arrange rien en ordonnant de couper abruptement certains programmes de recherche potentiellement liés aux expériences à risque menées à Wuhan. À commencer par le programme PREDICT, en panne depuis l'automne 2019, alors qu'il a pour but de prédire les nouveaux virus émergents comme le SARS-CoV-2[17].

Mi-avril, c'est au tour d'EcoHealth Alliance, l'organisation dont Peter Daszak est le président et qui finançait les manipulations de coronavirus à Wuhan. Révélés, ces financements sont immédiatement coupés par les Instituts nationaux de la Santé[18].

« Le 14 avril 2020, j'avais donné une conférence aux NIH, se souvient Peter Daszak[19]. Puis le 16 une personne des NIH m'a écrit. J'ai cru qu'ils voulaient que je fasse une autre conférence parce que mon discours avait été jugé très bon. Mais au lieu de cela ils m'ont averti qu'ils avaient reçu des courriers officiels exigeant de couper nos financements et ils m'ont conseillé de nous mettre en liaison avec le responsable des relations avec le gouvernement au sein d'EHA et de chercher une aide légale. »

Il découvrira par la suite qu'une organisation militante, White Coat Waste, qui lutte contre l'expérimentation animale, s'apprête à révéler les financements du laboratoire de Wuhan par les NIH, qui en ont été avertis le 13 avril. Résultat, c'est la panique à bord, et les fonctionnaires du bailleur de fonds brûlent précipitamment les ponts[20].

En conférence de presse, Trump promet finalement le 17 avril : « Nous mettrons fin à cette bourse de recherche. » Le 24 avril, les NIH exécutent ses ordres.

La guerre est déclarée.

Les sociétés savantes les plus prestigieuses des États-Unis écrivent le 20 mai aux NIH pour protester, dénonçant la « politisation » de la science. Le lendemain, c'est au tour de 77 Prix Nobel américains de cosigner une tribune contre cette « ingérence » du pouvoir politique dans la science[21].

Pointé du doigt par Trump, Peter Daszak se retrouve sous les projecteurs, et concentre dès lors les attaques d'une foule d'anonymes, jusqu'à des menaces de mort. « À l'été 2020, nous avons reçu de la poudre blanche dans des enveloppes à mon domicile », témoigne-t-il. La mise en scène imite les attaques à l'anthrax de 2001. Depuis, il vit sous protection policière.

« Mon adresse personnelle circulait sur des sites d'extrême droite, ajoute-t-il. Nous avons eu tellement de menaces de mort. Le FBI s'est mis sur le coup. Un site est apparu soudainement qui accusait mon père d'être un criminel de guerre. Il incluait le nom de ma femme, notre certificat de mariage, le nom de mon frère, les noms de mes neveux, où ils vivent. Ce n'est pas anodin. C'est violent. »

19

Le Conseil de défense

Jamais Emmanuel Macron ne s'est exprimé publiquement sur l'origine de la pandémie.

Une déclaration seulement a amené à spéculer sur d'éventuelles interrogations au sommet de l'État en France : « Il y a clairement des choses qui se sont passées que nous ne savons pas. » La phrase a été rapportée le 16 avril 2020 par le *Financial Times*, dans une longue interview[1]. On cite rarement la suite : « C'est à la Chine de les dire, c'est une grande puissance et elle a des moyens d'investigation importants. »

L'aparté se glisse dans une longue entrevue sur la gestion de la crise et il pourrait être entendu plus simplement comme une digression sur le fait que la Chine n'a pas été transparente sur le nombre de malades au début de l'épidémie, et donc sur sa gravité. Un proche du président, présent lors de l'échange avec le correspondant du *Financial Times*, nous a cependant assuré qu'il y avait bien là une référence discrète sur l'origine.

Donald Trump vient alors d'accuser Pékin. Puis juste après, le 19 avril, la ministre des Affaires étrangères australienne Marise Payne demande à la télévision une « enquête indépendante » sur « la genèse du virus[2] », incluant la piste d'un potentiel accident de laboratoire. Les Australiens le paieront chèrement : la Chine lance immédiatement des représailles commerciales sans précédent contre Canberra, qui était pourtant l'un de ses meilleurs partenaires économiques parmi les Occidentaux.

Paris ne va pas se joindre à ces appels des alliés des Américains.

Publiquement, les autorités françaises se sont volontairement « démarquées » de l'approche trumpienne. « On ne souhaite pas politiser ou géopolitiser le sujet de l'origine du virus », explique un conseiller du président[3], pour justifier le silence élyséen.

En privé, Emmanuel Macron s'est pourtant posé la question. Après l'alerte envoyée le 11 janvier par sa ministre de la Santé Agnès Buzyn sur la possibilité que le virus ait été manipulé en laboratoire, le sujet n'a pas été oublié.

Le 22 avril, alors que l'hypothèse d'un accident de laboratoire agite les grands médias français et internationaux, Macron préside à 9 heures un « conseil restreint de défense et de sécurité nationale ».

Rien n'a jamais filtré de cette réunion top secret. À son issue, une « fiche » destinée « à la direction de Mérieux » a demandé « que la Fondation Mérieux nous explique comment elle contrôle les activités dans les différents laboratoires de confinement qu'elle installe à l'étranger pour éviter que ces laboratoires participent à des activités proliférantes ». Autrement dit, Macron exige de Mérieux des billes pour défendre la réputation de la France et assurer qu'elle avait bien des garanties que les laboratoires de Wuhan ne servaient pas à de la recherche militaire.

Le document, à diffusion restreinte, a été saisi au ministère de la Santé lors de l'enquête diligentée par la Cour de justice de la République, la juridiction d'exception formée à l'automne 2020 pour enquêter sur la gestion de l'épidémie par les membres du gouvernement[4].

En l'absence de commentaire officiel[5], l'interprétation d'une telle requête par l'Élysée est difficile. Il pourrait simplement s'agir d'une réaction de défense face aux accusations lancées par Washington, qui pointent alors spécifiquement le laboratoire P4. Sans accorder le moindre crédit à l'hypothèse d'un virus manipulé par l'homme, l'exécutif français aurait alors veillé à préparer des « éléments de langage » pour rassurer la presse sur les contrôles établis par Paris lors de la construction du P4 et depuis sa mise en service.

Une autre possibilité est que le sommet de l'État et la direction de la Fondation Mérieux aient alors eu une vive inquiétude d'être tenus en partie pour responsables d'une éventuelle catastrophe scientifique. Trump et son secrétaire d'État Michael Pompeo, ancien directeur de la CIA, agitaient au même moment la possibilité de la démonstration imminente d'un accident de laboratoire. Le Conseil de défense aurait, par cette note, veillé à renvoyer la balle à l'industriel de la biologie, lui rappelant sa responsabilité dans la coopération franco-chinoise.

« Mérieux a pris la question très au sérieux », assure un virologue français qui a été approché par la suite par la Fondation pour connaître son opinion sur l'intrigant site furine tout à fait unique du virus[6].

« La mission de la Fondation Mérieux est une mission de santé publique et elle la mène en toute transparence vis-à-vis des autorités françaises, a répondu sur le sujet Alain Mérieux[7]. En ce qui concerne la création des laboratoires P3 dans les pays à ressources limitées, s'agissant de biens "à double usage", l'exportation du matériel fait l'objet d'une demande d'autorisation auprès de la Commission interministérielle des biens à double usage. En aucune manière la Fondation Mérieux n'a été impliquée dans la création du laboratoire P4 de Wuhan et n'a donc de comptes à rendre à cet égard. »

Sait-on seulement à Paris ce qui s'est passé à Wuhan ? La partie française est aveugle, après des années de disputes internes. Les contacts entre scientifiques français et chinois sont distendus.

Parmi les dizaines de sources interrogées pour ce livre, aucune ou presque n'a été entendue par les autorités françaises. Aucune mission d'information parlementaire n'a exploré la question. Tardivement, la DGSE a consulté certains scientifiques, mais une fois que les débats sur l'origine du virus étaient largement publics. Les juges de la Cour de justice de la République ont aussi auditionné certains virologues au cœur des disputes médiatiques.

René Courcol, l'expert français présent au laboratoire P4, n'a jamais parlé à la presse. L'un de ceux qui l'ont recruté croit savoir qu'après un temps à croire « que cela allait être facile », il serait devenu « très critique » des Chinois.

Au printemps 2020, Yves Lévy[8] est dans son salon quand son fils vient lui montrer une vidéo. « Papa, mais qu'est-ce qu'il se passe ? » demande l'adolescent affolé.

Partagée par des réseaux d'extrême droite, elle accuse l'ancien patron de l'Inserm d'avoir participé à un vaste complot pour provoquer la pandémie. Elle totalise des millions de vues.

Il n'y en a pas eu qu'une. Durant des mois, c'est l'avalanche. Dans sa vidéo accusant l'Institut Pasteur le 17 mars 2020, l'internaute Cat Antonio pointe aussi les fonctions du mari d'Agnès Buzyn, présent lors de l'inauguration du P4 en 2017 au côté du Premier ministre de l'époque, Bernard Cazeneuve.

Qu'importe qu'Yves Lévy ait plutôt été du camp de

ceux qui s'opposaient à l'approfondissement des coopérations et en dénonçaient les risques en coulisse.

Contrairement aux fausses informations démenties promptement par Pasteur, pour Lévy, qui n'est plus à la tête d'une grande institution, aucun service de communication ne va batailler et réfuter ces délires conspirationnistes.

L'accusation d'avoir fabriqué le virus va qui plus est se superposer à une autre rumeur : l'ex-ministre de la Santé, qui a démissionné mi-février, et l'ancien PDG de l'Inserm seraient des « ennemis jurés » du professeur Didier Raoult, infectiologue marseillais qui devient une célébrité mondiale en assurant avoir trouvé un traitement efficace, l'hydroxychloroquine. Des internautes exhument une décision de début 2020 de classer le médicament comme « substance vénéneuse » en raison de ses effets secondaires, et en accusent la ministre – qui n'a en réalité rien à voir avec ce classement décidé par des technocrates. Le couple Lévy-Buzyn aurait donc à la fois répandu le mal et interdit l'antidote.

Si la plupart de ceux qui les accusent ne font aucune référence à leur histoire familiale, l'obsession pour ces deux noms, à consonance juive, ne trompe pas les spécialistes de la lutte contre le complotisme : ces attaques sont dignes des légendes antisémites du Moyen Âge sur le « juif empoisonneur », comme le note à l'époque le site de veille Conspiracy Watch[9].

Elles ne vont pas rester cantonnées à de brèves publications d'anonymes sur Facebook ou Twitter. Le 26 mars, la rumeur est relayée par le député européen du Rassemblement national Gilbert Collard, proche de la leader du parti, Marine Le Pen. Le même jour, la supposée rivalité Lévy-Raoult fait l'objet d'une enquête dans les colonnes d'un grand hebdomadaire[10].

La forme la plus élaborée et explicite de la théorie

du complot juif Lévy-Buzyn est finalement mise en scène par le polémiste antisémite le plus connu de France, Alain Soral, dans une longue vidéo le 31 août 2020[11].

« J'ai averti la communication de l'Inserm et son président Gilles Bloch », rappelle Yves Lévy.

« Ça va se calmer », lui répond-on, se refusant à émettre un communiqué en défense de l'ancien PDG[12].

Les accusations vont continuer durant deux ans, jusque dans les manifestations contre le vaccin, où des pancartes rappellent les noms de Buzyn et Lévy, aux côtés d'étoiles de David ou d'autres noms de personnalités juives[13].

En janvier 2022, ce seront des menaces de mort[14]. L'auteur sera condamné à dix mois de prison ferme en avril 2022[15].

Yves Lévy a revu Frédérique Vidal depuis.

« Tu étais avec moi à Shanghai, lui a-t-il rappelé.

– On ne s'est pas rendu compte de ce que tu as vécu », lui a répondu l'ancienne ministre de l'Enseignement supérieur et de la Recherche. Elle n'a pas été renouvelée pour le deuxième mandat d'Emmanuel Macron.

III

SECRETS

Mai 2020 - décembre 2022

20

Le groupe de Marseille

Pour la France, la pandémie de Covid-19 a été dans le domaine de la science ce que l'« étrange défaite » de 1940 fut dans le domaine militaire. L'excellence de la médecine française était jusque-là une des dernières causes de fierté pour une nation frappée par un sentiment de déclassement, devenue une puissance moyenne dans une Europe sans ambitions.

Mais plus que la mauvaise gestion et l'impréparation, le plus dur à encaisser a été de constater l'explosion d'irrationalité au moment de la première vague. Ce pays qui se flatte de sa culture « cartésienne » a soudain tourné à la maison de fous. Un nouveau virus était apparu et risquait de submerger les hôpitaux, obligeant à des réponses fortes et à la solidarité. Des gens déclamaient des absurdités tous azimuts, refusaient de se plier aux consignes d'isolement ou de porter le masque, accusaient les médecins de vouloir les tuer avec les vaccins et préféraient avaler un médicament potentiellement dangereux, et à l'effet préventif incertain.

Les Américains s'imaginent souvent avoir connu la pire de ces psychoses collectives, avec Trump et leurs médias d'extrême droite. Les Français n'ont pas été en reste.

L'essentiel de ces réactions irrationnelles peuvent se comprendre comme un réflexe de déni face à une catastrophe inattendue, à la manière dont l'esprit refoule un choc traumatique. En France, le déni est allé de pair avec un véritable culte de la personnalité de savants dissidents, censés remettre en cause le consensus scientifique.

Dans la controverse sur l'origine du virus, c'est le professeur Luc Montagnier, Prix Nobel de médecine 2008 pour sa découverte du virus du sida au début des années 1980, qui est devenu l'objet d'un tel culte fanatique. Depuis trois ans, chaque fois que le débat sur l'origine est de nouveau médiatisé en France, au lieu de voir des réactions spécifiques aux nouvelles informations, on peut retrouver quasi systématiquement le même commentaire : « Montagnier avait raison. »

L'intervention de Luc Montagnier a pourtant eu peu d'intérêt. Elle est simplement tombée au bon moment.

Le 16 avril, pile quand Trump accuse les Chinois d'avoir fabriqué le virus, deux petits sites d'information spécialisée, Fréquence médicale et Pourquoi Docteur ?[1], publient une courte interview audio de Luc Montagnier, alors 87 ans. Il y affirme avoir analysé à son tour le génome. Avec l'aide d'un ami mathématicien, un dénommé Jean-Claude Perez, il serait arrivé à la même conclusion que les chercheurs indiens auteurs de la prépublication en janvier immédiatement rétractée : le génome du nouveau coronavirus présenterait des séquences insérées depuis le VIH.

« Ce virus sort du laboratoire de Wuhan », prétend-il.

Le lendemain, il récidive lors d'un talk-show de la chaîne d'information en continu CNEWS[2] : « C'est un travail d'apprenti sorcier. » Cette sortie, venant d'un Prix Nobel spécialiste du VIH, a un écho mondial. Et suscite la même réaction pavlovienne chez tous les journalistes scientifiques et de *fact-checking* : affirmer que toute hypothèse d'un virus artificiel était d'ores et déjà réfutée[3]. Pour la presse spécialisée et les vérificateurs d'information, Montagnier a depuis longtemps perdu son aura de découvreur du sida pour rejoindre les sphères du complotisme et de la pseudo-science. Depuis une vingtaine d'années, ses prises de position font régulièrement scandale, frayant avec le New Age, comme quand il soutient la téléportation de l'ADN, la mémoire de l'eau ou les pouvoirs de guérison de la grotte de Lourdes. En 2017, son ralliement aux anti-vaccins, qui gagnent alors une audience inédite en France, a fini d'achever sa dérive et son exclusion des débats scientifiques sérieux.

Dans la foulée des déclarations de Montagnier, le virologue Etienne Decroly, qui a identifié le site furine du nouveau coronavirus en janvier, reçoit un appel d'un compatriote belge, Jacques van Helden, lui aussi professeur à l'université d'Aix-Marseille. Codirecteur de l'Institut français de bio-informatique, une institution réunissant les informaticiens des laboratoires de biologie, van Helden s'intéresse beaucoup aux débats intellectuels autour de leur discipline. Avant la pandémie, le virologue et le bio-informaticien ont d'ailleurs donné ensemble des cours présentant les débats sur les expériences de gain de fonction.

« Le problème, c'est que tout le débat s'était focalisé sur la personnalité de Montagnier », regrette van Helden, qui voudrait plutôt comprendre pourquoi le Prix Nobel se trompe sur le fond.

Par curiosité, le bio-informaticien de l'université d'Aix-Marseille s'est plongé dans les « travaux » de l'ami de Montagnier, Jean-Claude Perez, présenté comme un mathématicien, un retraité d'IBM qui n'a en réalité aucune expérience en bio-informatique[4]. Si la prépublication indienne pouvait à la rigueur être considérée comme vaguement « scientifique » du fait qu'elle mène une comparaison entre le nouveau coronavirus et ses plus proches parents, l'article de Perez est d'une tout autre nature. Il est paru en mars 2020 dans une « revue prédatrice », une publication qui usurpe les codes des grands journaux scientifiques pour diffuser du contenu pseudo-scientifique.

Le texte est « complètement délirant », juge van Helden. La discussion des insertions du VIH n'en constitue qu'une minuscule portion, inspirée de la prépublication rétractée des Indiens. Pour le reste, il s'agit de 40 pages d'absolu non-sens décrivant des suites de Fibonacci, des formes fractales répétitives, dans les génomes et les arbres phylogénétiques de la famille du SARS-CoV-2. Soit une pure et simple psychose paranoïaque.

Et les « similitudes » avec le VIH ?

« Les fragments sont trop petits », balaie Etienne, peu convaincu. Le virologue est de l'avis de ceux qui ont critiqué sévèrement la prépublication indienne en janvier.

« Mais je ne suis pas sûr que tout le génome soit d'origine naturelle[5] », ajoute-t-il. La prudence de son analyse surprend van Helden, qui n'avait pas suivi les débats des premiers mois et pensait l'origine naturelle assurée.

Une revue, *Médecine/sciences*, l'un des rares journaux scientifiques de langue française avec une reconnaissance internationale, propose justement quelques jours plus tard à Decroly d'écrire un article sur les coronavirus. C'est l'occasion de tenter une « démarche ouverte » d'analyse du génome et de revue sur les hypothèses liées à l'origine.

Les deux Belges embarquent des collègues ailleurs en France, dont le physicien José Halloy, de l'université de

Paris, qui s'était lui aussi investi dans les débats sur les manipulations de virus dans la décennie précédente.

Le manuscrit est soumis en juin, et l'article paraît en août[6]. Après une exposition équilibrée des données et des pistes d'une éventuelle zoonose, le texte réfute point par point la théorie des similarités avec le VIH, montrant qu'elles ne sont pas signifiantes statistiquement, grâce à des méthodes sérieuses de bio-informatique. Mais l'article expose aussi en détail l'hypothèse d'un accident lié à une expérience de gain de fonction, sans l'exclure.

« C'est le premier article qui pose la question dans une revue scientifique », se félicite encore van Helden.

Bien d'autres qui tentent alors d'avancer des idées semblables se cassent les dents sur les comités de lecture des grandes revues internationales, parfois pour de bonnes raisons, de vraies faiblesses scientifiques, mais aussi dans certains cas de manière difficilement explicable[7].

À part le « groupe de Marseille », les seuls à publier dès l'été 2020 un article scientifique contredisant la certitude d'un virus d'origine naturelle sont deux Américains, Karl et Daniel Sirotkin, un père et son fils. Ils font paraître, eux aussi en août, dans la revue américaine *BioEssays*, un article exposant l'hypothèse selon laquelle le SARS-CoV-2 pourrait être issu d'expériences de passages en série chez des animaux ou dans des cellules[8]. Daniel Sirotkin avait même esquissé cette théorie dès janvier 2020 dans un post de blog[9]. Mais ancien étudiant de l'université de Harvard promis à un brillant avenir, il a fait un séjour en prison pour une affaire d'agression sexuelle sur mineure[10]. Son passé le disqualifie aux yeux d'une grande partie de la communauté scientifique.

Contrairement à certaines présentations trop dramatiques, il n'y a jamais eu une totale interdiction d'aborder l'hypothèse d'un accident de la recherche. Mais il ne faudrait pas réécrire l'histoire dans l'autre sens. Une sorte de tabou a bien existé.

Après la publication des lettres du *Lancet* et de *Nature Medicine* du début de l'année, le climat est délétère. De grandes revues ont bien fait barrage aux articles envisageant les hypothèses des laboratoires, comme si l'origine naturelle du virus constituait un consensus scientifique démontré par des données incontestables. Et les chercheurs qui osent encore mettre en doute ce point de vue s'exposent à des réactions parfois très violentes de collègues qui auront tôt fait de les amalgamer à des figures déconsidérées comme Montagnier. « C'est pas un peu complotiste ? » se rappelle s'être entendu dire Jacques van Helden par un ami chercheur, quand il se contentait de dire qu'on ne pouvait pas trancher…

Loin de se laisser démonter, le petit « groupe de Marseille » autour d'Etienne Decroly a remonté méthodiquement le courant.

L'article de *Médecine/Sciences* est remarqué, l'un des plus lus de l'année pour le site de la revue*.

Contrairement à d'autres qui assurent avoir des preuves de la théorie du laboratoire, les Marseillais prennent des pincettes : « L'apparition de sites de clivage par la furine chez les CoV humains n'est pas un événement exceptionnel », notent-ils, listant les coronavirus hors de la famille du SARS qui en portent. Et de conclure : « Dans ce contexte, peut-on envisager que le SARS-CoV-2 résulterait d'expériences visant à "humani-

* On notera que le directeur de la publication est Gilles Bloch, PDG de l'Inserm, et en principe le président du pilotage de l'accord de coopération franco-chinois sur les maladies infectieuses émergentes. Interrogé sur ce choix éditorial au travers de ses services de communication, Gilles Bloch n'a pas répondu à nos questions.

ser" (adapter à l'humain) un virus animal, comme le RaTG13 ? À ce jour, les premières recherches effectuées par la communauté scientifique n'ont apporté aucun élément déterminant qui conforterait cette hypothèse. »

Quelques semaines après la parution, en octobre 2020, Etienne Decroly accorde une interview au journal du CNRS[11]. Un « choix stratégique », justifie-t-il[12]. « On ne voulait pas publier dans une revue non institutionnelle. On a fait très attention en nommant les différentes hypothèses, et à ne surtout pas trancher. On n'a jamais conclu que le site furine a été inséré artificiellement car il n'y a aucune preuve formelle. »

Ce long entretien fait une audience historique, un quart de celles de l'année 2020. Dans la communauté scientifique française, il a mis fin au tabou d'un possible accident de la recherche à Wuhan.

21

Les détectives du Web

Qu'est-ce qu'un « complotiste » ?

Avant la pandémie, la réponse paraissait simple. Le terme désignait une catégorie aisément identifiable de personnes « loufoques » et « paranoïaques », tout un écosystème de sites et de personnalités colportant massivement de la « désinformation », des fausses nouvelles et des « théories du complot », des récits de grandes conspirations cachées, totalement déconnectées de la réalité, ou spéculant de manière infondée sur des anomalies insignifiantes érigées en preuves d'une malveillance ou de mensonges des élites politiques, économiques ou scientifiques.

La controverse sur l'origine du virus a cependant étendu l'usage de ce terme bien au-delà de cette définition restreinte et a montré les limites du concept.

Un scientifique qui questionne un possible accident de laboratoire, et donc accuse ses confrères qui le dissimuleraient de conspirer pour mentir au public, est-il un complotiste ?

Et qu'en est-il d'un internaute qui reprendrait la même accusation et enquêterait de manière systématique pour la démontrer ?

Malgré la lettre au *Lancet* parue en février 2020 qui

a catégorisé comme « théorie du complot » l'hypothèse d'une origine non naturelle du SARS-CoV-2, des chercheurs et des internautes anonymes se sont rassemblés pour en discuter sur les réseaux sociaux, et principalement Twitter, site de micro-blogging devenu en une décennie la plateforme principale de commentaire de l'actualité, en particularité scientifique.

Ces premiers « dissidents » constituent une bande assez hétéroclite. Contrairement aux « complotistes » traditionnels, en général très peu compétents sur les domaines qu'ils commentent, les profils des passionnés de l'hypothèse d'un accident de laboratoire ou d'une origine artificielle du virus comprennent des chercheurs en biologie, des généticiens, des bio-informaticiens et des journalistes scientifiques expérimentés qui maîtrisent relativement bien la matière très complexe de la controverse. Et loin de la caricature qui en a été faite de comptes anonymes, possiblement manipulés par des services de renseignement, une bonne moitié de ceux qui s'engagent alors dans les débats en ligne le font en leur nom propre, s'exposant à un sérieux risque de réputation.

C'est le cas par exemple de Rossana Segreto, biologiste à l'université d'Innsbruck, ou de Yuri Deigin, patron d'origine russe d'une start-up de biotech basée au Canada, dédiée à la recherche sur la longévité. Ce businessman féru de génétique, passé par l'université de Toronto et l'université de Columbia à New York, voulait à l'origine réfuter les théories du complot les plus absurdes qui circulaient. Découvrant qu'un accident de la recherche était une hypothèse légitime, il a mis en ligne dès avril 2020 un long article sur la plateforme de blog Medium, où il détaille les recherches de gain de fonction menées à Wuhan, et note des expériences accomplies ailleurs pour insérer des sites furine[1].

D'autres n'ont pas un parcours lié à la biologie, mais apportent leurs propres compétences, comme des capacités de recherche informatique ou une compréhension des problématiques de risque et de biosécurité.

C'est ce qui a amené Gilles Demaneuf à se pencher sur la controverse. Ce Français d'une cinquantaine d'années, ancien élève de Centrale Paris, une des plus prestigieuses grandes écoles d'ingénieurs de France, a fait carrière dans la finance, de la City londonienne à Hong Kong, avant d'atterrir dans une grande institution financière néo-zélandaise. Sa spécialité : le calcul des risques sur des produits financiers complexes – ceux-là mêmes qui ont provoqué le krach de 2008 qui a fait vaciller les places boursières.

Assez naturellement, il s'est toujours intéressé aux risques industriels, dans le nucléaire d'abord. Partout, il constate « les mêmes dérives », l'« appât du gain » conduisant à des aléas systémiques, pouvant causer des catastrophes planétaires. Selon lui, le travail dans le secteur bancaire l'a aussi formé à rude école : « Dans la banque, j'ai appris à mener un raisonnement très scientifique. Il faut évaluer tous ses a priori[2] », assure-t-il. Car quand il est question de veiller sur les milliards du système financier, le moindre biais peut faire partir des fortunes en fumée.

Il ne s'en cache pas[3], il est atteint du syndrome d'Asperger, une forme d'autisme, qui le rend particulièrement agile avec les grands nombres et la documentation technique. C'est aussi un atout paradoxal pour les très violents débats autour de l'origine du virus. Alors que l'accusation de conspirationnisme en refroidit plus d'un, Demaneuf tient tête à des chercheurs académiques internationaux et même des scientifiques chinois, supposés avoir une bien plus grande légitimité pour participer à la discussion. Il paraît absolument insensible à tout argument d'autorité. Cela le rend insupportable pour ceux qui pensent avoir raison contre lui et sont habitués à obtenir la capitulation de leurs contradicteurs par la simple présentation de leurs titres universitaires.

Cela explique aussi pourquoi, alors qu'une bonne partie de la communauté scientifique se range de manière moutonnière aux opinions du *Lancet* ou de *Nature Medicine*, Demaneuf redouble de questions au printemps 2020. « C'était une démarche absolument contraire à la science », dénonce-t-il encore à propos de l'abdication de l'esprit critique qui s'imposait alors. « Il fallait accepter cette conclusion sans données. »

Il a donc fait ses propres « calculs probabilistes » pour comparer les deux hypothèses, une origine naturelle ou bien un accident de laboratoire. Le résultat est reproduit dans une analyse d'une quarantaine de pages mise en ligne en septembre 2020, coécrite avec un autre ingénieur français, Rodolphe de Maistre[4].

Elle n'est pas parue dans une revue scientifique, mais ce n'est pas non plus du tout une étude amateur, ni un délire comparable à celui du mathématicien Jean-Claude Perez cité par Luc Montagnier. Demaneuf et de Maistre systématisent l'analyse des probabilités des deux origines possibles, en comparant la fréquence des zoonoses avec celle des accidents de laboratoire. Et ils rapportent ces statistiques à la géographie et à la démographie de la Chine pour arriver à la question clé : quelle est la chance qu'une zoonose se produise précisément dans un marché de la ville de Wuhan, où se trouvent d'importants centres de recherche sur les coronavirus ? « Les probabilités relatives sont au moins de 55 % pour un événement lié à un laboratoire contre au plus de 45 % pour un événement zoonotique non lié à un laboratoire », concluent-ils.

Cette tentative formalise une intuition partagée par

la plupart des tenants d'un accident de laboratoire, ou simplement de ceux qui considèrent que sa possibilité doit être envisagée et faire l'objet d'une enquête sérieuse. Wuhan n'est pas une zone évidente d'émergence de ce type de virus, dont les plus proches parents connus proviennent du sud-ouest de la Chine et d'Asie du Sud-Est. Il existe des dizaines de villes de taille similaire où une telle zoonose aurait pu se produire. Alors pourquoi à Wuhan ?

Cette attribution de probabilités relatives précises est cependant totalement différente de celles pratiquées par des scientifiques établis. D'une part, parmi les chercheurs qui sont ouverts à la possibilité d'une origine liée aux laboratoires, certains refusent tout simplement d'attribuer des probabilités aux différents scénarios. C'est le cas par exemple du virologue Etienne Decroly et de Richard Ebright, qui considèrent différents scénarios plausibles, et jugent que seule une enquête peut départager lequel est effectivement advenu.

Les virologues favorables à une origine naturelle arguent pour leur part que celle-ci est « beaucoup plus probable » principalement du fait que les émergences zoonotiques sont selon eux historiquement la norme – affirmation contestable alors que le développement industriel de la recherche est un phénomène récent et a été accompagné de plusieurs cas avérés d'émergence suite à des accidents[5]. Souvent citée, une étude d'EcoHealth Alliance de 2018[6] indiquerait en outre la fréquence élevée des franchissements d'espèces de virus d'origine zoonotique. Sur une campagne d'analyses sanguines dans le Yunnan de 2015, 2,7 % des individus étaient positifs aux anticorps contre des virus de la famille du SARS issus de chauves-souris.

Ce qui a fait dire à Peter Daszak que 1 à 7 millions de personnes seraient contaminées par de telles zoonoses de sarbecovirus chaque année dans cette région de Chine. Cependant, cette analyse est contestée par certains scientifiques tenants d'un possible accident de laboratoire[7]. Elle extrapole ses conclusions à partir d'une population réduite de 218 personnes et très exposée, du fait de sa proximité aux colonies de chauves-souris. Une autre étude d'EcoHealth Alliance et de ses collaborateurs chinois ne présentait que 0,6 % de cas positifs, reconnaissant que « les émergences sont des événements rares[8] ».

Les passionnés de l'origine qui s'agrègent alors sur Twitter sont une trentaine. Ils constituent un groupe que l'un d'eux, un compte au pseudonyme de Billy Bostickson, baptise « Drastic* ». Derrière une photo de profil de singe borgne, Billy anime le groupe et relaie ses découvertes auprès des médias, épaulé par Demaneuf.

Le réseau social leur permet d'agréger toutes les informations sur une thématique particulière souvent extrêmement précise en répondant le long de fils de courts messages.

Drastic se concentre d'abord sur un mystère : RaTG13, le plus proche parent du SARS-CoV-2, publié en janvier 2020 par Shi Zhengli et son équipe.

Cette première publication scientifique restait très vague, ne précisant que la région où RaTG13 avait été collecté, le Yunnan, et l'année, 2013. Pourquoi ne le publier qu'au déclenchement de la pandémie, sept ans après ? Contenant un virus supposé moins dangereux que le premier SARS, l'échantillon aurait été « mis au congélateur », sans être séquencé complète-

* Acronyme de Decentralized Radical Autonomous Search Team Investigating Covid-19, « Équipe décentralisée, radicale et autonome de recherche enquêtant sur le Covid-19 ».

ment, a assuré en février 2020 Peter Daszak, président d'EcoHealth Alliance et partenaire de l'Institut de virologie de Wuhan[9].

Pourtant, dès mars 2020, la biologiste Rossana Segreto a trouvé, dans des bases de données de séquences de virus, qu'une petite partie de la séquence de RaTG13 a été publiée dès 2015 sous un autre nom, Ra4991[10]. Découvrant cette pièce manquante, les passionnés de la théorie du laboratoire sont convaincus que le changement de nom trahit la volonté de cacher une information sensible dans l'origine de RaTG13. La nuée d'internautes collecte donc anarchiquement toutes les données qu'ils peuvent trouver sur l'histoire de ce virus de chauve-souris[11]. Et en compulsant la bibliographie, ils localisent le site dans lequel il a été collecté, la mine de Mojiang.

C'est ainsi qu'ils redécouvrent l'histoire complète de la découverte de RaTG13.

En 2012, six employés d'une mine de cuivre désaffectée sont tombés malades en y nettoyant du guano de chauve-souris, trois d'entre eux sont morts. Les meilleurs spécialistes chinois – dont le pneumologue Zhong Nanshan et l'Institut de virologie de Wuhan – se sont penchés sur leurs cas, certains suspectant un virus, d'autres un champignon. L'incident avait d'ailleurs brièvement été rapporté par la revue internationale *Science* en 2014[12].

Interrogé à ce sujet par le magazine *Scientific American* début mars 2020, Shi Zhengli a répondu qu'elle avait fini par se rendre à la conclusion que la maladie des mineurs avait été causée par un champignon.

Un internaute indien fait cependant une découverte qui pourrait faire douter de cette version. Twittant sous le pseudonyme de « The Seeker[13] », ce touche-à-tout vivant au nord-est de l'Inde, dans la ville de Bhubaneswar, a exhumé sur des bibliothèques en ligne de travaux académiques chinois un mémoire de master de médecine du Yunnan datant de 2013[14], et une thèse de 2018, dirigée par George Gao, le directeur du CDC. Il les poste sur Twitter les 18[15] et 28[16] mai 2020. Ils décrivent les cas cliniques des pneumonies des mineurs, proches de la description du Covid-19, et surtout s'interrogent sur leur cause, suspectant un virus. À l'appui de cette piste, les deux mémoires de recherche évoquent des tests sérologiques ayant mis en évidence des anticorps générés par une infection à des virus de la famille du SARS.

Après l'incident et le décès des mineurs, les chercheurs de l'Institut de virologie de Wuhan sont venus échantillonner la grotte de Mojiang en 2012-2013. Et ils y ont justement identifié un virus de la famille du SARS, le fameux Ra4991 / RaTG13.

Contrairement à ce qu'affirmait Peter Daszak, ils ne l'ont pas rangé au congélateur. Dès juin 2020, un autre membre de Drastic, Francisco de Asis, révèle même que RaTG13 a été séquencé en totalité dès 2018, et non en janvier 2020 après l'apparition du SARS-CoV-2, comme le sous-entendait sa publication à cette date[17].

S'il avait causé le décès des mineurs et été analysé depuis plusieurs années, pourquoi cela ne transparaît-il pas dans les publications de l'Institut de virologie de Wuhan depuis sept ans ? Et pourquoi ne l'avoir pas reconnu en janvier 2020 ?

« Je ne peux voir que deux raisons possibles pour avoir caché ce fait, commente The Seeker[18]. Soit ils préparaient un article important pour *Nature* ou *Science* et ils restaient silencieux pour des raisons de compétition. Une possible transmission directe chauve-souris-homme d'un virus de type SARS-CoV, avec trois décès à la clé, aurait été une matière d'intérêt intense et mondial pour la recherche. Ou bien les autorités chinoises auraient classifié toute recherche à ce sujet, encore une fois du fait de l'importance de ces cas. »

Ces spéculations correspondent de fait précisément à deux lieux communs du « complotisme » sur les accidents de laboratoire : l'hypothèse d'une recherche non publiée ayant conduit à une catastrophe, et celle d'un programme de recherche secret, peut-être à usage dual.

Pour The Seeker, ces possibilités ne devraient pas rester taboues. « Je ne me suis jamais laissé intimider par l'accusation de “complotisme” », explique-t-il quand on lui demande ce qui l'a mené à se passionner autant pour l'origine. « Mon apport a été de montrer qu'on n'a pas besoin d'expertise – tout ce qu'il faut c'est de la curiosité, de la sincérité et de la passion. » Avec des traducteurs automatiques et en zonant sur des bases de données de publication scientifique chinoise, il a retrouvé une pièce clé de la bibliographie systématique qui aurait pu être présentée à la publication de RaTG13.

Pour une partie des chercheurs académiques, une telle démarche tient cependant précisément de la logique du « conspirationnisme ». Ils défendent au contraire la bonne foi de Shi Zhengli[19]. Pour eux, rien ne permet de conclure que la non-publication de RaTG13 serait significative. RaTG13 ou un virus parent présent dans la mine n'aurait pas causé la maladie des mineurs. La découverte du virus serait ensuite une coïncidence.

Par la suite, les informations manquantes proviendraient simplement des hasards de la recherche. Le délai dans le séquençage s'expliquerait par les insuffisances des technologies lors de l'échantillonnage en 2013. La non-publication en 2018 correspondrait à l'échec d'une soumission aux grandes revues internationales[20]. Le changement de dénominations serait, lui, la conséquence de nomenclatures variables suivant les bases de données pour désigner les échantillons et le virus finalement isolé. Et la présentation lacunaire de RaTG13 le résultat de la précipitation à publier aux premiers jours de la pandémie.

Enfin, les mémoires de médecine, loin de prouver l'origine virale de la maladie des mineurs, seraient en réalité la trace d'une fausse piste, les tests sérologiques révélant des anticorps à des virus de la famille du SARS étant possiblement des faux positifs.

« Il n'y a aucune donnée derrière cette assertion », réplique The Seeker, qui considère les documents de 2013 et 2018 qu'il a trouvés plus solides que des opinions émises par des chercheurs après le déclenchement de la pandémie, suspects à ses yeux de vouloir dissimuler le lien de RaTG13 ou d'un autre virus de la famille du SARS avec la mort des mineurs. « En outre, comment quatre tests sur quatre pourraient être des faux positifs ? » ajoute-t-il.

En fin de compte, rien de ce que Drastic a mis en évidence sur l'historique de RaTG13 ne démontre de manière absolument incontestable un lien avec un accident de laboratoire, ou des recherches secrètes. Et il faudrait imaginer de complexes travaux d'ingénierie et d'évolution dirigée pour parvenir à transformer RaTG13 en SARS-CoV-2, ou spéculer encore sur un virus « squelette » non publié. Mais le manque de transparence de la Chine attise la curiosité. Durant l'été 2020, la version des membres de Drastic est reprise dans la presse[21] et par des chercheurs promouvant l'hypothèse d'un accident de laboratoire[22].

L'identification de la mine de Mojiang suscite en outre plusieurs reportages tentant d'approcher le site. Les journalistes étrangers se heurtent à des gros bras envoyés par les autorités chinoises, alimentant encore davantage la rumeur que la grotte cache le secret de l'origine[23]. Mais cette obstruction ne prouve pas non plus quoi que ce soit : les mouvements des journalistes étrangers sont toujours surveillés et entravés dans la Chine de Xi Jinping ; et le réflexe des autorités est d'empêcher l'accès aux sites sensibles politiquement. De simples raisons de sécurité peuvent enfin totalement justifier l'interdiction d'une vieille mine désaffectée infestée de chauves-souris.

Face aux questions de plus en plus pressantes de confrères et de la presse, en novembre 2020, les auteurs de l'article présentant RaTG13 ont publié un « addendum », des précisions pour compléter l'historique du virus[24]. L'ajout est vu par leurs accusateurs comme la preuve que la présentation initiale était délibérément lacunaire. Alors qu'il ne pourrait encore s'agir que d'une tentative maladroite pour corriger le tir et faire cesser les spéculations.

En l'absence d'une transparence complète des équipes de Wuhan, il reste de fait impossible de déterminer si les mystères de RaTG13 sont une suite de simples coïncidences, ou bien trahissent une quelconque dissimulation d'un lien avec l'origine de la pandémie.

L'histoire de RaTG13 n'est que la première d'une série de « révélations » produites par Drastic. La deuxième et la plus marquante est celle de la « disparition » des bases de données de l'Institut de virologie de Wuhan. Un compte anonyme avait dès le printemps 2020 noté qu'une page d'un site chinois de données scientifiques, China Science Data, avait été supprimée[25]. Il s'agissait de la page de présentation des bases de données où l'Institut de virologie de Wuhan décrivait les 22 257 échantillons collectés par ses équipes durant des décennies, et les pathogènes ainsi isolés.

Yuri Deigin de Drastic le remarque dès le 11 mai

2020[26]. Le groupe se met en chasse et amasse durant des mois des informations à partir des métadonnées et des traces laissées par les bases avant la suppression des pages. L'information sur ces intrigantes disparitions sera reprise et confirmée par la BBC[27] et une enquête du *Monde* en décembre 2020[28].

Gilles Demaneuf et Billy Bostickson ont détaillé leurs analyses dans un long rapport d'enquête paru en février 2021[29]. Grâce à des pages de suivi de l'activité des bases de données[30], restées un temps accessibles, ils ont pu précisément rétablir la chronologie de leur suppression. La principale base a été rendue inaccessible hors de l'Institut de virologie de Wuhan après le 12 septembre 2019, et n'a ensuite été accessible qu'au sein du laboratoire, par intermittence, jusqu'au 26 février 2020, avant d'être définitivement mise hors ligne.

Pour Drastic, l'information qu'elle pouvait contenir aurait deux intérêts : d'une part, elle pourrait renseigner sur d'éventuels virus non publiés, aidant à retrouver la trace du progéniteur du SARS-CoV-2 qui aurait fuité ; d'autre part, étant l'une des plus vastes bases de données sur les virus de chauve-souris du monde, elle pourrait permettre de resserrer la quête du bassin naturel des parents du SARS-CoV-2.

Aux yeux des tenants de l'hypothèse d'un accident de laboratoire, une déconnexion le 12 septembre 2019, près de trois mois avant l'annonce officielle de l'épidémie, démontrerait qu'un incident s'est produit durant l'été 2019 ayant conduit les chercheurs de Wuhan à tenter d'en effacer les traces. Cette datation, bien que contestée et difficile à interpréter, devient rapidement une des pierres angulaires des théories de l'accident de laboratoire, reprise par des enquêtes parlementaires américaines, réclamant qu'elle soit fournie par Pékin[31].

Interrogée par la BBC, Shi Zhengli a assuré que la

mise hors ligne avait été opérée pour « raisons de sécurité », suite à des tentatives de piratage au début de la pandémie[32]. Si la justification peut correspondre à la déconnexion définitive en février 2020, elle n'explique pas le fait que la base de données soit devenue inaccessible hors de l'Institut au 12 septembre 2019. Des déclarations de Peter Daszak, le président d'EcoHealth Alliance, ont aussi tendu à minimiser l'importance de ces bases informatiques, réduites selon lui à des tableaux Excel de peu de valeur[33]. Reste que ces bases n'ont jamais été remises en ligne ou partagées avec des chercheurs étrangers, ni avec les enquêteurs envoyés par l'OMS en 2021. Continuant donc d'alimenter indéfiniment la suspicion.

Ce n'est là qu'une toute petite portion du travail d'analyse réalisé par les membres de Drastic. On pourrait aussi mentionner l'inventaire systématique des laboratoires de Wuhan[34], une analyse détaillée de la dépendance des revues scientifiques internationales au marché et aux investissements chinois[35], des historiques détaillés de plusieurs fuites de laboratoire du virus du SARS advenues en 2003-2004[36], parmi bien d'autres recherches. Il faut reconnaître que le débat public sur l'origine serait nettement moins bien informé sans l'apport de ces enquêteurs du Web.

Malgré ces données parfois utiles, leurs travaux doivent être abordés avec la plus grande prudence. Ils ont su avec brio se construire une légende de desperados du Web ayant défié les plus hautes autorités scientifiques, surfant sur le mythe des renégats qui se font justice et obtiennent gain de cause[37].

Mais le groupe a aussi sa face sombre, à laquelle il faut sensibiliser ceux qui découvriraient seulement aujourd'hui leur travail ou aborderaient la question de l'origine par leurs révélations.

Drastic n'est pas une institution scientifique neutre, c'est un groupe « militant », comme le définit justement la chercheuse Florence Debarre, qui a veillé à réfuter les conclusions parfois hâtives tirées de leurs travaux. Leurs données sont certes bien documentées et présentées en termes techniques, mais elles ont presque toujours pour but de démontrer qu'une origine liée aux laboratoires est possible, voire prouvée. Elles visent à créer un récit, celui d'une dissimulation systématique de l'origine réelle du virus par les chercheurs de Wuhan.

En marge de Drastic, certains participants du groupe et plus largement de la communauté des « *lab leakers* », les passionnés de la théorie du laboratoire, spéculent sans fin sur des hypothèses de bio-ingénierie impossibles à démontrer, scientifiquement incohérentes ou réfutées depuis longtemps. Même quand ils finissent par abandonner les hypothèses les plus intenables, leurs discussions gardent la trace de ces spéculations erronées.

Le groupe est aussi en guerre avec les chercheurs défendant une origine naturelle et ceux qu'ils accusent de dissimuler un accident de la recherche. Leurs questions incessantes et les accusations sous-jacentes sont dénoncées par leurs cibles comme un insoutenable harcèlement et des attaques diffamatoires.

Interrogé sur ses motivations, leur principal animateur, Billy Bostickson, se présente comme un anarchiste révolté par les morts causés par la pandémie. D'après nos discussions, il vivrait quelque part en Asie et veillerait à conserver son anonymat pour des raisons de sécurité, craignant des représailles de Pékin. Il affirme mystérieusement avoir une expérience dans des enquêtes sur la biosécurité et sur la Chine. Militant anti-système de longue date, il fustige aussi régulièrement l'impérialisme des États-Unis, par exemple dans la guerre en Ukraine, dont il juge Washington responsable.

Il n'est pas à une contradiction près. Il ne cache pas avoir collaboré avec des agences de renseignement américaines en leur fournissant des rapports pour étayer l'hypothèse d'un accident de laboratoire. Si des connexions entre Drastic et des services de renseignement paraissent établies, il ne semble cependant pas crédible d'accuser le groupe d'être un faux nez de la CIA, ou d'une agence rivale. Leurs accusations et « révélations » dénoncent trop régulièrement les liens entre l'appareil sécuritaire américain et la virologie, autant que la dissimulation criminelle commise par le Parti communiste chinois.

Fin 2020, Billy Bostickson avait publié un long fil de tweets s'ouvrant sur une image de guillotine, et désignant certains chercheurs, dont Peter Daszak, comme des « terroristes » et des « docteurs Frankenstein », ayant collaboré avec une opération d'espionnage américaine* et destinés *in fine* à faire face à des procès publics[38].

« C'était un fil à moitié satirique », a-t-il répondu, interrogé pour savoir s'il était sérieux[39]. « Tous devront faire et feront face à la colère du public, la manière dont cela se manifeste ne dépend pas de nous. »

* L'hypothèse régulièrement avancée par les membres de Drastic est que la collaboration entre EcoHealth Alliance et l'Institut de virologie de Wuhan ait été en réalité une opération de renseignement visant à garder un œil sur les expériences de virologie à usage dual menées par les Chinois. Andrew Huff, un ancien employé de l'organisation, a repris à partir de 2021 ces accusations. Cependant, son témoignage est sujet à caution, émaillé de fausses informations et de déclarations problématiques accusant des agents de l'État américain de le surveiller. À notre connaissance, aucun document probant n'a été produit par Drastic ou Andrew Huff pour étayer ces accusations. « C'est un mythe », s'en défend le patron d'EcoHealth Peter Daszak. Entretien vidéo avec l'auteur, 5 janvier 2023.

22

Droit de savoir

Que devrait être une enquête sur l'origine de la pandémie ?

Les réponses varient. Au printemps 2020, plusieurs conceptions concurrentes se sont mises en route simultanément.

Dès février 2020, une équipe de l'OMS avait été envoyée en Chine, mais elle n'avait eu qu'un accès limité à Wuhan. Sur fond d'accusations de Donald Trump, l'Assemblée mondiale de la santé des 19 et 20 mai 2020 a appelé à « identifier la source zoonotique du virus et [à] déterminer par quelle voie il s'est introduit dans la population humaine[1] ». Le siège de l'organisation, à Genève, s'est attelé à préparer avec la République populaire de Chine une nouvelle mission, en envoyant discrètement en juillet 2020 une équipe à Pékin pour en négocier le « mandat[2] ». Publié à l'automne, celui-ci s'avère très restreint[3] : d'une part la Chine s'est arrogé un droit de regard sur la liste des experts missionnés ; d'autre part la méthode proposée n'est pas celle d'une véritable investigation indépendante, mais la présentation par les scientifiques chinois de leurs propres données, revues ensuite par l'équipe de la mission.

La composition du groupe d'experts est finalement

révélée début décembre 2020 par la revue *Nature*[4]. Multidisciplinaire, il comprend certains des spécialistes les plus réputés, comme Marion Koopmans, professeure de virologie à l'université Erasmus aux Pays-Bas, une chercheuse qui avait participé à la découverte de l'origine du MERS en 2012 en identifiant son hôte intermédiaire, les dromadaires. Parmi les autres grands noms de la virologie et de la médecine, l'un surprend cependant ceux qui ont suivi les premières controverses sur l'origine : Peter Daszak, le président d'EcoHealth Alliance, partenaire de longue date de Shi Zhengli et de l'Institut de virologie de Wuhan. Même Angela Rasmussen, une virologue de l'université de Georgetown, peu suspecte de sympathies envers la théorie du laboratoire qu'elle a maintes fois critiquée publiquement, s'inquiète des accusations de « conflits d'intérêts » que cela pourrait soulever.

D'autres acteurs du monde scientifique promettent au même moment de mener leur propre « enquête ». C'est le cas par exemple de la revue *The Lancet* qui annonce en grande pompe dans son numéro d'août 2020[5] qu'elle ouvre une « commission » pour évaluer la gestion de la pandémie, dans l'esprit dicté par la résolution de l'Assemblée mondiale de la santé.

Une nouvelle fois, la composition de la commission suscite immédiatement des critiques. Son président est un économiste de renom mondial, conseiller du secrétaire général de l'ONU pour le développement, et professeur à l'université de Columbia à New York, Jeffrey Sachs. Mais l'éminence est aussi connue pour des positions publiques en défense de la Chine, que ce soit en minimisant la gravité de la répression contre la minorité ouïghoure au Xinjiang ou en critiquant la guerre commerciale lancée par l'administration Trump[6]. Au printemps 2020, il a publié sur le site de CNN une tribune qui dénonce les accusations de l'administration républicaine sur l'origine du virus comme « imprudentes et dangereuses[7] ».

La polémique sur la commission *The Lancet* prend cependant une autre dimension quand ses membres sont détaillés durant l'automne[8] : à la tête d'une *task force* dédiée à l'origine de la pandémie, Sachs nomme Peter Daszak. Un casting qui fait immédiatement grincer des dents, du fait de ses relations avec l'Institut de virologie de Wuhan[9].

Parallèlement à ces approches scientifiques, une seconde stratégie, beaucoup plus frontale et orientée, est tentée par l'administration républicaine. À partir du printemps, une équipe du département d'État faisant appel à un expert des armes biologiques, David Asher, s'attelle à réunir des informations démontrant un accident de laboratoire[10]. Cette enquête sera un échec, n'aboutissant qu'à un résultat très limité, partiellement rendu public en janvier 2021 par le secrétaire d'État Michael Pompeo avant de quitter son poste[11].

Loin des barbouzeries des faucons néo-conservateurs, c'est finalement une toute petite organisation indépendante qui va ouvrir le principal front de la controverse sur l'origine du SARS-CoV-2.

US Right To Know (USRTK) est un de ces innombrables groupes d'activistes qui font vivre la démocratie américaine. Basée en Californie, cette association à but non lucratif a été fondée par Gary Ruskin, un vétéran de l'action civique, qui a longtemps lutté pour dénoncer la corruption des parlementaires. USRTK s'est spécialisé dans les enquêtes sur l'industrie agroalimentaire, pour dénoncer les risques sanitaires des OGM, pesticides et engrais, et leurs dommages sur l'environnement.

La méthode employée par Ruskin pour défendre ses

causes et mener ses enquêtes, c'est la transparence, et les voies légales pour obtenir des documents confidentiels. En particulier, les États-Unis disposent de plusieurs lois depuis les années 1960 obligeant les agences publiques à fournir des documents administratifs. La principale de ces lois est le *Freedom of Information Act* (abrégé *FOIA*), la loi d'accès à l'information.

Quand la pandémie a éclaté et que la controverse sur son origine a commencé, Gary Ruskin ne pensait pas vraiment être en mesure d'enquêter sur le sujet.

« Dès mars, il devenait clair qu'il n'y avait aucune enquête, se souvient-il[12]. J'envisageais avec horreur qu'il n'y aurait jamais aucune vraie enquête. »

Il déplore en particulier qu'aucune entité dotée de pouvoirs judiciaires d'injonction (*subpoena* dans le droit américain) ne s'empare du sujet, rendant peu probable qu'aucune information clé n'émerge rapidement, en dépit des collaborations sino-américaines.

Il en discute alors autour de lui, lève des fonds et cherche un limier pour l'épauler. C'est là qu'il se tourne vers un sociologue des sciences, Sainath Suryanarayanan, qui vient d'être recruté par l'université du Wisconsin. Ils avaient collaboré à une précédente enquête sur la disparition des abeilles causée par les pesticides.

Le chercheur sort d'une période difficile, une procédure de divorce, plusieurs semaines coincé en Inde chez sa mère en pleine première vague, séparé de son fils de 11 ans. Cela lui a donné le temps de se plonger dans les premiers mois de la controverse sur l'origine, et de se rendre compte que « les données n'étaient pas claires[13] ».

« Faisons quelques requêtes *FOIA*, propose Gary à Sainath. Si personne ne le fait, nous devrions essayer. »

« Je m'attendais totalement à essayer et à échouer misérablement », reconnaît Ruskin.

Sainath liste les scientifiques liés à la controverse, apprend sur le tas les procédures de requêtes *FOIA*, et en envoie quelques-unes à des institutions de recherche, des universités en particulier. Comme celles-ci sont financées par le contribuable, la loi permet d'exiger certains mails, en précisant mots-clés et correspondants liés au sujet de recherche.

L'une de leurs cibles prioritaires est Peter Daszak, mais celui-ci étant à la tête d'une organisation privée, il n'est pas possible d'obtenir quelque chose d'EcoHealth Alliance (EHA) directement. Il faut donc chercher des biais détournés pour l'atteindre. C'est ainsi que Sainath dépose auprès de l'université du Maryland une demande pour accéder aux mails de Rita Colwell, une bactériologue qui siège au conseil d'administration d'EHA.

Les documents demandés reviennent à USRTK à l'automne. Parmi des milliers d'échanges sans intérêt, les activistes découvrent une série de mails relatifs à la rédaction de la lettre du *Lancet* du 19 février 2020 en soutien aux scientifiques chinois[14]. La tribune, signée par vingt-sept chercheurs internationaux de premier plan, était présentée comme une initiative spontanée de « scientifiques spécialistes de la santé publique » en solidarité de leurs confrères chinois « combattant le Covid-19 » et « condamnant les théories du complot suggérant que le Covid-19 n'a pas une origine naturelle ».

Pourtant, un mail du 6 février de Peter Daszak révèle que le président d'EcoHealth Alliance a en réalité été à l'origine du projet d'article : « J'ai suivi de très près les événements entourant l'émergence du nouveau coronavirus en Chine et j'ai été consterné par la récente propagation de rumeurs, de désinformation et de théories du complot sur ses origines, écrit-il solennellement à un noyau des futurs signataires. Celles-ci ciblent désormais spécifiquement les scientifiques avec lesquels nous collaborons depuis de nombreuses années et qui travaillent héroïquement pour lutter contre cette épidémie et partager des données avec une rapidité, une ouverture et une transparence sans précédent. Ces théories du complot menacent de saper spécifiquement les collaborations mondiales dont nous avons besoin pour faire face à une maladie qui s'est déjà propagée entre continents. »

L'initiative de Daszak fait précisément suite aux premières déclarations de Richard Ebright dans *Science* sur la possibilité d'une fuite de laboratoire, et aux accusations contre Shi Zhengli sur les réseaux sociaux chinois. L'invitation à signer une « lettre » destinée à une grande revue se poursuit sans jamais rappeler que Daszak collabore personnellement avec les chercheurs de Wuhan à des expériences à risque suspectées d'avoir causé l'épidémie. Suit un premier brouillon du texte qui sera publié deux semaines plus tard.

Comme le remarque d'emblée USRTK dans sa première publication des mails[15], Peter Daszak aurait en réalité dû être clairement décrit comme l'auteur principal de ce texte de soutien, pour bien indiquer qu'il s'agissait d'une prise de position partisane. En outre, suivant les conventions des revues scientifiques, la publication affirme que ses signataires ne « déclarent aucun conflit d'intérêts » – alors même que quatre d'entre eux, en sus de Peter Daszak, font partie des équipes d'EcoHealth Alliance[16].

« Cela montrait que Peter Daszak avait orchestré la lettre du *Lancet*, affirme le fondateur d'USRTK. Ça a déterminé le ton du débat durant des mois, en prétendant qu'une origine en laboratoire était une théorie du complot. »

« Nous étions totalement surpris de découvrir quelque chose comme cela », s'étonne toujours Gary Ruskin.

Deux aspects le choquent en particulier : « faire croire que c'était une position scientifique, alors que c'était une prise de position politique » ; et le « décalage flagrant entre ce que les virologues disaient en public et ce qu'ils disaient en privé ».

Peter Daszak se défend lui d'avoir voulu tromper le public en cachant qu'il était l'auteur principal de la lettre[17] : « J'ai spécifié que je ne voulais pas être l'auteur correspondant de l'article, mais pas parce que je voulais cacher mes liens avec Wuhan, qui étaient la raison pour laquelle j'écrivais cet article et qui étaient largement connus, justifie-t-il. Nous essayions d'écrire cela comme un groupe représentant des scientifiques mondiaux hors de Chine. »

L'université du Maryland s'en est mordu les doigts. Après avoir envoyé cette première fournée de mails, elle a refusé d'autres demandes, assurant que sa première décision était une « erreur ».

Les autres requêtes qui allaient suivre dans des dizaines de laboratoires et d'universités américaines seraient nettement plus dures, exigeant de longues batailles judiciaires.

Pour les virologues, cette exigence de transparence sans limite des activistes est dénoncée comme une manipulation politique. Bien que financés par l'argent public, ils ne considèrent pas avoir à rendre de comptes sur des positions scientifiques exprimées en privé. Au fil du débat, de plus en plus violent, USRTK a été accusé maintes fois de servir une croisade politique « contre la science », des articles pointant parmi ses donateurs des personnalités et organisations anti-OGM, liées à l'agriculture biologique ou ayant diffusé des fausses informations sur les vaccins[18].

« Je n'étais pas surpris d'être attaqué, USRTK est tout le temps attaqué, réplique Gary Ruskin. L'angle sur les vaccins est ridicule, nous ne travaillons pas sur la vaccination et l'industrie pharmaceutique. C'est une question de transparence, la cause pour laquelle j'ai combattu toute ma vie. Tous nos donateurs sont détaillés sur notre site Internet[19]. »

Finalement, le plus étonnant pour lui est le peu de couverture médiatique de leurs premières révélations. En trente ans d'activisme pour la transparence, il n'avait jamais vu ça. Pourquoi ? Les médias suivent un débat quand les politiques s'en emparent. Or, les élus démocrates, arrivés au pouvoir fin 2020, sont toujours restés à bonne distance de celui-là. « Le contrôle parlementaire s'est affaibli, juge Ruskin. Il n'y a presque plus de supervision des NIH, du NIAID, de la DARPA*... Sans le pouvoir de *subpoena* des parlementaires, il est très difficile d'aboutir. Et sur ce sujet, les démocrates sont comme endormis. Ou pire. »

---

* Defense Advanced Research Projects Agency, bras scientifique de l'armée américaine. Voir chapitre 27, « Le projet Defuse ».

23

Les surgelés

La vie de Michael Standaert ne sera plus jamais comme avant. Avec quelques journalistes chinois, ce correspondant américain basé en Chine durant quinze ans a été l'une des très rares personnes à vraiment tenter d'enquêter sur l'origine de la pandémie. Non pas sur les laboratoires, mais sur la seule piste concrète : le marché de Huanan.

À la veille des Jeux olympiques de Pékin de 2008, il avait débarqué en Chine pour travailler un an dans un média d'État, parcours classique pour certains étrangers souhaitant faire leur trou dans un pays difficile d'accès. La presse chinoise connaissait alors une brève fenêtre d'ouverture, sous le président Hu Jintao, avant que Xi Jinping ne devienne secrétaire général du Parti.

Après ce premier poste, Michael Standaert resta comme correspondant free-lance et se fit une spécialité d'actualités techniques, travaillant principalement pour Bloomberg Industry, une des branches spécialisées de la fameuse agence d'information financière américaine. Il apprit ainsi à explorer la jungle des administrations chinoises et à enquêter sur d'arides affaires réglementaires.

À la fin des années 2010, moins sollicité par Bloomberg, il multipliait d'autres collaborations, menant des enquêtes liées à l'environnement. L'une de ses dernières avant la pandémie portait sur la déforestation dans les provinces du sud du pays, comme le Yunnan[1]. C'est là qu'il avait rencontré Alice Hughes, chercheuse britannique installée dans le jardin botanique de Xishuangbanna.

Quand le Covid-19 est apparu, Michael Standaert a naturellement suivi la piste d'une origine naturelle. Le sujet lui semble prometteur. Il a repris contact avec Alice Hughes, et ils évoquent les différentes hypothèses, pangolins et autres hôtes intermédiaires potentiels. Les médias chinois eux-mêmes font alors quelques révélations explosives sur le marché de Huanan et son propriétaire.

« Tout s'est arrêté dans la première semaine de février 2020[2], regrette encore Standaert. Après la mort du lanceur d'alerte, le docteur Li Wenliang, le gouvernement s'est inquiété fortement d'un retour de feu », juge-t-il aujourd'hui. À ses yeux, comme à ceux de nombre de tenants de l'origine naturelle du virus, les autorités chinoises auraient alors décidé de stopper tout effort pour identifier la source animale de l'épidémie.

Indépendant et étranger, il peut continuer à creuser quand les médias chinois battent en retraite. Mais Wuhan, confiné, est inaccessible. Il ne parvient donc d'abord qu'à effleurer le sujet, en interrogeant les paysans et marchands affectés par les interdictions alors mises en place contre le commerce de certaines espèces dites sauvages, en particulier les rats des bambous[3]. Depuis une vingtaine d'années, dans sa politique de lutte contre la pauvreté, la Chine avait en effet promu l'élevage de ces rongeurs. Dans la province du Guangdong, au sud du pays, où habite Michael Standaert, des centaines de fermiers se retrouvent coincés avec leurs bêtes, incertains de leur avenir, et pointés du doigt par de grands spécialistes, tel le pneumologue Zhong Nanshan, qui désigne leurs élevages comme une possible source de la nouvelle épidémie. « Des éleveurs d'animaux sauvages de tout le pays étaient très en colère parce que leurs permis avaient été retirés et les fermes étaient à l'arrêt, rappelle Michael Standaert. Ils exigeaient des preuves [des accusations contre leur industrie]. »

Comme Standaert le découvre par ailleurs, le commerce de ces animaux, potentiellement responsable de la pandémie, ne s'est pas arrêté, et pour contourner les interdictions, les marchands ont migré pour beaucoup sur des plateformes en ligne[4].

Il lui faut attendre la fin de l'année 2020 pour enfin pouvoir se rendre à Wuhan, et enquêter à son tour sur le marché. Il y débarque le 31 décembre, pile un an après la révélation de l'existence du virus. Avec un assistant de recherche chinois, il se risque à frapper à toutes les portes. Le marché de Huanan est fermé, mais il retrouve ses marchands d'animaux vivants, qui ont déménagé dans d'autres marchés.

« Ce sont les Américains qui ont amené le virus à Wuhan lors des Jeux militaires, lui oppose une vieille vendeuse de tortues, sans rire.

– Je suis américain, lui répond Standaert.

– Je ne parlais pas de vous », bégaie la Chinoise, soucieuse de ne pas blesser l'étranger.

Le journaliste tente ensuite sa chance au siège du groupe Huanan, la société de « Frère Yu Zhusheng ». Le « parrain » et magnat de l'immobilier du centre de Wuhan n'est jamais réapparu.

Mais on l'empêche de rencontrer la direction.

« Il y avait trois ou quatre gros bras dans leur lobby », se souvient-il. L'accueil est glacial.

« Il faut faire une demande au gouvernement local, lui répond-on.

– Mais pourquoi faut-il demander au gouvernement pour interviewer une entreprise privée ? » se risque à insister Standaert.

Toutes ses requêtes officielles d'information ou d'interviews sont restées lettre morte.

Le 14 janvier 2021, la dizaine d'experts missionnés par Genève a débarqué en Chine sous l'œil des caméras. Mais appliquant alors une stricte politique « Zéro Covid », les Chinois ne se sont pas contentés d'exiger des tests négatifs, ils placent les étrangers en quarantaine durant quatorze jours.

L'ambiance est à couteaux tirés. Le lendemain de leur arrivée en Chine, le secrétaire d'État américain Michael Pompeo a publié une fiche sur les activités à l'Institut de virologie de Wuhan, l'accusant de mener des « projets secrets avec l'armée chinoise[5] » – des accusations qui ne seront jamais étayées précisément.

« Nous étions encore à l'hôtel en quarantaine à Wuhan, se rappelle Peter Daszak d'EcoHealth Alliance[6], l'un des experts mandatés par l'OMS. J'ai tweeté que Mike Pompeo pouvait m'écrire par mail les détails et que je pourrais poser les questions [aux chercheurs de Wuhan]. Je n'ai jamais reçu de mail. Donc pour moi, il n'y a jamais eu un intérêt réel pour les réponses sur l'origine du Covid au sein de l'administration Trump. Ils voulaient juste s'en servir politiquement. »

Selon le mandat qui avait été négocié, il s'agit d'une « mission conjointe » Chine-OMS, plutôt que d'une vraie inspection indépendante. Durant un marathon d'une dizaine de jours, les autorités et des chercheurs chinois promènent leurs invités dans les sites désormais célèbres de l'apparition du virus, deux hôpitaux dont celui de la docteure Zhang Jixian, qui a diagnostiqué les premiers patients, et deux marchés, dont celui de Huanan. Une étape suscite quelques commentaires acerbes : le Parti a tenu à montrer aux visiteurs un musée de propagande peignant la victoire de la Chine contre le Covid-19. Difficile d'y trouver une justification dans une enquête scientifique minutée par manque de temps.

Finalement, les derniers jours de la mission sont consacrés à des entretiens au sein du CDC du Hubei et à l'Institut de virologie de Wuhan. Le 3 février au matin, la délégation se rend sur le site du P4 alors que flotte un brouillard spectral, comme une manifestation surnaturelle du mystère qui l'entoure. Les experts de l'OMS y passent moins de quatre heures[7].

La mission se conclut le 9 février par une conférence de presse[8] magistrale, où les chefs de mission chinois et étrangers exposent leurs conclusions – avant un travail d'analyse et d'écriture du rapport.

Dans de longues introductions, les experts chinois affirment que des dizaines de milliers d'animaux ont été testés, et qu'aucun n'était positif. Ils précisent que des analyses ont été menées sur des échantillons de sang de la population de Wuhan avant décembre 2019, et qu'aucun n'est revenu positif. Et prétendent donc qu'il n'y a eu « aucune circulation non détectée » avant les premiers cas identifiés à Wuhan. Avant de conclure que des études chinoises montreraient que le virus pourrait survivre sur des « produits surgelés » et être ainsi transporté sur une longue distance. Sous-entendant que le virus aurait donc été importé à Wuhan.

Pour tous les observateurs, chercheurs ou journalistes, qui ont suivi les débats sur l'origine depuis le début, c'est un choc. Depuis des mois, la propagande chinoise poussait visiblement cette idée, montant en épingle des études peu concluantes[9]. Ayant supposément atteint son objectif Zéro Covid après le confinement de Wuhan, Pékin accuse les surgelés d'être la cause des réimportations du virus sur son territoire, alors que d'autres canaux sont quasi certains – circulation clandestine aux frontières, contacts dans les ports et les aéroports, cas importés par avion non détectés malgré les tests et les quarantaines.

Personne n'imaginait cependant que le régime communiste oserait en faire l'origine de la pandémie, renvoyant la balle à l'étranger. S'il est en théorie possible qu'une grosse quantité de virus survive à une longue congélation, il est scientifiquement absurde de spéculer sur une introduction du virus à Wuhan par des produits surgelés venus de l'étranger.

Ne semblant pas gêné par la mascarade dans laquelle le Parti communiste chinois l'embarque, Peter Ben Embarek, l'épidémiologiste danois à la tête des experts étrangers, enchaîne en présentant la conclusion principale de la mission. Celle-ci a attribué des probabilités aux différentes hypothèses. La plus probable est d'emblée celle d'« espèces hôtes intermédiaires », c'est-à-dire d'animaux vendus vivants au marché. Mais immédiatement, le chef de la mission adoube aussi la « possibilité d'une transmission par le commerce de produits surgelés dans la chaîne du froid ». Paraissant donc plus probable qu'une autre hypothèse naturelle pourtant envisageable, une contamination directe des chauves-souris aux hommes.

Pour l'hypothèse d'une origine liée aux laboratoires, le verdict est en revanche sans appel : « L'hypothèse de l'incident de laboratoire est extrêmement peu probable pour expliquer l'introduction du virus dans la population humaine et n'est donc pas une hypothèse qui nécessitera de suggérer de futures études. » Le message : affaire classée.

Les réactions sont sévères.

Pourtant passée à une administration démocrate réputée désireuse de remettre à plat sa relation avec Pékin, la Maison-Blanche fait immédiatement part de ses « vives préoccupations » face à la manière dont les résultats ont été communiqués[10].

Mais c'est surtout la direction de l'OMS qui tape du poing sur la table. Le docteur Tedros Adhanom Ghebreyesus, conciliant avec la Chine dans les premiers mois de la pandémie, surprend la presse en contredisant le chef de la mission à Wuhan : « Toutes les hypothèses restent ouvertes », déclare-t-il en conférence de presse trois jours plus tard.

À peine rentré en Europe, Peter Ben Embarek reconnaît lui-même que les autorités politiques chinoises ont interféré avec leur travail : « La politique était toujours dans la pièce », confie-t-il au magazine *Science*[11]. Les experts auraient été suivis en permanence par 30 à 60 accompagnateurs chinois, dont un « grand nombre » n'étaient ni scientifiques ni issus de la santé publique. Quelques mois plus tard, Ben Embarek[12] a révélé dans une interview avec la télévision danoise que les Chinois refusaient initialement d'inclure toute hypothèse sur un éventuel accident de la recherche[13]. La conclusion sur les probabilités respectives de chaque piste n'était qu'un compromis politique, et non assise sur des données scientifiques.

Lui-même désarçonné par les conclusions des experts de l'OMS, le journaliste américain Michael Standaert revient dans la ville d'origine du virus, et tente une nouvelle piste : le bureau des forêts du Hubei, chargé de contrôler le commerce animal dans les marchés. Celui-ci gère un « centre de sauvegarde de la faune du Hubei », à l'est de l'agglomération. Et son directeur,

Yang Guoxiang, a fait partie de la délégation chinoise accompagnant la mission de l'OMS.

Michael Standaert se rend sur place, sur une colline voisinant les lacs de la plaine humide du fleuve Yangtzé. Il n'y a pas grand-chose à voir. On ne le laisse pas entrer. Mais sur un mur, à son immense surprise, il découvre une plaque indiquant que le centre est partenaire de l'Institut de virologie de Wuhan (IVW).

Un petit zoo voisin est fermé depuis le confinement de Wuhan. « Des singes s'en étaient échappés six fois, a-t-il appris. Et les petits zoos comme celui qui se trouvait à côté pouvaient aussi s'adonner au commerce de certains animaux. »

« Ces centres gérés par le ministère des Forêts ont une double casquette, décrypte-t-il. L'une de ces missions est de protéger les espèces sauvages contre le trafic. Mais ils peuvent aussi jouer un rôle de facilitateur de ce commerce. » Pour le journaliste, entre ce lien avec l'Institut de virologie de Wuhan et l'implication dans le commerce animal, le centre de sauvegarde de la faune du Hubei constitue un « conflit d'intérêts » de l'administration chargée de réguler le marché de Huanan… et expliquerait son silence. Toutes les demandes d'information de Michael Standaert au bureau des forêts et à son centre de sauvegarde de la faune se sont heurtées à un mur.

Genève publie fin mars 2021 un rapport de 120 pages détaillant les résultats de sa mission à Wuhan[14]. Après les conclusions préliminaires annoncées en conférence de presse, la place réduite accordée à discuter l'hypothèse d'un accident lié à la recherche est finalement peu surprenante.

Un détail étonne toutefois très vivement Michael Standaert. « Aucune information confirmant la vente de mammifères vivants en 2019 n'a été trouvée », conclut la partie sur le commerce animal, page 98.

Pourtant, les « termes de référence » de la mission mis en ligne en novembre 2020 listaient précisément des mammifères vendus vivants dans les échoppes du marché fin décembre 2019[15].

« Quoi ?! se rappelle s'être demandé le journaliste d'investigation. Mais pourquoi nient-ils cela ? Le premier rapport de l'OMS détaillait ces animaux. Ça, c'est vraiment bizarre. »

24

Le groupe de Paris

La mission de l'OMS à Wuhan aurait pu aider à conclure la quête de l'origine. Elle a eu l'effet exactement inverse. Au lieu de clarifier le mystère, elle l'a épaissi.

Au même moment, dans la communauté scientifique, le vent est en train de tourner. Préoccupés par les incertitudes sur l'origine du virus, des scientifiques français ont amorcé fin 2020 des discussions hebdomadaires par visioconférence.

Au noyau dur du « groupe de Marseille » autour du virologue Etienne Decroly, s'adjoignent des chercheurs d'autres domaines, dont Virginie Courtier-Orgogozo, spécialiste de l'évolution à l'université Paris-Cité, et directrice de recherche au CNRS, et José Halloy, physicien dans la même université. Ils sont rejoints par quelques Anglo-Saxons, comme des spécialistes de la biosécurité, Richard Ebright aux États-Unis, ou Filippa Lentzos, professeure au King's College de Londres. Celle-ci a publié au printemps 2020 une des rares analyses reconnaissant la possibilité d'un incident lié à la recherche[1].

S'y greffe aussi Jamie Metzl, chercheur associé au Atlantic Council, un groupe de réflexion américain. Ce diplômé d'histoire de l'Asie, passionné de science et proche des démocrates, est un ancien du cabinet de Joe Biden au Sénat et a été vice-président de l'Asia Society, société savante américaine prestigieuse dédiée à la connaissance de l'Extrême-Orient, en particulier de la Chine. Il a été une des premières personnalités publiques de la gauche américaine à plaider pour la possibilité d'un accident de laboratoire.

Il siégeait au début de la pandémie dans un comité de l'OMS sur l'ingénierie génétique, créé à la suite d'un scandale : en 2018, un chercheur chinois avait violé le tabou suprême, en créant les premiers bébés modifiés génétiquement.

« Notre comité s'était rassemblé en février 2020 à Cape Town en Afrique du Sud et j'ai osé évoquer la possibilité d'une origine non naturelle du virus, révèle Jamie Metzl[2]. Je m'attendais à ce qu'on me traite de conspirationniste. Mais au contraire, il s'est avéré que d'autres personnes du comité avaient les mêmes interrogations que moi. » Il décide qu'il ne faut pas se taire, et dès le mois d'avril, il évoque l'hypothèse du laboratoire dans la presse[3] et surtout la détaille dans un long post de blog sur son site, le 16 avril 2020, qui attire fortement l'attention[4]. Il passe le reste de l'année à tenter de sensibiliser ses contacts autant chez les républicains – en particulier Matthew Pottinger, ancien correspondant de presse en Chine, devenu conseiller adjoint à la sécurité nationale de Donald Trump – que dans la campagne démocrate, dont le candidat est son ancien patron.

S'il y trouve des oreilles attentives, il se sent bien seul lors de cette première année, l'hypothèse d'une origine humaine de la pandémie restant considérée comme une « théorie du complot » ou une manipulation politique. « J'avais l'impression d'être seul sur terre », résume-t-il.

Ce sont les Français qui viennent le chercher fin 2020 pour participer à leur premier « atelier » de discussion sur l'origine. Metzl est surpris d'y trouver des « scientifiques avec une haute crédibilité et un esprit ouvert », alors que le sujet est parasité par des charlatans dans le monde anglo-saxon et fait l'objet d'avis très tranchés.

Certains chercheurs qui fréquentent ce cénacle préfèrent d'ailleurs ne pas rendre publique leur participation, pour éviter les procès en hérésie. D'après ses participants, le groupe, qui comprendrait une trentaine de réguliers, ne s'est pourtant jamais voulu partisan. Ses principaux animateurs, comme Virginie Courtier ou Etienne Decroly, assurent toujours qu'ils ne privilégient aucune hypothèse.

Les personnes invitées à y présenter leur point de vue ont cependant souvent un biais nettement favorable à l'hypothèse d'une origine liée à la recherche. Aux yeux des critiques de ces réunions, des intervenants ont pu avancer par ailleurs des spéculations « conspirationnistes » ou de faible qualité scientifique.

Les organisateurs assurent pour leur part qu'ils auraient souhaité eux-mêmes équilibrer les échanges. Malgré des invitations répétées, les chercheurs plaidant pour une origine naturelle ont quasi systématiquement refusé de s'y joindre. « Ils ne nous répondent pas », déplore régulièrement Virginie Courtier[5]. Biologiste de l'évolution, multiprimée, professeure au Collège de France en 2022-2023, elle s'est vue qualifiée à de multiples reprises sur les réseaux sociaux de « créationniste » – la pire de toutes les insultes pour une spécialiste de l'évolution comme elle – par des confrères américains pour simplement avoir refusé de considérer l'affaire close.

C'est Richard Ebright qui aurait baptisé ce petit réseau de dissidents le « groupe de Paris[6] ».

Des membres de ce groupe de Paris ont fait une première tentative pour publier une lettre dans *The Lancet*, le 6 janvier 2021, en réponse à la lettre de février 2020, celle orchestrée par Peter Daszak[7]. Mais la revue scientifique refuse alors le texte, au motif que les correspondances doivent être envoyées dans un court délai après la publication originale à laquelle elles réagissent.

Après la mission de l'OMS à Wuhan, l'atmosphère change du tout au tout. Metzl envoie immédiatement un message « au plus haut niveau de l'OMS », pour l'avertir du risque de « perte complète de crédibilité ». Nul besoin de convaincre Tedros : selon son entourage, il est aussi consterné que tous par ce qu'il voit. Suite aux premières réactions de Washington, une quinzaine de pays autour des États-Unis émettent d'ailleurs mi-février 2021 un communiqué joint exprimant leurs « inquiétudes[8] ».

Le groupe de Paris revient donc à la charge, directement dans les grands médias de référence. Le 4 mars 2021, ils parviennent, entre autres grâce au réseau de Jamie Metzl, à faire paraître dans le *New York Times*, le *Wall Street Journal* et *Le Monde* une « lettre ouverte », lançant un « appel international » pour une « enquête complète et sans restriction » sur l'origine du virus[9].

Les signataires comprennent des scientifiques établis, mais aussi des enquêteurs du groupe Drastic, comme Gilles Demaneuf. Les Français dominent la liste, mais s'y glissent aussi quelques Anglo-Saxons, Richard Ebright, Jamie Metzl, les Australiens Nikolai Petrovsky et Colin Butler, la Norvégienne Filippa Lentzos… donnant ainsi une vraie dimension internationale au groupe.

La publication du rapport de la mission de l'OMS à Wuhan fin mars 2021[10] suit de peu cet appel. Résultat d'un impossible compromis, le texte est miné par les « contradictions[11] ». Le document plaide pour une zoonose, mais affirme ne pas en avoir trouvé la trace, malgré une recherche extensive. La Chine y assure avoir testé 80 000 échantillons prélevés sur des animaux fin 2019 et début 2020, sans en trouver un seul positif. Un résultat qui tendrait à rendre peu probable une origine zoonotique. Mais rien dans le rapport n'indique précisément si des animaux vivants ont été testés dans le marché de Huanan, puisque aucune preuve d'un tel commerce n'est censée y avoir été trouvée. Difficile de savoir si les Chinois ont vraiment cherché, ou bien s'ils ont soigneusement veillé à ne pas trouver.

La quête du patient zéro a elle aussi échoué. Au lieu de progresser, elle a même reculé ! En 2020, plusieurs articles scientifiques chinois parlaient d'environ 250 cas confirmés à Wuhan en 2019, un décompte admis suite à des enquêtes rétrospectives menées en janvier-février 2020[12]. Un article du quotidien de référence hongkongais *South China Morning Post* avait confirmé cet ordre de grandeur et même assuré que les bases de données du CDC faisaient état de cas confirmés pour novembre 2019[13]. L'étude de l'OMS n'en retient finalement que 174, et date le premier cas confirmé au 8 décembre 2019.

En outre, le rapport affirme que sur plus de 76 000 dossiers médicaux de maladies respiratoires à Wuhan entre octobre et décembre 2019, des analyses complémentaires ont systématiquement exclu le nouveau virus. Mais seuls 92 dossiers auraient été examinés, considérés comme compatibles avec des cas de Covid-19, selon des critères excessivement restrictifs, comme le reconnaît alors l'étude de l'OMS elle-même.

Bien que décriée, l'hypothèse d'une introduction par des produits surgelés est amplement développée. Et la piste d'un incident lié à la recherche est écartée en moins de deux pages très générales[14]. Des questions ont été posées aux chercheurs de Wuhan, mais le rapport se contente de les croire sur parole.

En fin de compte, du fait de ces contradictions, le document est très difficile à commenter. L'OMS va devoir repartir de zéro. À Genève, on nie que les appels à l'initiative du groupe de Paris aient influé sur le changement de politique de la direction générale. Mais l'inflexion est très nette. Le directeur général « docteur Tedros » joue alors sa réélection. Autant que le scandale dans la communauté scientifique, la pression de certains États membres aurait renversé la tendance. Plus gros bailleurs de fonds de l'OMS, les États-Unis ont enterré avec Biden les menaces de Trump d'en claquer la porte, mais pas sans conditions.

La percée engagée par les Français est par ailleurs suivie de prises de position similaires aux États-Unis. Le 14 mai 2021, dix-huit grands spécialistes des virus et maladies infectieuses font paraître dans la revue *Science* une lettre appelant à « enquêter sur les origines du Covid-19[15] ». Ses signataires comprennent des chercheurs investis de longue date dans les débats sur les expériences biologiques à risque, comme David Relman de l'université de Stanford ou Marc Lipsitch de Harvard.

On y retrouve aussi Alina Chan, chercheuse au MIT, qui a été, dès le printemps 2020, une des rares scientifiques établis à se risquer à commenter publiquement l'hypothèse d'une origine artificielle du virus. Rien ne destinait à l'origine cette spécialiste de la génomique et de l'ingénierie génétique à s'investir dans le débat sur l'origine du SARS-CoV-2. « C'est peut-être l'article "Proximal origin" qui m'a amenée à m'intéresser au débat, témoigne-t-elle[16]. Je l'ai lu et je ne l'ai pas trouvé solide scientifiquement. Je ne suis pas spécialiste de la biologie de l'évolution comme les auteurs, mais leur argument selon lequel il aurait fallu que le virus ait un squelette connu pour sortir d'un laboratoire me semblait naïf. »

Des scientifiques remarquent alors que le virus est stable génétiquement, lit-elle dans la presse[17]. « Dans le cas du SARS et du MERS, il y avait eu une longue période durant laquelle ces virus faisaient des sauts entre animaux et hommes, avant de trouver la forme prête à causer une épidémie durable, s'étonne-t-elle. Dans le cas du SARS-CoV-2, il est apparu tel quel, sans qu'on trouve de précurseur. » En mai 2020, elle tente donc de faire paraître une analyse sur les hypothèses pour expliquer cette supposée préadaptation à l'homme, incluant l'hypothèse d'une origine liée à la recherche[18]. Les nombreuses revues auxquelles il est soumis le refusent.

Puis gênée par les fausses accusations contre le pangolin, elle a découvert que celles-ci provenaient en réalité des données d'une seule équipe, distribuées à plusieurs en février 2020, aboutissant à accabler le petit animal[19]. Depuis, elle est en pointe sur les réseaux sociaux pour rééquilibrer le débat. Et à partir de février 2021, elle travaille à un article sur l'origine du site furine, la particularité du SARS-CoV-2, paru dans la revue *Molecular Biology and Evolution* en novembre 2021[20].

Un troisième auteur clé de l'appel à une enquête de *Science* en mai 2021 est Jesse Bloom, un virologue respecté du centre de recherche sur le cancer Fred-Hutchinson de Seattle.

« Je ne prêtais pas d'attention particulière au sujet de l'origine avant l'été 2020. Je savais qu'une mission de l'OMS était prévue. Je pensais qu'ils allaient probablement réussir à retracer les premiers cas », confie-t-il[21].

Pour lui, c'est la conférence de presse de la mission de l'OMS à Wuhan le 9 février 2021 qui a motivé cette lettre à *Science*. « La mission affirmait que cela ne venait pas d'un laboratoire et l'hypothèse des surgelés était présentée comme plus probable, résume-t-il. Ça ne me semblait pas juste. Les surgelés n'étaient pas une hypothèse plausible. »

Parmi les confrères qu'ils contactent pour signer leur appel, les Américains reçoivent une réponse positive d'un signataire inattendu : Ralph Baric, grand spécialiste de la bio-ingénierie sur les coronavirus, qui avait collaboré en 2015 avec les chercheurs de Wuhan sur des expériences à risque. C'est aussi un de ces innovateurs de génie qui a développé des méthodes de « rétro-ingénierie » permettant de fabriquer des virus de synthèse à l'apparence tout à fait naturelle, ne présentant aucune « cicatrice ». Justement le genre de technologies qui constituent désormais un casse-tête pour ceux qui voudraient savoir si un nouveau virus est d'origine naturelle ou non.

« En signant cette lettre et par des déclarations, il a gardé un esprit ouvert, reconnaît Bloom. Je respecte ce point de vue. »

Durant l'été 2021, Baric a donné une interview à la MIT Technology Review[22], où il a expliqué sa position : « L'une des raisons pour lesquelles j'ai signé la lettre dans *Science* était que le rapport de l'OMS ne parlait pas vraiment de la manière dont le travail était effectué dans le laboratoire de l'Institut de virologie de Wuhan, ni des données que le groupe d'experts a examinées pour en arriver à la conclusion qu'il était "très peu probable" qu'une fuite de laboratoire ou une infection [d'un chercheur] ait été la cause de la pandémie, a-t-il alors confié. Il doit y avoir une certaine reconnaissance qu'une infection en laboratoire aurait pu se produire dans des conditions de fonctionnement de niveau de biosécurité P2. »

Un dernier facteur contribue à orienter le débat public : les requêtes liées à la loi sur l'accès à l'information (abrégé *FOIA* en anglais).

Début 2021, l'organisation civique californienne US Right To Know (USRTK) poursuit son enquête et met la main sur des mails de février 2020[23] qui complètent l'histoire de la préparation de la lettre au *Lancet* lancée par Peter Daszak et qui qualifiait de « théorie du complot » l'hypothèse d'une origine non naturelle. Le président d'EcoHealth Alliance y suggère à Ralph Baric[24] de ne pas signer la lettre, pour maintenir de la « distance ». « Nous la publierons d'une manière qui ne fasse pas lien avec notre collaboration pour maximaliser [l'impression d'] une voix indépendante », y explique très clairement Daszak.

Plus tard en 2021, de nouvelles découvertes d'USRTK viennent étayer l'existence d'une « campagne coordonnée » au début de la pandémie pour exclure la piste des laboratoires. Une autre série de mails de février 2020 obtenus aussi grâce à la loi *FOIA* documente la rédaction d'un commentaire paru dans *Emerging Microbes & Infections* (abrégé *EMI*), une revue de référence basée à Shanghai[25]. L'article, cosigné par des Américains et des Chinois travaillant aux États-Unis, titré « Aucune preuve crédible ne soutient les allégations de manipulation en laboratoire du SARS-CoV-2 », a pour principal argument l'absence de « squelette » connu, qui aurait été décrit par de précédentes publications de chercheurs de Wuhan. Il s'agit de l'article le plus lu en 2020 du site du groupe de journaux scientifiques Taylor & Francis, auquel *EMI* appartient.

L'article a été écrit à la demande du rédacteur en chef d'*EMI*, le docteur Lu Shan, un professeur d'origine chinoise de l'université de médecine du Massachusetts[26]. Les échanges entre les auteurs au moment de sa rédaction surtout interpellent. Alors que ces derniers sont censés réfuter l'hypothèse d'un virus artificiel, ils confessent, en privé seulement, leurs doutes au fil du mois de février 2020[27] : « Nous ne pouvons pas exclure la possibilité qu'il provienne d'un virus de chauve-souris qui s'est échappé d'un laboratoire », écrit le 16 février 2020 Liu Shan-lu, professeur à l'université d'État de l'Ohio[28]. « La rumeur veut que le site furine pourrait avoir été manipulé génétiquement », ajoute-t-il le 21 février[29].

À quoi Susan Weiss[30], de l'université de Pennsylvanie, répond quelques heures plus tard : « Pour moi, la seule signification de ce site furine est en tant que marqueur de l'origine du virus – effrayant de penser qu'il pourrait avoir été inséré par bio-ingénierie. » L'article n'évoquera pourtant pas cette hypothèse.

Gary Ruskin, le fondateur d'USRTK, avoue avoir été étonné par sa propre révélation. Ce double discours lui paraît presque irréel. « Sur le moment, je n'ai pas compris cela très bien, confesse-t-il[31]. Je travaille sur des sujets de corruption dans la science. Mais c'était quand même une surprise pour moi, parce qu'on fait confiance aux chercheurs pour nous dire la vérité. »

25

Les mails d'Anthony Fauci

Le 11 mai 2021, Anthony Fauci, le directeur du NIAID, est auditionné au Sénat sur la « réponse au coronavirus », par la commission HELP (Health, Education, Labor and Pension : Commission santé, éducation, travail et retraites.). La majorité démocrate est là pour entendre ses conseils sur les masques et les vaccins.

Mais changeant brusquement de sujet, un sénateur républicain du Kentucky, Rand Paul, médecin ophtalmologiste de formation, enchaîne sur une question sur l'origine de la pandémie[1]. Le tribun, principal représentant du courant libertarien au sein de la droite américaine, est connu pour ses outrances. Champion de l'obstruction et du chahut des assemblées, il est célèbre pour plusieurs discours fleuves sous la présidence de Barack Obama. Certains ont duré plus de dix heures d'affilée, visant ainsi à perturber les travaux parlementaires.

En ce printemps 2021, il esquisse une présentation à très gros traits du débat scientifique, caractérisant les expériences à risque menées à Wuhan et financées par les États-Unis comme des recherches de gain de fonction qui viseraient à « pimenter des supervirus[2] ». Avant de demander sans détour à Fauci : « Soutenez-vous toujours le financement par les NIH du laboratoire de Wuhan ? »

« Sénateur Paul, avec tout le respect que je vous dois, vous êtes entièrement, totalement et complètement incorrect, réplique Fauci. Les NIH n'ont jamais financé, et ne financent pas actuellement la recherche de gain de fonction à l'Institut de Wuhan. »

Après l'avoir longtemps déserté, la polémique gagne de nouveau Washington. La séquence fait le tour du Web et des télévisions. Rand Paul va s'ériger durant l'année qui suit comme l'ennemi numéro 1 d'Anthony Fauci, au travers de plusieurs altercations semblables en commission[3].

Prise en étau entre l'échec de la mission à l'OMS et cette charge des républicains, la Maison-Blanche requiert le 26 mai 2021 de ses services de renseignement de lui fournir sous quatre-vingt-dix jours une nouvelle évaluation de l'origine du virus[4].

Moins d'une semaine plus tard, une pièce essentielle du dossier fait surface, sans que personne ne l'ait prévu. Le 1er juin 2021, le *Washington Post*[5] et BuzzFeed[6] publient de concert de longues enquêtes sur la gestion de crise d'Anthony Fauci depuis le début de la pandémie, fondées sur des mails obtenus par requête *FOIA*. Aucun des deux articles – en grande partie hagiographiques – ne souligne cependant les échanges qui vont retenir l'attention du public. Trahissant d'intenses débats internes, un éditorialiste politique du *Washington Post* va jusqu'à minorer la portée des documents[7].

Aux toutes dernières des 3 234 pages de mails, qui couvrent la période de février à avril 2020, on découvre une chaîne relative à l'origine de la pandémie, qui démarre le 31 janvier 2020.

C'est ainsi que fuite l'existence de la téléconférence du 1er février 2020 lors de laquelle des scientifiques américains et européens ont débattu de la possibilité d'une origine artificielle du virus[8]. La liste des participants attire immédiatement l'attention des spécialistes : elle réunit quatre des auteurs de l'article « L'origine proximale du SARS-CoV-2 », des dirigeants de la science américaine et britannique, et certains des plus respectés savants européens.

Cependant, il faut à ce stade recomposer les événements à partir de bribes : une bonne partie des mails entourant cette conférence sont biffés par d'imposantes plages gris sombre*, à la manière dont le gouvernement américain garde confidentiel des extraits sensibles de documents rendus publics.

L'un des messages qui lance la conversation est cependant entièrement découvert. Il est envoyé par le virologue Kristian Andersen de l'Institut Scripps, l'auteur principal de l'article « L'origine proximale du SARS-CoV-2 », dans la soirée du 31 janvier 2020. Il y confie son analyse du génome.

« Certaines de ces caractéristiques semblent (potentiellement) conçues par ingénierie génétique », affirme-t-il à Anthony Fauci et Jeremy Farrar, directeur du Wellcome Trust, importante fondation britannique.

Suit une explication détaillée où Andersen confie qu'Edward Holmes et Robert Garry, deux de ses futurs coauteurs pour l'article de *Nature Medicine*, sont du même avis que lui : le génome ne serait pas compatible avec une évolution naturelle.

Un autre message d'Anthony Fauci, envoyé dans la nuit du 31 janvier au 1er février 2020, est lisible. Adressé à son adjoint, il transmet un PDF en pièce jointe intitulé « Baric, Shi *et al.* – Nature medicine – SARS Gain of function ». Il s'agit à l'évidence de l'article de Ralph

* Les NIH n'ont jamais expliqué le motif de ce biffage. Il est justifié par une exemption à la loi *FOIA* sous la catégorie b(5), de nature discrétionnaire.

Baric et Shi Zhengli de 2015, ayant provoqué à l'époque des débats sur leurs expériences à risque.

« Il est critique que nous nous parlions ce matin, ordonne Fauci. Garde ton téléphone allumé. [...] Lis cet article ainsi que le mail que je vais te transférer maintenant. Tu auras des tâches aujourd'hui qui doivent être accomplies. »

Ironiquement, le docteur Fauci a nié trois semaines avant la publication de ces mails, devant la commission HELP du Sénat, que les études financées à Wuhan constituaient des recherches de gain de fonction. C'est pourtant ainsi que l'article sur lequel l'interrogeaient les sénateurs républicains était nommé dans ses mails seize mois plus tôt. Le message à son adjoint donne l'impression qu'il s'est rendu compte dès le 1er février 2020 que son institut avait possiblement financé des expéricnces à risque ayant pu mener à la création du SARS-CoV-2 – et pourrait donc s'être parjuré un an plus tard en commission parlementaire.

Sans en connaître le contenu complet, pour les républicains et ceux qui s'interrogent sur les coopérations sino-américaines depuis le début de la pandémie, ces révélations font l'effet d'une bombe. Le sénateur Rand Paul triomphe sur Twitter avec un lapidaire : « Je vous l'avais dit[9]. »

Sur les réseaux sociaux et dans les médias, le virologue Kristian Andersen était depuis le début de la pandémie l'un des plus virulents détracteurs de l'hypothèse d'une origine artificielle. Il avait bien confessé dans un long fil posté quelques semaines plus tôt[10] avoir envisagé un temps cette piste, mais n'avait jamais raconté publiquement toute l'histoire, en particulier avoir alerté personnellement le directeur du NIAID. Il fait rapidement face à une pluie d'accusations de « duplicité » et d'« hypocrisie ».

Après avoir supprimé plus de 5 000 de ses tweets, Andersen prétexte que c'est la conséquence d'une fonction d'« autosuppression », qui n'existe évidemment pas. Face aux questions et au harcèlement d'anonymes, il finit par quitter le réseau[11].

Mi-juin 2021, pour se défendre, il donne une interview au *New York Times*[12] où il décrit comment il aurait rejeté sa conviction première. « Nous avons examiné les données des coronavirus trouvés chez d'autres espèces, telles que les chauves-souris et les pangolins, qui ont démontré que les caractéristiques qui semblaient d'abord uniques au SARS-CoV-2 se trouvaient en fait dans d'autres virus apparentés », assure-t-il. Mais les messages illustrant les débats entre participants de l'appel du 1er février 2020 restent confidentiels à ce stade. Et l'absence de transparence des chercheurs suscite forcément la suspicion. « Proximal origin » reste l'article le plus célèbre parmi ceux ayant participé à réfuter l'hypothèse d'une origine artificielle. Aux yeux de leurs critiques, l'implication d'Anthony Fauci, un directeur d'agence ayant financé des recherches à risque à Wuhan, dans des étapes clés ayant précédé sa rédaction, aurait dû être reconnue lors de sa publication[13].

Dès lors, deux interprétations concurrentes, totalement irréconciliables, vont se faire face, dans une véritable guerre des tranchées.

Certains tenants d'une « théorie de la fuite de laboratoire », principalement des républicains américains, des internautes obsédés par le sujet de l'origine mais aussi des scientifiques révoltés par l'affaire, s'enferrent dans une « théorie du complot » caricaturale : souhaitant ne pas être jugé responsable de la pandémie, Anthony Fauci aurait ordonné en février 2020 à Kristian Andersen de changer de position. Les communications dissimulées révéleraient tôt ou tard cette « conjuration » de l'appel du 1er février 2020. N'envisageant pas que les mails caviardés puissent dissimuler une histoire beaucoup plus complexe et nuancée, certains vont donc porter des accusations de plus en plus graves contre les auteurs de « L'origine proximale » et les patrons de la science américaine, Anthony Fauci et Francis Collins, le directeur des NIH.

À l'opposé, ignorant totalement le caractère problématique de l'appel du 1er février et de l'histoire de « L'origine proximale », les défenseurs de Kristian Andersen et Anthony Fauci refusent pour leur part d'admettre le moindre problème dans cette genèse incestueuse et ses secrets. Et ils développent à leur tour une « théorie du complot » adverse : l'ensemble des accusations serait une conspiration de la droite américaine contre la « science » et pour faire tomber le docteur Anthony Fauci, fidèle serviteur de l'État. Toutes les « révélations » de Drastic, d'USRTK, des mails obtenus par la loi *FOIA*, de sources officielles américaines… proviendraient seulement d'une manipulation extrêmement sophistiquée de détails ambigus pour créer un narratif « conspirationniste » qui aurait trompé jusqu'à une partie de la communauté scientifique, lançant d'inutiles et dangereux appels à une investigation sur les laboratoires de Wuhan.

Andersen et Fauci vont pourtant donner rapidement du grain à moudre à ceux qui les croient de mèche.

Jesse Bloom, le virologue de Seattle qui a coécrit la lettre à *Science* appelant à une enquête en mai 2021, travaille depuis la publication du rapport de la mission de l'OMS à Wuhan à en analyser les données brutes. Deux tableaux (numérotés 6 et 7, pages 73 à 77) détaillent les séquences génétiques des tout premiers cas de Covid-19, contaminés en décembre 2019. « Une chose que je pouvais faire pour contribuer à cela était juste de reproduire cette analyse », justifie-t-il[14]. La science contemporaine, d'ordinaire, fonctionne ainsi : les publications permettent à tout chercheur de reproduire les données et les analyses pour en tester les hypothèses et conclusions.

La tâche que se fixe Bloom est un exercice fastidieux. Il faut d'abord retrouver ces séquences, éparpillées sur des bases de données en Chine et aux États-Unis. Et lire en parallèle une montagne d'articles scientifiques extrêmement techniques et totalement obscurs pour vérifier que la recension de la mission de l'OMS est bien exhaustive.

Sa quête révèle deux articles passés inaperçus listant des dizaines de séquences sur des échantillons prélevés au début de l'épidémie, absentes de la liste du rapport de l'OMS[15]. Ceux-ci provenaient d'hôpitaux et de l'université de Wuhan.

Or, les séquences listées dans ces articles ont été effacées de la base de données où elles avaient initialement été déposées, le NCBI*, pourtant hébergé aux États-Unis et géré par les NIH, la grande administration de la recherche biomédicale des États-Unis.

Ne comprenant pas pourquoi les séquences ont été supprimées, Bloom essaie de les retrouver. Il parie sur le fait que les suppressions ont été faites à la va-vite, et qu'on s'est contenté de retirer les liens de la base de données sans effacer les fichiers des séquences sur le serveur qui les abrite.

Bingo : il suffit de recomposer les adresses URL, et il parvient à télécharger les fichiers. Cela lui permet début juin 2021 de recomposer 13 séquences partielles du tout début de l'épidémie. Son analyse de leurs génomes

* National Center for Biotechnology Information.

indique qu'ils sont plus proches des virus de chauves-souris que les séquences discutées par le rapport de l'OMS, qui correspondent à des cas liés au marché de Huanan.

L'implication de ces séquences supprimées pour la compréhension de l'origine serait donc que la souche du virus qui circulait au marché en décembre 2019 ne serait pas la plus ancienne parmi celles du début de l'épidémie. Cela renforcerait l'hypothèse selon laquelle le marché de Huanan n'est pas le lieu d'émergence du Covid-19.

« Comme c'était un sujet très controversé, j'ai travaillé à une prépublication tout seul », confie Jesse Bloom.

Le 18 juin 2021, il achève ses analyses et se prépare à les publier. Le texte auquel il aboutit est très prudent et discute de plusieurs hypothèses pour expliquer la suppression de ces séquences et ses conséquences sur l'analyse menée par le rapport de l'OMS. En aucun cas, la prépublication n'accuse les Chinois ou le NCBI d'avoir intentionnellement fait disparaître ces séquences pour obscurcir l'origine. Mais il note que les supprimer « subrepticement » peut avoir renforcé les « biais » dans la sélection des données pointant vers le marché de Huanan.

« Les premiers échantillons de Wuhan qui ont fait l'objet de la plupart des études, y compris le rapport conjoint OMS-Chine, ne sont pas pleinement représentatifs des virus réellement présents à Wuhan à cette époque », explique-t-il dans l'article. Plutôt qu'un acte d'accusation, c'est donc un simple plaidoyer pour reconnaître que les données disponibles sont incomplètes.

« Je l'ai soumis à BioRxiv et je l'ai envoyé par mail aux NIH, parce que je pensais qu'ils voudraient être informés de ces séquences supprimées et qu'ils seraient en mesure de regarder s'il y avait d'autres séquences supprimées des archives du NCBI », témoigne Jesse Bloom.

La réponse du NCBI, qui se dit surpris et affirme vouloir creuser, est plutôt encourageante. « Enthousiaste », Bloom reçoit cependant dès le lendemain un mail du directeur des NIH, Francis Collins. C'est comme si le ministre de l'Éducation contactait soudain un instituteur qui signale des livres disparus des bibliothèques.

Collins suggère d'organiser un appel vidéo par l'application Zoom, auquel il annonce convier deux autres virologues, Kristian Andersen et Robert Garry, auteurs de l'article « Proximal origin ». Collins offre à Bloom d'inviter d'autres spécialistes, Bloom convie donc deux collègues.

Les NIH alignent en outre pour la discussion le sommet de leur hiérarchie, Anthony Fauci, et trois autres cadres de haut niveau. Un dispositif quelque peu intimidant pour un chercheur qui s'est contenté de retrouver des fichiers supprimés.

Le récit de cet appel du 20 juin 2021 est disputé. Avec ses « témoins » et sa tension, il a des airs de duel de western ou d'intrigue de film noir dans le monde feutré de la science.

Bloom a détaillé sa version dans une enquête du magazine *Vanity Fair*[16]. Selon lui, après que Bloom eut exposé ses travaux, Kristian Andersen aurait accusé sa démarche d'être « contraire à l'éthique », en analysant des séquences supprimées par les auteurs de l'université de Wuhan. Une transgression selon lui inutile alors que les données révélées par les séquences supprimées ne seraient pas signifiantes. Ne s'accordant pas sur ce point, les « témoins » de part et d'autre se seraient « crié dessus ».

Andersen aurait ajouté que suite à la révélation des

mails d'Anthony Fauci, le virologue de l'Institut Scripps faisait alors l'objet d'une protection policière, et ce type de recherche risquerait de « mener à plus de critiques contre les scientifiques comme moi ».

Anthony Fauci serait intervenu pour critiquer un terme de la première version de la prépublication qui affirmait que les séquences avaient été supprimées « subrepticement » par les chercheurs chinois. La manœuvre n'était pas forcément délibérément clandestine. De fait, ceux-ci vont un mois plus tard donner leur version, affirmant qu'il ne s'agissait que d'une manipulation technique et qu'il était prévu de remettre plus tard les séquences supprimées sur des bases de données chinoises[17].

Ayant accès au serveur BioRxiv, Andersen aurait finalement proposé – selon Bloom – de supprimer la prépublication, d'une manière qui la fasse tout à fait disparaître, avec la possibilité éventuellement de présenter une version corrigée. Interrogés par *Vanity Fair*, Andersen et Garry[18] ont nié qu'une telle proposition ait été faite. Un témoin de Bloom aurait cependant confirmé sa version.

Sur le moment, semblant percevoir que cette proposition allait trop loin, Anthony Fauci aurait ajouté : « Juste pour information, je veux qu'il soit clair que je ne vous ai jamais suggéré de supprimer ou corriger la prépublication. »

L'appel s'est arrêté là.

Bloom n'a pas reculé, et simplement inclus quelques modifications « mineures » dans une deuxième version, supprimant entre autres le terme « subrepticement ». La discussion lui a laissé un goût amer. « J'étais très déçu, regrette-t-il toujours. J'avais beaucoup espéré qu'il s'agirait d'une réunion pour identifier d'autres données supprimées. » Depuis, à sa connaissance, « aucune revue systématique des séquences qui ont été supprimées des bases de données n'a été conduite par les NIH ».

Entre l'évaluation du renseignement commandée par Joe Biden et la révélation des discussions confidentielles du 1er février 2020 sur l'hypothèse d'un virus artificiel, il a semblé un temps que la querelle de l'origine se dénouerait à l'été 2021. Les deux développements trouvent cependant une issue peu concluante.

Au mois de juillet, le directeur du Wellcome Trust, Jeremy Farrar, publie un livre témoignage, *Spike*, donnant sa version de la gestion de la pandémie. Deux chapitres sont quasi entièrement consacrés à l'appel du 1er février 2020 et à ses suites. Malgré son importance historique, le livre a été peu commenté dans les médias.

Le récit fait par Farrar est tout à fait singulier et mérite d'être reproduit dans les grandes lignes. Après être intervenu au côté d'Edward Holmes pour faire sortir la séquence du virus de Chine tout début 2020, il affirme avoir remarqué dans la dernière semaine de janvier des discussions entre scientifiques américains sur une possible origine en laboratoire. Troublé par la coïncidence de la présence à Wuhan des centres de recherche spécialisés sur les virus de chauve-souris et du laboratoire P4, et conscient que des accidents de laboratoire et des débats sur la biosécurité ont émaillé les années précédant la pandémie, Farrar avertit des contacts dans le monde du renseignement britannique.

Dès le lundi 27 janvier, il s'équipe d'un nouveau téléphone. Il confie même qu'il s'agit d'un « téléphone jetable », selon la méthode des réseaux clandestins ou criminels, destiné à être employé seulement dans des communications confidentielles. Et n'aurait confié ses soupçons qu'à des proches et à de rares collègues de haut niveau.

Farrar aurait ensuite contacté Edward Holmes pour avoir son avis. Celui-ci aurait fini par être lui-même joint par Kristian Andersen, de l'Institut Scripps, qui aurait plaidé que le site furine du virus pouvait avoir été inséré artificiellement, comme cela l'avait déjà été lors d'expériences précédentes. Face à la montée des rumeurs, Farrar aurait pris l'initiative d'organiser un appel avec ses homologues américains Anthony Fauci et Francis Collins, ainsi que la douzaine d'experts et de dirigeants du monde scientifique dont la liste apparaît dans les mails révélés par la loi *FOIA*. À ce stade, Edward Holmes aurait été à 80 % convaincu qu'il s'agissait d'un virus sorti d'un laboratoire, Kristian Andersen de 60 à 70 %.

Cependant, lors de l'appel, les chercheurs européens invités, en particulier Marion Koopmans et Ronald Fouchier de l'université Erasmus de Rotterdam, auraient soulevé des arguments convaincants balayant les soupçons de tous les participants. « Il y a des insertions comme cela dans des virus tout le temps, affirme Marion Koopmans dans le livre. Cela arrive dans la nature. » Durant les semaines qui ont suivi, les auteurs de « Proximal origin » auraient donc changé d'avis en examinant en détail les données. Et Farrar d'attribuer sa croyance initiale dans la possibilité d'un accident de laboratoire à des « biais qui nourrissent les théories du complot ».

Le récit comprend cependant plusieurs incohérences. Tout d'abord, Jeremy Farrar interpole à cet épisode de janvier-février 2020 les attaques racistes de Donald Trump sur le « virus de la Chine » et le « kung-flu* », alors que celles-ci n'interviendront que bien plus tard, au mois de mars 2020, après les accusations de Pékin contre Fort Detrick et les athlètes américains venus participer aux Jeux militaires de Wuhan en octobre 2019. Face

* Jeu de mots sur kung-fu, *flu* en anglais désignant la grippe.

à un exécutif américain imprévisible, les chercheurs se seraient inquiétés de déclencher la « troisième guerre mondiale » s'ils révélaient leurs soupçons. Cette manière de faire porter la responsabilité à Trump est donc clairement une reconstruction a posteriori, manipulant la chronologie réelle des événements.

Surtout, leur alerte initiale est extrêmement sérieuse, et repose sur des arguments factuels et scientifiques. Par la suite, ils passent à la certitude opposée que le plus probable est une origine naturelle, sans aucune nouvelle information en provenance du terrain, mais simplement suite à des spéculations théoriques sur le fait que le virus peut être d'origine naturelle, puisque certaines de ses caractéristiques se retrouvent éparpillées dans d'autres virus.

Difficile de douter de la bonne foi d'un scientifique aussi respecté que Jeremy Farrar. Pourtant, même la presse généraliste est interloquée à la sortie du livre. Jusque-là enclin à défendre une origine naturelle contre les théories du complot, *The Guardian* juge dans sa critique du livre les explications sur le soupçon d'un accident de laboratoire comme une « esquive[19] ».

Finalement, fin août 2021, tombe le verdict de l'évaluation du renseignement américain[20]. Loin des accusations portées sous la précédente administration, les mouchards et limiers de la première puissance mondiale se refusent à trancher. Quatre agences penchent pour une origine naturelle avec une « confiance faible » ; une défend l'hypothèse d'un accident lié à la recherche, avec une « confiance modérée ».

Le rapport détaillé paraît en octobre[21]. Il remise aux oubliettes la théorie d'une arme biologique agitée par des personnes « suspectes de répandre de la désinformation ».

Il assure en outre que tout indique que « la Chine n'avait pas connaissance préalable du virus » et exclut donc un relâchement intentionnel.

Les espions de la première puissance mondiale concèdent pour finir leur absence presque totale d'information sur ce qui s'est produit à Wuhan. Comme Ponce Pilate, ils se lavent les mains et renvoient la balle à la communauté scientifique globale… et à la Chine :

« La coopération de la Chine serait très probablement nécessaire pour parvenir à une évaluation concluante des origines du Covid-19. Pékin, cependant, continue d'entraver l'enquête mondiale, de résister au partage d'informations et de blâmer d'autres pays, y compris les États-Unis. Ces actions reflètent, en partie, l'incertitude du gouvernement chinois quant à l'issue d'une enquête, ainsi que sa frustration face à la communauté internationale qui utilise la question pour exercer une pression politique sur la Chine. »

Cette hypothèse, selon laquelle même le gouvernement chinois ne connaît pas l'origine du virus, est rarement évoquée, mais expliquerait donc, selon le renseignement américain, l'obstruction du gouvernement chinois, s'opposant autant à la recherche d'une origine zoonotique qu'à une inspection sérieuse de ses laboratoires.

26

L'empire Zéro Covid

Michael Standaert se sait suivi.

Le journaliste américain est revenu dans le Hubei, la province centrale dont Wuhan est la capitale, en ce mois de septembre 2021, pour creuser une nouvelle piste sur une possible origine naturelle du virus. Elle le mène à l'ouest de la région, dans la préfecture d'Enshi, une zone montagneuse célèbre pour ses grottes karstiques*. En principe, il n'y aurait rien de sensible dans ce voyage dans des sites touristiques. La grotte la plus célèbre, la grotte de Tenglong (« le dragon volant » en mandarin), l'une des plus longues du monde, est un passage obligé des amoureux de la nature. Après une entrée spectaculaire d'environ 70 mètres de diamètre à flanc de versant, elle s'étend sur près de 60 kilomètres et abrite un sinueux réseau de rivières souterraines.

Ces immenses cavités sont aussi l'habitat d'importantes colonies de chauves-souris, dont des « rhinolophes intermédiaires », l'espèce au sein de laquelle RaTG13, le plus proche parent du SARS-CoV-2, a été collecté 1 000 kilomètres plus au sud, dans la province du Yunnan. Et c'est

* Formations calcaires marquées par une forte érosion sous un climat tropical.

aussi un bassin majeur de l'élevage d'animaux sauvages – la raison pour laquelle Michael Standaert a voulu s'y aventurer. « 40 % des fermes d'animaux sauvages du Hubei sont dans cette zone », explique-t-il[1]. La proximité entre les chauves-souris et les fermes constituerait un canal idéal pour que des virus de la famille du SARS passent des chiroptères à des mammifères d'élevage, comme des civettes palmistes – l'hôte intermédiaire qui avait transmis le premier virus du SARS à l'homme en 2002-2003.

Avant le voyage de Michael Standaert à Enshi, un événement a cependant fait monter la tension sur ces questions. Après la mission conjointe de l'OMS en février, des chercheurs chinois ont publié en juin 2021 dans *Scientific Reports*, une revue du groupe Nature[2], un article contredisant les informations fournies aux experts étrangers : des mammifères, en particulier des espèces susceptibles de porter les virus de la famille du SARS, étaient bien vendus vivants en 2019 dans les étals du marché de Huanan. Parmi eux, des chiens viverrins, des civettes palmistes et des visons, les suspects numéro 1 pour une éventuelle zoonose qui aurait pu y contaminer les premiers patients. Ces nouvelles données scientifiques contredisent le rapport de la mission conjointe affirmant qu'aucune preuve n'existait que des animaux vivants aient été commercés dans le marché de Huanan.

L'article avait été soumis à la revue en octobre 2020… et s'est perdu, sans explication, dans les limbes du comité de lecture durant huit mois. À cause de cette « disparition », il a échappé aux experts de la mission de l'OMS[3].

La rumeur veut qu'une fois paru, il a valu à son auteur principal, le chercheur Xiao Xiao, affilié entre autres à l'université de médecine du Hubei, de sérieux ennuis avec les autorités.

Chercher l'origine, même animale, du SARS-CoV-2, devient totalement tabou en Chine.

En ce mois de septembre 2021, partout où Michael Standaert va, il est renvoyé dans ses cordes, ainsi qu'il l'a raconté dans son enquête publiée dans le *Washington Post*[4].

On lui assure chaque fois que l'activité a cessé, que les animaux ne sont plus là. « Ils ont été relâchés dans les bois », lui indique-t-on à la coopérative Lichuan Juyuanxiang, la plus grosse ferme de civettes palmistes du Hubei.

Sur les routes entre la douzaine d'exploitations où il s'arrête, Michael Standaert a vite remarqué les voitures qui le pistent. Depuis 2020, dans la plus grande dictature du monde, c'est devenu chose courante pour les correspondants étrangers, où qu'ils aillent, même pour les sujets les plus anodins – même en vacances. Il faut tant bien que mal travailler sereinement, même s'il est quasi certain que chaque personne interrogée sera ensuite questionnée et intimidée par ces inconnus – employés probablement par un service de sécurité. Les interviewés le savent, et font toujours attention à ce qu'ils disent – s'ils n'ont pas carrément été briefés à l'avance pour servir le discours qui convient le mieux aux autorités.

Une source de Michael Standaert lui a confié que le marché de Huanan se fournissait dans la préfecture d'Enshi. Il a aussi déniché un vieil article local chinois de février 2020[5] qui affirme que le bureau des forêts y avait suspendu les ventes d'animaux sauvages dès le 23 décembre 2019 – une semaine avant que l'alerte sur les nouvelles pneumonies ne fuite à Wuhan. Peut-être le signe que des rumeurs circulaient déjà, des jours avant toute annonce officielle, qu'une épidémie s'était répandue dans le marché aux animaux de la capitale provinciale.

Difficile cependant de dire ce que vaut cette piste. Certains virologues sont convaincus qu'une poche de virus proches du SARS-CoV-2 peut exister dans cette zone du Hubei. D'autres considèrent que les plus proches parents du SARS-CoV-2 ont tous été collectés dans une petite région au Yunnan et au Laos voisin, à plus de 1 500 kilomètres au sud, et que les virus qui circulent dans la région d'Enshi doivent être différents. C'est par exemple l'avis du virologue Peter Daszak, d'EcoHealth Alliance[6] : « Il est plus probable que le SARS-CoV-2 provienne du sud de la Chine car la diversité des chauves-souris et des coronavirus y est beaucoup plus élevée et les parents les plus proches en proviennent, tout comme du Laos. »

En septembre 2021, une équipe de l'Institut Pasteur a en effet révélé avoir découvert une poignée de virus récoltés sur des chauves-souris au Laos, qu'ils ont baptisés BANAL[7]. L'un d'eux, BANAL-52, affiche 96,8 % d'identité avec le SARS-CoV-2, dépassant ainsi de peu RaTG13, longtemps le plus proche parent avec 96,2 % d'identité. Si aucun de ces virus de chauves-souris laotiennes ne peut avoir été le progéniteur du SARS-CoV-2 – il leur manque à tous le fameux site furine –, cela a renforcé l'impression que les parents du SARS-CoV-2 se concentraient à la frontière entre Chine et Laos.

« Le problème avec l'argument du Yunnan, c'est qu'il y a un biais d'échantillonnage massif », objecte le biologiste Edward Holmes[8], qui plaide pour sa part pour la possibilité d'une poche de virus inconnus au Hubei. « Le Yunnan est connu pour ses chauves-souris, donc tous les chercheurs vont y échantillonner. » Des indices montreraient au contraire selon Holmes que des virus proches du SARS-CoV-2 circulent bien aussi dans le Hubei. « Mon ami Zhang Yongzhen de Shanghai a publié un article en 2022 dans la revue *Virus Evolution*[9]. Ils ont identifié un virus de chauves-souris rhinolophes du Hubei qui est un recombinant d'un virus similaire au SARS-CoV-1 et d'un virus similaire au SARS-CoV-2. Donc cela indique que l'ancêtre de ce dernier virus est dans des chauves-souris du Hubei. Il doit y avoir une diversité beaucoup plus grande de virus similaires au SARS-CoV-2 dans les chauves-souris que ceux que nous connaissons. »

Quand son enquête pour le *Washington Post* paraît en octobre, Standaert est revenu chez lui dans la province méridionale du Guangdong. Un comité d'accueil l'attend.

« Les officiels du ministère des Affaires étrangères qui gèrent mon dossier comme journaliste étranger m'ont appelé pour une rencontre », raconte le correspondant. L'Américain sait ce que ce genre de proposition veut dire : il a franchi la ligne rouge et va être mis en garde.

En Chine, contrairement à l'image peu subtile d'un régime « sanguinaire » colportée par les anticommunistes, les pressions des autorités se déroulent en général selon un protocole très civil, qui consiste d'abord en une aimable proposition d'aller « boire le thé » avec des représentants de l'État ou du Parti. La suite peut être moins courtoise. Depuis l'arrivée au pouvoir de Xi Jinping, la Chine n'hésite plus à pratiquer la « diplomatie des otages ». Pris au piège d'impitoyables jeux géopolitiques, des étrangers, en particulier des Anglo-Saxons, ont été détenus de manière arbitraire pour de très longues périodes – plus de mille jours pour deux chercheurs canadiens libérés fin 2021.

« Vous n'êtes pas supposés travailler pour d'autres

que le groupe Bloomberg Industry, lui reproche-t-on au sujet de sa dernière publication pour le *Washington Post.*

– Mais vous savez bien que je travaille pour d'autres médias, nous avons été en contact sur d'autres sujets pour lesquels je ne travaillais pas pour Bloomberg, se défend le correspondant.

– Vous ne pouvez plus le faire désormais », lui réplique-t-on.

L'hiver arrive, Shenzhen, où il vit, est menacé par une vague de Covid-19. La mégapole est placée en confinement. Le journaliste est au chômage technique.

Un jour du début de 2022, sa femme est convoquée au motif d'une question fiscale. Elle s'y rend avec leur jeune fils, qu'elle doit garder ce jour-là. Mais au fisc, trois hommes « d'un autre ministère » l'attendent dans un bureau. Ils lui posent des questions sur le travail de son mari – et lui suggèrent d'autres sujets, plus compatibles avec la ligne officielle, auxquels le journaliste ferait mieux de s'intéresser.

« Entre les confinements et l'intimidation, ce n'était plus amusant », conclut dans un sarcasme Michael Standaert. Après quinze ans comme correspondant, il quitte finalement la Chine mi-2022 avec sa famille, pour prendre un poste au Dakota du Nord.

Il n'est pas le seul à être petit à petit poussé vers la sortie. À 1 000 kilomètres de là, dans les montagnes du Yunnan, l'écologue Alice Hughes tente depuis son retour en mars 2020 de poursuivre ses recherches sur les chauves-souris, en collaboration avec des virologues.

Des collègues du jardin botanique de Xishuangbanna avaient eu des ennuis, après avoir publié en février 2020 un article qui prétendait que le marché de Huanan n'était pas l'origine de la pandémie[10]. Minée par des défauts méthodologiques, l'étude est critiquée en coulisse par des virologues. Selon Hughes, elle est une des causes qui conduisent alors les autorités chinoises à imposer un contrôle très strict sur toutes les publications scientifiques relatives à l'origine du virus.

Elle s'attendait à ce que la recherche sur les chauves-souris et leur protection soient renforcées avec la pandémie. C'est tout le contraire qui se produit. « En janvier 2021, on nous a dit que tous les chercheurs travaillant sur des chauves-souris devaient s'enregistrer localement pour pouvoir travailler hors des zones protégées », se souvient-elle[11].

Elle s'y plie, perd son temps en paperasse.

Mais peu de temps après, une nouvelle règle s'ajoute. « Les étrangers ne peuvent plus travailler dans les zones protégées », leur annonce-t-on abruptement. Il faut donc veiller à sortir du parc naturel pour capturer des chauves-souris.

Mi-2021, alors que les écologues placent des pièges à chauves-souris pour en capturer et les étudier, des locaux exigent qu'ils montrent leurs permis. Un malentendu leur fait montrer le mauvais document. Ils sont vertement réprimandés, sans pouvoir dissiper le quiproquo. Après les avoir laissés rentrer à leur base, on vient finalement leur annoncer que tout travail sur les chauves-souris est désormais interdit dans le Yunnan.

Malgré tout, à l'été 2021, Alice Hughes publie avec ses confrères chinois et le biologiste Edward Holmes un dernier article prometteur, dans la revue de référence *Cell*[12]. Entre mai 2019 et mai 2020, ils ont mené des prélèvements sur 342 chauves-souris du jardin botanique de Xishuangbanna. Leur étude révèle quatre nouveaux virus proches du SARS-CoV-2. L'un d'eux, RpYN06, présente un génome 94,5 % identique, l'un des plus proches connus à ce jour. « Collectivement, ces résultats mettent en évidence la diversité génétique élevée et sous-estimée des protéines Spike de sarbecovirus, qui sous-tend probablement leur souplesse adaptative », s'enthousiasment les auteurs. Autrement dit, il faudrait encore davantage échantillonner dans la région pour comprendre comment les caractéristiques du virus qui a provoqué la pandémie ont pu apparaître.

Alice Hughes sait que d'autres équipes chinoises poursuivent le même travail. Quand elle voit apparaître en septembre 2021 sur le serveur de prépublications Research Square[13] une nouvelle étude du même genre, par vingt et un auteurs de tout le pays, elle s'imagine découvrir encore davantage de virus proches du SARS-CoV-2. D'autant que le titre de l'article annonce une très ambitieuse « enquête exhaustive [...] sur les traces de l'origine du SARS-CoV et du SARS-CoV-2 ». Mais à la lecture, elle n'en croit pas ses yeux. Dans toute la Chine, sur 17 000 chauves-souris capturées et testées, les chercheurs affirment n'avoir rien trouvé. Rien qui approche de près ou de loin le virus à l'origine de la pandémie. Leur conclusion : ce type de virus doit être « extrêmement rare » en terre chinoise, et venir d'ailleurs. Et d'inviter à chercher hors de Chine, « dans la péninsule indochinoise ou plus au sud ».

Les spécialistes internationaux sont évidemment interloqués par ces données qui contredisent frontalement toutes celles précédemment collectées. « Il n'y a aucune manière réaliste qu'ils aient obtenu vraiment de tels résultats, doute encore Alice Hughes. La Chine veut maintenant convaincre le monde que le SARS-CoV-2 ne vient pas de chez elle. »

C'est la doctrine que le magazine *Science* définira dans une enquête de l'été 2022 par la formule : « N'importe où mais pas ici[14]. » Avec cette nouvelle ligne officielle, les spécialistes des chauves-souris comme Hughes ne sont plus les bienvenus à Xishuangbanna – ni même dans toute la République populaire. L'atmosphère se tend un peu plus. Comme si la nature s'y joignait, des troupeaux d'éléphants ont envahi la zone, empêchant de circuler et de travailler la nuit.

Alice Hughes apprend à cette époque qu'elle est surveillée par les services de sécurité. Alors que l'ambassadeur britannique est dans la région, on l'empêche de le rencontrer. Quand elle doit renouveler son visa, jusque-là une démarche automatique durant les neuf années précédentes, on lui refuse soudain un papier indispensable.

« Je ne pouvais plus travailler sur les chauves-souris, regrette-t-elle. La plupart de mes étudiants étaient coincés hors de Chine depuis le début de la pandémie, parce que les étudiants étrangers n'étaient pas autorisés à rentrer dans le pays. Ça ne faisait plus de sens d'être là pour moi, et je ne savais pas si j'étais en sécurité. »

Elle finit par renoncer et trouve un poste à l'université de Hong Kong. Le jour du départ, début décembre 2021, le bureau de la sécurité, qui doit lui donner la permission de quitter la zone, la retient jusqu'à la dernière minute avant son vol.

« La Chine est un lieu étrange », confie-t-elle à moitié soulagée, dans un coin des locaux de l'OMS où elle participe à une conférence l'été suivant.

« Cela fait toujours un peu bizarre de pouvoir mentionner certaines de ces choses en interview, parce que je ne pouvais pas la plupart du temps quand j'étais en Chine. Je n'arrêtais pas de me retourner, et de me demander si quelqu'un n'écoutait pas… »

27

Le projet Defuse

Quand un document confidentiel est révélé, comment juge-t-on sa crédibilité et celle de sa source ? Cette question est au cœur du travail du journalisme d'investigation comme du renseignement.

Pour les scientifiques, la question est en théorie beaucoup plus simple. Des chercheurs et institutions reconnus ont d'emblée leur confiance. Ne reste plus qu'une évaluation technique des données brutes et analyses. La plupart des chercheurs se méfient de toute information émise hors des grandes revues scientifiques et des médias de référence.

Le journalisme d'investigation et le renseignement ne fonctionnent pas du tout selon les mêmes principes. Pour eux, les informations les plus sensibles peuvent émerger par des voies totalement inattendues, avoir des origines obscures et impures. Une source peut être malhonnête, compromise, manipulatrice, mensongère, mal intentionnée. Et fournir une information ou un document clé. Et tous les moyens, ou presque, sont permis pour extirper de tels secrets. Toute la difficulté est ensuite d'évaluer très scrupuleusement la qualité de la pièce obtenue.

C'est le problème auquel est confronté aujourd'hui

le débat sur l'origine du virus par rapport à un des documents les plus disputés qui aient émergé à ce jour : le projet « Defuse ».

Après la remise du rapport de la communauté du renseignement à Joe Biden, et ses conclusions incertaines, on pouvait légitimement préjuger que les États-Unis n'avaient pas vraiment d'informations utiles pour déterminer l'origine du virus. Mais moins d'un mois plus tard, le groupe Drastic, ces enquêteurs indépendants à la réputation de « complotistes », jette un énorme pavé dans la mare. Sans passer par les grands médias de référence qui accompagnent et vérifient en général ce type de révélations majeures, il publie sur son site Internet les « documents du projet Defuse[1] », le 21 septembre 2021.

L'ensemble de cinq documents comprend surtout un long PDF de 75 pages daté du 27 mars 2018, intitulé : « Projet Defuse : désamorcer la menace des coronavirus de chauves-souris ». Il s'agit d'une proposition de programme de recherche faite un an et demi avant le début de la pandémie par l'organisation EcoHealth Alliance (EHA). Elle a été déposée auprès de la DARPA, le bras scientifique de l'armée américaine.

Outre EHA, trois autres institutions en sont cosignatrices : l'université de Caroline du Nord (au travers du virologue Ralph Baric), l'école médicale Duke-Université nationale de Singapour (un partenariat entre l'université américaine de Duke et la cité-État du détroit de Malacca), et l'Institut de virologie de Wuhan (au travers de la virologue Shi Zhengli). L'ambition générale, démesurée, était de promettre à l'armée américaine d'inventer des mesures extraordinaires pour stopper les maladies émergentes issues des chiroptères avant même qu'elles ne se produisent, et protéger ainsi les soldats américains opérant dans les régions tropicales.

Selon les documents annexes, les crédits demandés ont été refusés. Mais la question n'est pas de savoir si ce projet précisément a été réalisé ou non. Le document renseigne sur les idées qui étaient développées juste avant l'apparition du SARS-CoV-2 par EcoHealth Alliance, son président, Peter Daszak, l'homme au cœur de toute la controverse sur l'origine du virus, et les chercheurs de Wuhan avec lesquels il collaborait. Un projet de recherche refusé peut évidemment témoigner d'expériences qui ont été réalisées par la suite, grâce à d'autres financements, ou même avant la proposition, servant simplement à développer des étapes ultérieures.

Or, parmi la myriade de propositions toutes plus singulières et techniques les unes que les autres, page 11 du document, EHA propose très précisément d'« analyser toutes les séquences génétiques de protéines Spike de virus liés au SARS-CoV [...] pour y chercher la présence de potentiels sites de clivage à la furine ». Autrement dit, EHA annonce vouloir chercher précisément un virus de la famille du SARS ayant un site de clivage à la furine. Cela peut vouloir dire en collecter de nouveaux dans la nature. Ou bien reprendre les banques de virus et d'échantillons des laboratoires et vérifier s'il ne s'y en trouve pas déjà un.

Pour que tout le monde comprenne : Peter Daszak, Ralph Baric et Shi Zhengli cherchaient le SARS-CoV-2 un an et demi avant qu'il n'apparaisse.

Mais ces chercheurs visionnaires ne veulent pas s'arrêter là.

« Nous introduirons des sites de clivage adéquats spécifiques à l'homme », ajoute le projet Defuse. Les chercheurs proposaient donc de ne pas s'en tenir à collecter des virus naturels pour les étudier. Ils voulaient manipuler génétiquement ceux auxquels manqueraient des sites furine pour leur ajouter cette caractéristique.

Qui plus est : pas n'importe quel site furine, mais des « sites de clivage adéquats spécifiques à l'homme ». Or une partie des tenants d'une origine artificielle du virus argumentent depuis longtemps sur une supposée adaptation du site furine spécifiquement à l'homme[2]. Dans le projet, cette partie des expériences devait être réalisée aux États-Unis, en l'occurrence par l'université de Caroline du Nord et son expert en bio-ingénierie, Ralph Baric. Il va sans dire qu'ajouter ainsi des sites furine à des virus de la famille du SARS constituait des expériences à « haut risque ». Le virus ainsi créé risquerait de provoquer une pandémie s'il était relâché dans la population.

La proposition a d'ailleurs été déclinée entre autres à cause des inquiétudes sur le potentiel de « gain de fonction », et sur son utilisation éventuelle comme arme biologique. Même l'armée américaine aurait trouvé cela trop dangereux.

Il y aurait bien d'autres détails à commenter dans l'ensemble du projet qui ont aussi trait à des coïncidences entre les propositions et les caractéristiques du SARS-CoV-2. Mais ce n'est pas l'objet d'un ouvrage comme celui-ci destiné au grand public.

En vue de sa publication, le groupe Drastic a consulté l'avis de plusieurs virologues.

Etienne Decroly, le virologue de l'université d'Aix-Marseille qui a publié le premier sur le site furine du SARS-CoV-2, a pu examiner le projet Defuse à sa révélation[3].

« Il faudrait être absolument sûr que ce document-là est bien authentique », aurait été sa première réaction.

Cette authenticité sera rapidement confirmée par l'un des auteurs de Defuse[4]. Elle ne fait aucun doute.

« Ce projet correspond à peu près à la feuille de route » pour créer un virus semblable au SARS-CoV-2 en laboratoire, juge ensuite rapidement Etienne Decroly.

C'est l'avis d'à peu près tous les chercheurs ouverts à l'hypothèse d'un accident de laboratoire. Interrogé à l'époque par le site d'investigation américain The Intercept, l'un des premiers médias à commenter publiquement le document, le virologue Jesse Bloom explique : « C'est ce type de travaux que l'on pourrait plausiblement postuler avoir conduit à une origine du SARS-CoV-2 liée à des labos. »

Un an plus tard, il continue d'en être convaincu : « La proposition à la DARPA de Defuse fait de l'ingénierie une hypothèse aussi plausible que les autres hypothèses », analyse-t-il. Auparavant, il n'y croyait pas : « Je ne pensais pas que l'ingénierie soit possible », confie-t-il. Mais Defuse a changé le diagnostic de cet homme toujours très prudent dans ses conclusions. L'existence d'un tel projet serait donc la réfutation précise des arguments tenus par l'article « Proximal origin » de mars 2020, ayant servi à bannir l'idée d'un virus artificiel comme « théorie du complot ».

Pour Bloom, plausible ne veut cependant pas dire prouvé.

Car Defuse ne prouve pas que les expériences décrites ont eu lieu à Wuhan, ni ne constitue la preuve définitive que le SARS-CoV-2 en est issu.

Les plus factuels des tenants de la possibilité d'une origine artificielle se contentent donc de dire que le document confirme que l'hypothèse d'un virus manipulé génétiquement est plausible. Et que cela renforce la nécessité d'une enquête.

D'autres considèrent carrément que le document a

une portée beaucoup plus grave. Richard Ebright, de l'université Rutgers, n'y voit pas la preuve absolue, mais « un élément de preuve très important ». Il invite à replacer la proposition dans l'ensemble du contexte et des informations collectées depuis début 2020, le niveau de sécurité insuffisant employé pour certains travaux à risque à Wuhan, les différents projets de recherche connus et publiés, l'obstruction de la Chine mais aussi de scientifiques chinois et étrangers collaborant avec Wuhan.

« S'il s'agissait d'une procédure judiciaire plutôt que d'une question scientifique, je considérerais que les critères seraient remplis pour une enquête sur la base des causes probables et il y aurait même de très bonnes chances que soient atteints les critères pour une condamnation par un tribunal des États-Unis où la norme est la prépondérance des preuves », décrypte-t-il en prenant pour métaphore le vocabulaire de la justice américaine.

Autrement dit, ce n'est pas le « pistolet fumant », mais il n'est pas nécessaire de prendre un criminel sur le fait et l'arme au poing pour le jeter en prison.

Imaginons une femme retrouvée morte d'une balle dans la tête. Son mari serait un collectionneur d'armes célèbre, mais aussi un bienfaiteur dans sa communauté. Une arme de collection est placée dans la main de la défunte. Cela ressemble à un suicide. La femme était effectivement suicidaire. Mais une rumeur veut qu'elle ait été assassinée. Respecté, le veuf balaie tout soupçon. Son meilleur ami vient à sa rescousse et le défend dans la presse. L'affaire paraît classée pour beaucoup. Cependant, au bout d'un an et demi, un groupe de justiciers anonymes révèle une lettre de la main même du meilleur ami du mari, qui proposait, peu de temps avant la mort, d'assassiner l'épouse, avec la collaboration de son futur veuf. Et l'arme décrite dans la lettre est très précisément celle qui a été retrouvée dans la main de la victime. Au lieu d'aller voir la police au tout début de l'affaire et d'avouer qu'ils avaient écrit cette lettre, mais d'assurer qu'ils sont innocents et de proposer de collaborer à l'enquête, le mari et son meilleur ami ont caché durant des mois cette preuve accablante.

Ce que Richard Ebright veut dire, simplement, c'est que le mari et son ami seraient normalement immédiatement inculpés et détenus. Et qu'après instruction, même en l'absence de preuves supplémentaires, s'ils ne pouvaient expliquer précisément comment la femme se serait suicidée en réalisant exactement leur plan, il y aurait de grandes chances qu'ils soient condamnés.

Souvenons-nous cependant du pangolin et des innocents accusés à tort.

Avant de dresser un acte d'accusation aussi grave, examinons la solidité des preuves. La défense, en l'occurrence les tenants d'une origine naturelle du virus, a rapidement amené une batterie d'arguments qui à ses yeux affaiblit la portée de Defuse.

Trois critiques principales ont été soulevées.

Premièrement, la source de la révélation est problématique. Le groupe Drastic traîne une réputation de « complotisme » et certains de ses membres ont spéculé sur des hypothèses réfutées. Surtout, leur source reste inconnue. « Certaines personnes aux États-Unis ne sont pas contentes, et elles l'ont fait fuiter », explique à l'époque Gilles Demaneuf à propos de Defuse[5].

En janvier 2022, de nouveaux documents[6] mis en ligne par un autre groupe, Project Veritas, des militants d'extrême droite, a révélé l'identité d'un militaire américain, le major Joseph Murphy. Dans un texte d'analyse de Defuse[7], celui-ci assure avoir participé à la fuite des documents publiés par Drastic, en les transférant en juillet 2021 hors d'un dossier où ils auraient été dissimulés dans les ordinateurs du gouvernement américain. Tenu par un devoir de réserve, il ne s'est pas exprimé publiquement.

Nul ne donnerait donc le bon Dieu sans confession à Drastic. Des fous, des nazillons, l'armée américaine, des espions rôdent non loin. Mais cela disqualifie-t-il l'existence de Defuse ? Non.

Deuxièmement, avancent les sceptiques, les expériences prévues par Defuse n'ont pas été menées, le projet n'ayant pas été financé. C'est la défense de Peter Daszak lui-même. Après avoir esquivé les journalistes durant des mois, il a accordé au site The Intercept une interview en mars 2022 où il répète : « La proposition à la DARPA n'a pas été financée. Donc, ces travaux n'ont jamais été réalisés[8]. » Quand les journalistes lui ont demandé pourquoi il n'avait pas plus tôt révélé l'existence de Defuse, Daszak a répondu avec aplomb que l'information « n'est pas pertinente pour les origines du Covid-19 ».

« C'était une bourse de 14,8 millions de dollars sur trois à cinq ans », se défend toujours Daszak[9]. Sans un tel financement et une équipe expérimentée, il affirme que de tels travaux ne pourraient pas avoir été conduits. « Il n'y a aucun moyen de faire ces recherches sans 14,8 millions de dollars. C'est cher. Maintenant, est-ce qu'un chercheur peut avoir pris ce paragraphe et être allé dans la base de données de séquences de coronavirus liés au SARS et avoir commencé à les manipuler ? Oui. Mais pourquoi faire cela ? Pourquoi aller directement sur le paragraphe 15 b, et décider de faire cette recherche ? [...] Vous n'iriez pas directement à la manipulation génétique, et tout le reste prend des années, et coûte d'énormes sommes d'argent. Est-ce que cela peut s'être produit ? Oui, bien sûr. Est-ce probable ?

Absolument pas. Est-ce extrêmement peu probable ? Oui. » Et d'assurer n'avoir jamais perçu le moindre indice que ses collaborateurs chinois auraient mené des recherches secrètes ou à visée duale à son insu.

Troisièmement, avancent les sceptiques, les expériences précisément prévues dans le document ne pourraient pas avoir mené ou n'auraient pas mené exactement au SARS-CoV-2. On entre ici dans une analyse extrêmement technique et spéculative des méthodes de bio-ingénierie proposées dans le document, impossible à trancher sans accès aux laboratoires de Wuhan.

Mais ces objections ne réfutent pas la possibilité que le SARS-CoV-2 soit le résultat non du projet Defuse lui-même, mais d'un autre projet qui aurait pu employer d'autres méthodes que celles proposées, pour arriver à la même idée : trouver des SARS-CoV dans la nature avec des sites furine, ou en insérer dans certains qui n'en ont pas. Projet qui n'aurait pas forcément impliqué des collaborateurs étrangers, les Chinois ayant tout à fait la capacité de mener à bien de telles recherches à l'Institut de virologie de Wuhan.

Defuse n'est pas le déroulé exact de ce qui s'est passé dans un laboratoire qui aurait pu collecter, mettre en culture ou concevoir le SARS-CoV-2.

Defuse importe en tant qu'il présente l'idée exacte du SARS-CoV-2 : trouver ou produire un virus semblable, avec cette particularité unique, le site furine, jamais observé auparavant dans cette famille de virus liés au SARS, ni depuis.

Pour répondre à ces objections, la chercheuse du MIT Alina Chan a élaboré une métaphore, comparant le virus à une licorne[10].

Une licorne apparaît soudainement.

À proximité un laboratoire est connu pour ses recherches sur les licornes.

Face à cette stupéfiante apparition, le laboratoire affirme que les licornes existent dans la nature, même si on n'en a jamais observé auparavant. Il promet qu'on en trouvera dans la nature. Mais cela ne se produit pas. Au lieu de cela, on trouve un projet de recherche longtemps tenu secret cosigné par ce laboratoire, qui visait à greffer des cornes sur des chevaux blancs. Or les cornes décrites dans le projet sont semblables à celle de la licorne apparue dans le parc. « Et tout ce temps, les chercheurs n'ont jamais parlé de cette corne », s'étonne encore Alina Chan[11]. Tout comme le site furine, au cœur du projet Defuse, a longtemps été ignoré par les scientifiques de Wuhan et leurs collaborateurs étrangers.

Reste l'objection employée depuis l'article « Proximal origin » : le site furine du SARS-CoV-2 ne correspond pas à un site furine connu auparavant, et n'est pas le site furine « optimal » qui aurait, selon certains, été imaginé pour une insertion artificielle.

En somme, la licorne ne ressemble à aucune licorne dessinée auparavant, c'est donc qu'elle doit être naturelle.

« Les arguments comme "on n'aurait jamais introduit ce site furine là", c'est du foutage de gueule, se fâche en réaction le chercheur marseillais Bruno Canard, d'ordinaire très mesuré. Quand j'ai vu le projet Defuse, pour moi, la messe était dite. On arrive à un niveau de coïncidence qui est au-delà de la coïncidence. »

Déni du reste de la communauté scientifique ? Prudence face à la désinformation et au risque de manipulation politique ? Le scandale n'a pas pris sur le coup. Il a fallu plusieurs mois à certains médias pour mentionner le projet Defuse.

En coulisse, l'information a cependant eu rapidement

un impact très concret sur une institution scientifique majeure.

Depuis fin 2020, la « commission *The Lancet* » menait son évaluation de la pandémie et de son origine. Son président, Jeffrey Sachs, a suivi l'actualité avec circonspection. « Au début, j'étais tout à fait certain que c'était naturel, reconnaît-il volontiers[12]. Cela m'a pris des mois pour être briefé par les bonnes personnes. »

Au printemps 2021, Sachs est informé en détail des recherches à risque menées par EcoHealth Alliance. Il exige donc de Peter Daszak, placé à la tête de la *task force* de la commission *The Lancet* sur l'origine du virus, de faire complète transparence et de lui montrer la totalité des documents de recherche menés en collaboration avec Wuhan[13].

« Non, mes avocats disent que je ne peux pas vous les donner, aurait objecté Daszak.

– Vous devez partir », lui aurait donc ordonné Sachs.

Le 21 juin 2021, *The Lancet* annonce discrètement que Peter Daszak « s'est récusé » de la commission et de sa position dans la *task force* sur l'origine.

La révélation de Defuse conduit à une rupture violente. La semaine de sa publication, le 25 septembre 2021, Sachs annonce dissoudre le panel sur l'origine du virus[14]. Ses membres restants refusaient à leur tour d'envisager la possibilité d'une origine artificielle. Ils l'ont par la suite critiqué dans la presse pour avoir osé briser ce tabou dans le rapport final de la commission[15].

Sachs, lui, n'en démord plus. « Après Defuse, nous avons absolument la feuille de route », assure-t-il.

En mai 2022, il a présenté sa propre théorie dans un article publié dans la grande revue de l'Académie des sciences américaine, les *PNAS*[16]. Coécrit avec un professeur de pharmacologie de l'université de Columbia, Neil Harrison, l'article relève une coïncidence notée dès

2020 par certains tenants d'une origine en laboratoire : la séquence du site furine du SARS-CoV-2 se retrouverait à l'identique dans certaines cellules humaines, dites « ENaC », présentes dans les reins, le côlon et les voies respiratoires. Neil Harrison est justement un spécialiste de ces cellules ENaC.

Or ce site de clivage à la furine des cellules humaines ENaC a été caractérisé en détail à l'université de Caroline du Nord[17] – précisément celle de Ralph Baric, l'un des coauteurs du projet Defuse, et celui qui devait en mener l'ingénierie génétique. Cette énième coïncidence ne signifierait pas que Ralph Baric a fabriqué le SARS-CoV-2 ou même qu'il y a nécessairement collusion entre les chercheurs de l'université de Caroline du Nord et de Wuhan. Un scientifique chinois a très bien pu essayer de synthétiser plusieurs sites furine, et trouver cette séquence-là dans la littérature scientifique américaine, ou dans de précédents échanges avec les Américains, sans les informer de ses projets.

À sa publication, cet article de Sachs et Harrison est violemment critiqué[18]. En interview, Sachs joue en outre un jeu étrange : il pointe toujours du doigt les États-Unis et jamais la Chine[19]. Comme s'il importait plus pour lui d'attaquer Washington que d'enquêter sur l'origine du virus.

Même des tenants de la possibilité d'une origine artificielle sont sceptiques face à ces spéculations, auxquelles s'opposent plusieurs arguments très techniques. De fait, en l'absence d'une enquête approfondie à Wuhan, elles sont impossibles à vérifier comme à réfuter.

Sachs, lui, ne mâche plus ses mots sur les résistances auxquelles il fait face dans la communauté scientifique. Il est devenu l'un des principaux accusateurs des participants de l'appel du 1er février 2020. « Nous ne savons pas encore la vérité, résume-t-il. Mais nous savons qu'il y a eu énormément de manipulations. »

Robert Garry[20], l'un des auteurs de l'article « Proximal origin », lui a répondu dans les *PNAS*, en des termes implacables : « Harrison et Sachs allèguent que des scientifiques des NIH et d'ailleurs, y compris moi-même et mes collègues, ont conspiré pour étouffer les théories d'une origine en laboratoire du SARS-CoV-2, réplique-t-il. C'est faux. »

28

L'harmonie de la science

Les sièges des NIH sont une de ces innombrables administrations fédérales de la banlieue de Washington qui débordent sur les États voisins.

À Bethesda, dans le Maryland, l'immense campus d'imposants bâtiments de briques rouges ornés de colonnades est le témoignage vibrant de la superpuissance américaine à son sommet.

En cette fin 2021, deux employés des équipes parlementaires du Parti républicain sont autorisés, après une interminable négociation, à venir examiner des documents requis par les élus au titre de la loi sur l'accès à l'information *FOIA*. Les pièces sont depuis des mois au cœur de toutes les spéculations. Il s'agit des mails du docteur Anthony Fauci échangés autour de la téléconférence du 1er février 2020 lors de laquelle des scientifiques ont exposé leurs arguments en faveur d'une origine artificielle du nouveau coronavirus.

« Nous avions initialement demandé ces mails quand ils sont parus publiquement au printemps 2021 », raconte l'un des deux collaborateurs parlementaires qui aura été parmi les premiers à pouvoir en découvrir le contenu[1]. « Ils nous ont d'abord fourni les mêmes versions que celles qui étaient déjà publiques avec tous les passages caviardés. »

Discrètement, cette équipe travaille alors depuis plus d'un an à enquêter sur l'origine du virus. Elle est dirigée par deux représentants républicains, James Comer, un riche fermier du Kentucky, et James Jordan, un ancien lutteur. Deux conservateurs durs, pro-Trump, anti-avortement, anti-mariage gay, anti-immigration, de cette droite américaine que les « libéraux » du Parti démocrate et leurs cousins progressistes d'Europe ne comprennent pas.

Ils siègent comme représentants de la minorité à la commission de contrôle et de réforme de la Chambre des représentants, qui est responsable du contrôle parlementaire des grandes agences fédérales comme les NIH. Et ils sont bien décidés à découvrir ce que savent vraiment les instituts de recherche sur l'origine de la pandémie. Depuis que les républicains ont perdu les élections de novembre 2020, ils n'ont plus que des pouvoirs réduits, mais à force d'insistance auprès des services juridiques du département de la Santé et des Services sociaux, le ministère qui chapeaute les NIH, ils sont parvenus à un accord : « voir un ensemble précis de documents, principalement les notes sur la téléconférence et quelques mails qui la suivent *in camera*, et prendre des notes », comme l'employé des républicains l'explique.

In camera signifie que les documents ne leur seront pas transmis, mais qu'ils auront seulement le droit de les consulter dans une pièce.

Une drôle de mise en scène est dès lors actée, témoignant de l'incroyable guerre froide qui déchire l'administration américaine depuis la pandémie. D'ordinaire, ce genre d'informations circulerait en un coup de fil et un mail entre agences fédérales et Congrès, dans une démocratie où on ne rigole pas avec les pouvoirs de contrôle des parlementaires.

« Ils nous ont fait entrer dans une salle de conférence où ils avaient disposé côte à côte deux versions des mails, l'une avec les passages biffés, et l'autre sans, détaille le collaborateur. Avec un collègue, nous avons recopié à la main et transcrit ces mails, mot à mot. »

C'est ainsi qu'ont été révélés les mails entourant la conférence du 1er février 2020. Leur contenu est si hallucinant que le doute planera d'ailleurs longtemps sur l'exactitude des transcriptions révélées par les républicains. Celle-ci a été totalement confirmée en novembre 2022, quand un jeune journaliste indépendant, Jimmy Tobias, a finalement obtenu les échanges complets sans aucun biffage, après des mois de tractations judiciaires[2].

Ces documents ont permis à l'organisation civique US Right To Know de recomposer une chronologie détaillée de tous les événements[3].

Dès le 27 janvier 2020, Anthony Fauci a reçu de ses équipes un récapitulatif général des recherches que le NIAID finance au travers d'EcoHealth Alliance à l'Institut de virologie de Wuhan[4]. Cet historique comprend les expériences de 2015 connues du public, qui n'ont pas pu mener au SARS-CoV-2, mais avaient suscité des débats. Il n'y a rien d'aussi précis que Defuse et son projet d'insertion du site furine, mais une petite partie du message reste encore caviardée fin 2022. Anthony Fauci savait donc dès le départ que ses financements concernaient des expériences très précises, relatives à des caractéristiques spécifiques au nouveau coronavirus, comme son adaptation aux cellules humaines.

Suivent les échanges avec Andersen et Farrar qui mènent à la téléconférence du 1er février 2020. Et les mails d'après la réunion, récapitulant les arguments des tenants d'une origine artificielle, principalement l'insertion du site furine, et la difficulté à l'expliquer par le hasard de l'évolution.

Les chercheurs favorables à une origine naturelle, comme le précurseur des recherches de gain de fonction Ronald Fouchier, de l'université Erasmus de Rotterdam, avancent l'argument peu convaincant de l'absence d'un « squelette » déjà publié. Ils ne permettent donc pas d'exclure que le squelette du SARS-CoV-2 soit un virus non publié.

Et ils n'adressent pas les arguments très techniques sur la spécificité du site furine et les « cicatrices » qui l'entourent. Fouchier se contente d'indiquer dans des notes détaillées que « certains coronavirus humains ont bien un site de clivage à la furine », et donc qu'« une origine naturelle du site furine n'est certainement pas impossible ».

Dans un mail destiné seulement aux autres officiels américains et à Jeremy Farrar, le patron des NIH, Francis Collins, clôt cette première discussion par un propos très politique, texte clé par lequel nous ouvrions ce livre : « Bien que les arguments de Ron Fouchier et Christian Drosten soient présentés avec plus de force que nécessaire, j'en viens à l'idée qu'une origine naturelle est plus probable. Mais je partage votre point de vue selon lequel une convocation rapide d'experts dans un cadre inspirant la confiance (l'OMS semble vraiment la seule option) est nécessaire, sinon les voix de la conspiration domineront rapidement, causant un grand préjudice potentiel à la science et à l'harmonie internationale », écrit Collins le 2 février.

Les grands bailleurs de fonds de la science ont-ils alors décidé d'ordonner aux scientifiques d'arrêter de soulever de telles spéculations, du fait du risque de provoquer une crise géopolitique majeure et un scandale dommageable à la « science » ? Rien dans les communications obtenues par les républicains et d'autres enquêteurs ne permet de le dire. Les échanges suivants traduisent un changement d'arguments des scientifiques, en apparence spontané.

Le 2 février, Jeremy Farrar a bien appelé le directeur général de l'OMS, le docteur Tedros, et son chef de cabinet, mais les mails ne permettent pas de déterminer si cet appel a inclus une présentation des arguments en faveur d'une origine artificielle. Contactée pour ce livre, la direction de la communication de l'OMS assure n'avoir jamais été informée d'un tel échange entre ses dirigeants et ceux de la science américaine et britannique[5].

Le 4 février, les participants de la téléconférence qui défendaient une origine artificielle envoient finalement un premier brouillon aux patrons de la science américaine et britannique. « L'ingénierie peut être exclue avec un haut degré de confiance », plaident Kristian Andersen, Edward Holmes, Robert Garry et Andrew Rambaut, qui se sont attelés à cette évaluation.

Outre des arguments extrêmement techniques difficiles à évaluer sans connaître les expériences réalisées à Wuhan juste avant la pandémie, le principal est encore l'absence de « squelette » et de techniques d'ingénierie immédiatement identifiable à la lecture du génome. Toutefois, le document semble établir que le virus pourrait avoir été créé par « passages successifs », d'autant plus que comme il le note, les chercheurs de Wuhan travaillent là-dessus en niveau de sécurité P2. Mais cela ne semble pas pouvoir s'être produit dans de simples « tissus en culture », car le génome du virus présente autour du site furine une caractéristique indiquant une adaptation à un système immunitaire. Il semble donc avoir évolué dans un animal vivant.

L'hypothèse est particulièrement remarquée par Collins, Fauci et Farrar.

Anthony Fauci suggère alors par mail : « ?? Passages successifs dans des souris transgéniques ACE2. »

Les souris de ce type, dites « humanisées », sont des souris modifiées génétiquement pour inclure des cellules pulmonaires portant le récepteur ACE2 humain semblables à celles des cellules pulmonaires humaines. Les expériences de 2015 menées en partenariat entre Ralph Baric de l'université de Caroline du Nord et Wuhan, financées par le NIAID, employaient justement de telles souris humanisées. Baric en a fourni à l'Institut de virologie de Wuhan pour d'autres recherches. L'Américain travaillait sur ces modèles animaux dans un P3+, un laboratoire P3 renforcé. Mais en Chine ?

C'est précisément ce dont Francis Collins[6] s'inquiète à son tour dans le mail suivant : « Assurément, cela ne serait pas fait dans un labo P2 ? »

Farrar répond au bout de trois minutes : « Far West… » Semblant suggérer que la biosécurité à Wuhan ne respecte aucune règle.

Les discussions se poursuivent, d'autres brouillons se succèdent. Ils continuent d'inclure l'hypothèse d'une origine en laboratoire, à l'évidence difficile à exclure.

Finalement, le 8 février 2020 au soir, Christian Drosten[7], le grand virologue allemand, paraît quelque peu irrité : « Ne nous sommes-nous pas réunis pour tester une certaine théorie, et si nous le pouvions, la rejeter ? Tout ce texte se lit comme si l'hypothèse était évidente », s'agace-t-il.

Il semble avoir cru que le but de la téléconférence était de réfuter l'« ineptie sur le VIH » – la prépublication indienne rétractée.

Une heure et demie plus tard, Edward Holmes lui répond depuis l'Australie, pour lui au petit matin du dimanche 9 février 2020 :

« Salut Christian,

Je ne sais pas d'où vient cette histoire, mais elle n'a absolument rien à voir avec l'ineptie sur le VIH. S'il vous plaît, n'associez pas ceci à cela. C'est une histoire plus large.

Depuis le début de cette épidémie, il y a des suggestions selon lesquelles le virus s'est échappé du laboratoire de Wuhan, ne serait-ce qu'en raison de la coïncidence de l'endroit où l'épidémie s'est produite et de l'emplacement du laboratoire. Je travaille beaucoup en Chine et je peux vous dire que beaucoup de gens y croient et croient qu'on leur ment. Les choses ont empiré lorsque Wuhan a publié la séquence du virus de chauve-souris* – une chauve-souris échantillonnée dans une autre province pour laquelle ils ont une grande collection d'échantillons.

Je crois que le but/la question ici est de savoir si nous, en tant que scientifiques, devrions essayer d'écrire quelque chose d'équilibré sur la science derrière cela ? Il y a des arguments pour et contre cela.

Personnellement, le virus de pangolin possédant 6/6 sites clés dans le domaine de liaison au récepteur, je suis en faveur de la théorie de l'évolution naturelle.

Meilleurs vœux,

Eddie »

Ce message est très significatif. Tout d'abord, Edward Holmes admet ici en privé que l'hypothèse d'une origine artificielle n'est pas une théorie du complot, mais

* RaTG13, le virus publié le 23 janvier par l'équipe de Shi Zhengli.

est tout à fait légitime. Elle est étayée à la fois par la proximité des laboratoires et par des sources chinoises. Ensuite, elle a été renforcée fortement par la publication de RaTG13, le plus proche parent du nouveau virus, par l'Institut de virologie de Wuhan.

L'autre point central de ce message est le dernier paragraphe, où Edward Holmes explique qu'il a changé d'avis sur l'origine du virus en découvrant la séquence du virus de pangolin. Depuis le 1er février, il travaille en effet à analyser le virus avec ses collègues de Hong Kong. Celui-ci présente un « domaine de liaison au récepteur » quasi identique au SARS-CoV-2, laissant entrevoir que le nouveau coronavirus a acquis cette partie adaptée à l'être humain au travers de l'évolution chez des animaux. Ce message témoigne bien que sa position a évolué du fait de nouvelles données examinées après l'appel du 1er février 2020.

Sauf à imaginer que Holmes et ses futurs coauteurs de « Proximal origin » tenaient dans ces conversations privées de février 2020 des propos entièrement factices et scriptés, contraires à leur conviction profonde, pour faire croire qu'ils avaient changé d'avis. Ce scénario invraisemblable est la lecture d'une partie des tenants de l'hypothèse d'une origine artificielle et des républicains. Une telle machination paraît trop complexe et difficilement réalisable, suivant en outre un motif paranoïaque récurrent des théories du complot[8].

Sur ce point, la bonne foi des chercheurs impliqués dans la téléconférence du 1er février 2020 est infiniment plus probable.

« Je travaillais avec des collègues de l'université de Hong Kong et ils avaient séquencé ce virus du pangolin, confie Holmes à ce sujet[9]. Et l'une des choses qui semblaient étranges à propos du SARS-CoV-2 était ce domaine de liaison au récepteur, le morceau qui se lie à la cellule hôte. C'était très différent dans le SARS-CoV-2 par rapport aux autres virus. Et puis d'un coup, il était là dans ce pangolin, vous voyez ? Cette chose qui avait l'air très étrange avait l'air soudain complètement naturelle. Après avoir pensé un temps que c'était très clairement une fuite de laboratoire, j'ai changé d'avis, très vite, en trois jours. Kristian Andersen a pris plus de temps. Il a probablement pris une semaine de plus. Nous l'avons simplement travaillé au corps. » De fait, Andersen émet encore des doutes ce même 8 février. L'article qu'ils publieront un mois plus tard n'en émettra plus aucun.

Les républicains et certains tenants de l'hypothèse d'une possible origine artificielle continuent pourtant d'accuser les auteurs de « Proximal origin » d'une « immense fraude scientifique », et d'avoir écrit leur article de *Nature Medicine* de manière malhonnête, affirmant réfuter l'éventualité d'un virus issu d'un laboratoire, tout en ayant la certitude du contraire.

Le 14 décembre 2022, le représentant républicain James Jordan, pressenti pour diriger une future commission d'enquête sur l'origine du virus, a entonné une véritable philippique contre le docteur Anthony Fauci, acte d'accusation préalable de l'instruction à charge qu'il entend mener en 2023 :

« Le docteur Fauci a trompé le pays, débute-t-il. Et il l'a fait dès le coup de départ. Le 1er février 2020, le docteur Fauci savait sept faits fondamentaux [...] qu'il n'a pas partagés avec le peuple américain.

Premièrement, il a compris que des dollars du contribuable allaient à EcoHealth et que cet argent était ensuite dirigé vers un labo de Wuhan, en Chine.

Deuxièmement, il savait qu'EcoHealth avait reçu une exemption à la pause sur les recherches de gain de fonction.

Troisièmement, les standards de sécurité dans ce laboratoire de Wuhan en Chine étaient déficients.

Quatrièmement, le docteur Fauci savait qu'EcoHealth ne respectait pas ses devoirs d'information sur ses bourses de recherche [...].

Cinquièmement, des recherches de gain de fonction étaient en effet conduites au labo à Wuhan, en Chine.

Sixièmement, la procédure de contrôle interagence P3CO* n'a pas été suivie pour contrôler la bourse de recherche d'EcoHealth.

Et finalement, septièmement, le docteur Fauci probablement savait [...] que le virus venait probablement du laboratoire auquel notre argent allait. [...]

Et qu'a fait le docteur Fauci, quand il a eu cette information ? [...] Est-ce qu'il l'a dit au président des États-Unis ? [...] Il ne l'a pas dit au président. [...]

Ce qu'il a fait au lieu de cela a été d'organiser une téléconférence, le 1er février 2020, à 2 heures, avec lui, M. Collins et onze virologues du monde entier auxquels il avait distribué des dollars du contribuable depuis des années et des années. Et durant cet appel, deux virologues, le docteur Garry, Kristian Andersen ont dit des choses comme cela. Voilà ce que Kristian Andersen a dit : "Le virus a l'air manipulé génétiquement", le virus n'est "pas compatible avec la théorie de l'évolution**". Il l'a dit le 31 janvier, le jour d'avant.

Le docteur Garry a dit le 1er février, le jour où ils ont eu la téléconférence : "Je ne sais pas comment cela peut se faire dans la nature, mais ce serait facile à faire dans un labo."

Puis ils participent tous à cette téléconférence, et

* Potential Pandemic Pathogen Care and Oversight, comité secret chargé depuis 2017 de valider les recherches à risque.

** Les citations des virologues par James Jordan sont approximatives.

leur discours est rectifié. Et trois jours plus tard, les mêmes personnes qui disaient que cette chose venait d'un labo ont changé leur version et disent que toute personne qui pense cela est fou. C'est un changement dramatique en à peine quelques jours. Et le seul événement qui se soit produit est la téléconférence que le docteur Fauci a organisée. C'est déjà mal quand on connaît une vérité et qu'on ne la partage pas. Mais ce qui est pire, c'est quand on a une vérité et qu'on dit des choses qui la contredisent. »

Le même jour, James Comer et James Jordan ont envoyé neuf lettres[10] pour mettre en route leur commission d'enquête, exigeant une pléiade de documents, et mettant en accusation les participants de l'appel du 1er février 2020 et les auteurs de « Proximal origin » : Anthony Fauci, Francis Collins, Kristian Andersen, Robert Garry, Peter Daszak…

Les républicains ayant remporté la majorité à la Chambre, ils ont à partir de janvier un pouvoir de *subpoena*, d'injonction judiciaire contraignante, forçant les administrations à leur fournir les documents non classifiés, et les personnes convoquées à se présenter. En cas de refus ou de parjure, la prison ferme pend au nez des réfractaires.

L'interprétation des mails avancée par le représentant républicain est donc toujours qu'Anthony Fauci a influé sur les participants de l'appel pour qu'ils renoncent à défendre l'hypothèse d'une origine artificielle du virus.

Aucun des documents connus fin 2022 ne permet d'affirmer que Fauci l'a explicitement ordonné, et le mail d'Edward Holmes du 9 février 2020 indiquerait plutôt que les positions des participants ont bien évolué en fonction de nouvelles données et des débats avec leurs collègues. Une accusation de conspiration ne tiendrait donc pas.

D'où la confiance des scientifiques visés. À qui veut l'entendre, ils affirment alors que les auditions approchent et qu'ils iront laver leur honneur devant le Congrès.

« J'irai témoigner, promet Edward Holmes fin 2022. Je serai très heureux de témoigner. Comme je n'ai absolument rien à cacher, n'est-ce pas ? Et tous nos mails demandés seront publiés. J'ai déjà offert mes mails aux services de sécurité australiens, ils sont tous disponibles. [...] Je trouve que la façon dont Tony Fauci a été vilipendé est épouvantable. »

Mais les scientifiques sous-estiment sans doute les armes et la stratégie de leurs adversaires. Sciemment ou non, la défense des chercheurs mis en cause confond l'accusation avec la caricature d'une « conjuration des savants ». Or, si les populistes républicains font évidemment appel dans les médias et leurs discours grandiloquents à ce lieu commun conspirationniste, leur approche est beaucoup plus subtile que cela.

Les enquêteurs du Congrès ne sont pas idiots au point de penser que des conspirateurs auraient écrit qu'ils décidaient de mentir au public, ou qu'Anthony Fauci aurait ordonné par écrit aux participants de l'appel de changer de version. Pour qu'Anthony Fauci et Francis Collins soient mis en cause pour leur participation à cette discussion, il n'y a en fait pas forcément besoin qu'ils aient activement fait pression sur les chercheurs pour qu'ils abandonnent l'hypothèse d'une origine artificielle.

« Si des enfants se disputent, papa et maman n'ont pas toujours besoin de leur dire d'arrêter pour qu'ils cessent. Il suffit parfois d'être dans la pièce », résume Diane Cutler, une ancienne membre des équipes de collaborateurs des républicains du comité de contrôle de la Chambre des représentants, qui travaille désormais au Sénat pour Roger Marshall, un autre républicain en pointe sur le sujet de l'origine du virus. Avec vingt-deux ans d'enquêtes à son actif, cette ancienne de l'Inspection générale du gouvernement est une « pisteuse » expérimentée, qui se vante volontiers d'avoir déjà fait jeter en prison des scientifiques.

À l'entendre, le seul fait qu'Anthony Fauci ait suivi ces débats serait incriminant pour lui. Car il se savait déjà avoir financé des expériences à risque à Wuhan. À la minute où la discussion a commencé, il aurait en réalité dû se récuser.

La téléconférence du 1er février 2020 n'est pas une conjuration. C'est une dispute scientifique, où les tenants d'une origine naturelle finissent par gagner. Ceux qui défendent une origine artificielle comprennent rapidement que leur position ne sera pas tenable dans l'arène scientifique.

Les hypothèses viables d'un virus fabriqué par ingénierie génétique et par passages successifs dans des souris sont abandonnées, mais sont-elles entièrement impossibles ? Des arguments absolument irréfutables sont-ils amenés dans la discussion ? Non, car cela aurait tout simplement nécessité une enquête dans les laboratoires de Wuhan. Les données sur le pangolin rendaient une origine naturelle possible, mais n'excluaient pas une origine artificielle.

Quand ils se mettent à rédiger un article pour le soumettre à une grande revue, Andersen, Garry, Holmes et Rambaut s'adjoignent Ian Lipkin de l'université de Columbia, un découvreur du MERS. À lire leurs premiers brouillons, ce dernier reconnaît lui-même le 12 février 2020 dans un mail révélé par *Vanity Fair*[11] : « C'est bien raisonné et cela fournit un argument plausible contre l'ingénierie génétique. Cela n'élimine pas la possibilité d'une fuite par inadvertance suite à l'adaptation par sélection en culture à l'Institut de Wuhan. Étant donné l'échelle de la recherche sur les coronavirus de chauve-souris accomplie là-bas et le site de l'émergence des premiers cas humains, nous avons un cauchemar d'éléments de preuves circonstancielles à évaluer. »

S'ils ne pouvaient en être certains, à quoi serait alors dû l'abandon total de la théorie du laboratoire par Kristian Andersen et les autres futurs coauteurs de « Proximal origin » ? À la présence dans la discussion de « leaders scientifiques » soutenant les recherches possiblement accusées d'avoir provoqué une épidémie ? Ou encore simplement à l'hostilité des grands virologues européens refusant d'envisager la piste des laboratoires ?

Pour des chercheurs comme Kristian Andersen ou Robert Garry attachés à conserver le soutien de leurs bailleurs de fonds, le mépris, l'irritation et les moqueries de Christian Drosten, Marion Koopmans et Ronald Fouchier peuvent avoir été bien plus convaincants qu'un ordre direct des patrons de la science.

Enfin, le problème n'est pas juste celui d'un mensonge par omission. Les futurs auteurs de « Proximal origin » ne se sont pas contentés de mettre sous le tapis les soupçons les plus forts qu'ils avaient, l'insertion du site furine par bio-ingénierie ou par expériences sur des souris.

Ils ont été par la suite absolument catégoriques auprès du public, que ce soit dans « Proximal origin », sur les réseaux sociaux, dans des dizaines d'articles de presse et dans des revues scientifiques. Et pas seulement avec le public : Andersen a été consulté par la Maison-Blanche elle-même dans le cadre d'un panel de l'Académie des sciences. Dès le 4 février, il traite dans une de ses réponses ces hypothèses de « théories cinglées[12] ».

Confondant science et politique, les chercheurs incriminés présument aussi que le fond de la question est de savoir si le virus est vraiment artificiel. Mais le but des républicains n'est pas de faire la preuve de l'origine du virus. Il leur suffit de produire les « preuves circonstancielles » qui définissent les « causes probables », selon les termes avancés par Richard Ebright. Or c'est ce que plusieurs rapports parlementaires républicains prétendent établir depuis 2020[13].

Dans une dérive inquiétante, le discours du lanceur d'alerte de l'université Rutgers s'est radicalisé au fil de la controverse. Sur Twitter, il traite quotidiennement de tous les noms ceux qu'il juge avoir participé à une opération de dissimulation d'une catastrophe biologique : « menteurs », « laquais », « sociopathes »... et pour le docteur Fauci de « pervers narcissique et menteur dépourvu de honte[14] ».

Ebright, pourtant virulent critique des républicains et de Trump par ailleurs, en est venu à souhaiter leur victoire aux élections de mi-mandat. « Pour une variété de raisons, pour beaucoup mauvaises, mais certaines bonnes, ils vont venir se faire Anthony Fauci, résume le lanceur d'alerte. Il sera le sujet d'investigations tout du long de 2023. Et pas juste lui, tous ceux qui étaient impliqués dans ses appels téléphoniques et dans ses mails. »

La vérité n'est pas le but d'une commission d'enquête parlementaire. L'objectif du camp républicain, c'est de faire tomber Anthony Fauci, l'homme qui a osé défier Donald Trump. Pour comprendre leur plan d'attaque, il faut donc écouter précisément le réquisitoire prononcé par James Jordan en décembre 2022.

Le premier axe est relatif au devoir d'information des hauts fonctionnaires américains envers l'exécutif. La loi

FACA (*Federal Advisory Committee Act*, loi sur le comité consultatif fédéral) détermine les procédures de réunion et les obligations de transmission à la hiérarchie et de communication entre agences. Ce sera le texte de loi employé pour tenter d'inculper le directeur du NIAID pour sa présence dans ces discussions sur l'origine.

Les républicains pensent pouvoir condamner Fauci pour ne pas avoir informé la Maison-Blanche sur les discussions autour de la téléconférence du 1er février 2020, ainsi qu'en avoir exclu le CDC américain, mis sur la touche de l'aveu même de son directeur de l'époque, le virologue Robert Redfield[15].

Le second axe est la « fraude sur les bourses de recherche ». Autrement dit ne pas avoir suivi les règles inhérentes aux financements de la recherche.

Dans cette optique, Fauci aurait dû stopper les financements avant la pandémie, face aux risques décrits dans les projets de recherche, ou dans des rapports d'étape, et sinon une fois présentée à lui la possibilité d'un accident lié à ces recherches à risque. Même si les arguments réfutant une manipulation par ingénierie génétique peuvent être apparus convaincants, les mails du 4 février entre Farrar, Collins et Fauci attestent que l'hypothèse d'un virus obtenu par passages successifs dans des souris leur avait sauté aux yeux. Et elle n'a jamais été réfutée par la suite, discrètement ignorée dans le texte final de « Proximal origin ». Retournement de l'histoire, maintenant que Defuse a été publié, une origine artificielle du site furine est de nouveau sur la table. Si jamais il apparaissait qu'Anthony Fauci avait connaissance de tels projets dès janvier 2020, ce serait le « coup de grâce ».

Ne lui resterait plus comme défense que d'objecter que le doute subsiste sur l'origine de la pandémie, ou que celle-ci est d'origine naturelle. D'où l'importance des avis d'experts assurant que « le consensus scientifique est la zoonose ». Mais l'argument tiendra-t-il face à la « montagne de preuves circonstancielles » et dans une opinion très majoritairement acquise à la théorie des laboratoires ?

Les chercheurs américains qui comme Andersen ou Garry ont averti d'une possible origine artificielle pourraient eux aussi être mis directement en cause, pour avoir manqué aux règles éthiques liées à leurs financements publics. D'autant qu'ils ont reçu plus tard dans l'année d'Anthony Fauci lui-même de très importants crédits, une bourse de 8,9 millions de dollars dotée par le NIAID en août 2020[16]. Des crédits qui étaient en cours d'examen au moment même de l'appel du 1er février. Comme une épée de Damoclès au-dessus de leur tête quand on leur demandait leur avis sur un cataclysme possiblement provoqué par la main qui les nourrit.

« Les premiers mails de Kristian Andersen et Robert Garry sont très spécifiques, explique Diane Cutler. Aucun d'eux n'a dit un seul mot par la suite qui réfute vraiment ces premières positions. Par contre, ils ont affirmé au public leur certitude que l'ingénierie génétique était exclue. Et sept mois plus tard, ils reçoivent 8,9 millions de dollars. C'est au moins contraire à l'éthique. »

Enfin, le maillon le plus faible est aujourd'hui EcoHealth Alliance. L'organisation de Peter Daszak a longtemps pu se réfugier derrière sa structure de droit privé pour refuser de fournir des « secrets commerciaux » aux enquêteurs. Ceux-ci ont contourné l'obstacle en obtenant auprès d'administrations, USAID et NIH principalement, différents rapports qu'EHA avait remis sur les expériences menées à Wuhan. « Entre deux versions d'un même rapport à l'USAID et aux NIH, il y a des différences de représentation des données très importantes », résume Diane Cutler, qui a commencé à analyser ces nouveaux documents. Maintenant que les élus républicains auront des pouvoirs d'injonction judiciaire, la pression sur Daszak sera maximale.

« Je suis toujours là après trois ans de cette merde, réplique Peter Daszak, défiant, à l'aube de 2023[17]. Je suis 100 % sûr qu'ils vont échouer dans leur "enquête" sur les origines du Covid. Ce n'est qu'un prétexte pour clouer au pilori des scientifiques et que les gens leur jettent des tomates comme à l'époque médiévale. Ce n'est qu'un théâtre politique et on va le traverser. »

Enfin, un autre front est d'ores et déjà ouvert. Fin novembre 2022, Anthony Fauci a été longuement auditionné[18] dans le cadre d'une plainte dans l'État du Missouri. Celle-ci l'accuse d'avoir « coordonné avec d'autres et orchestré une campagne pour discréditer l'hypothèse de la fuite de laboratoire début 2020[19] ». L'angle d'attaque ? Les « médias sociaux » et « la censure des discours ». Car tout au long de la pandémie, les Agences de recherche comme le NIAID et les NIH sont intervenues directement auprès des réseaux sociaux pour faire bannir ou censurer certains comptes diffusant selon eux de la « désinformation » – tel Zero Hedge, le blog à sensation qui relayait la prépublication indienne. Aux yeux des plaignants, des républicains, ce serait une violation possible du plus sacro-saint des textes de loi des États-Unis d'Amérique : le 1er amendement de la Constitution qui garantit la liberté d'expression.

Suite à son acquisition de Twitter, Elon Musk, turbulent fondateur de Tesla, a ouvert la boîte noire des politiques de censure du réseau social sous le précédent actionnaire. À la demande de partenaires et d'administrations, la direction précédente excluait et mettait en sourdine des comptes jugés diffuser de fausses informations, en particulier sur les questions sanitaires durant la pandémie. Anti-vaccins, anti-masques... mais aussi personnes s'interrogeant sur l'origine du virus.

Libertarien, le patron du géant de l'automobile électrique est un provocateur de longue date. Une de ses têtes de Turc est la culture « woke* » de la gauche américaine. Dans le droit-fil de la « théorie du genre », nombre de progressistes anglo-saxons ont pris depuis plusieurs années l'habitude de se présenter sur Internet en indiquant les pronoms par lesquels ils souhaitent être désignés, il, elle, ou iel (ou une autre forme neutre), afin d'éviter les malentendus qui pourraient blesser les personnes trans. Une pratique qui hérisse les poils des conservateurs.

Le 11 décembre 2022, Musk a tweeté : « Mes pronoms sont Inculpez/Fauci. »

Le post a totalisé 1,2 million de « j'aime ».

* « Éveillé », notion selon laquelle il faut s'éveiller aux discriminations subies par des minorités raciales et sexuelles.

Postface

Scientifiquement, l'origine du virus est toujours inconnue.

Une origine naturelle reste possible. Même sur les animaux du marché, aucune recherche exhaustive et solide n'a été menée, tant les travaux de l'OMS et des chercheurs ont été entravés et leurs résultats brouillés dans un nuage de désinformation.

Cependant, tout porte à croire aujourd'hui qu'il s'agit d'un accident de laboratoire. La coïncidence initiale s'est considérablement renforcée. On ne parle plus juste d'un coronavirus apparu à la porte d'un laboratoire étudiant les coronavirus. On parle du coronavirus précis que ces scientifiques cherchaient.

Établi en 2018, le projet Defuse était la feuille de route exacte pour trouver ou fabriquer un virus comme le SARS-CoV-2. Ce n'est pas pour autant la preuve scientifique de son origine. Il reste à mener l'enquête jusqu'au bout pour aboutir à une démonstration probante. Mais quelles sont les chances que l'évolution produise par pur hasard aux portes d'un laboratoire la créature exacte recherchée par ses scientifiques ?

Les tenants d'une zoonose en sont aujourd'hui réduits à devoir imaginer leur propre théorie du complot : le projet Defuse serait une énième manipulation politique ; toutes les révélations, venant pourtant de nombreuses sources différentes, journalistes, scientifiques, activistes, enquêteurs, renseignement… seraient forgées et manigancées pour tromper l'opinion…

Et la Chine serait surtout parvenue à totalement dissimuler l'hôte intermédiaire, à stopper toute résurgence et à empêcher que le progéniteur naturel du virus soit jamais trouvé, ce qui impliquerait des complicités extrêmement nombreuses.

Pourquoi le doute subsiste-t-il ? Faute de données, certes. Mais aussi parce que la communauté scientifique est profondément divisée. Or, l'origine de ce schisme est bien à trouver dans les anathèmes prononcés début 2020, traitant de « complotistes » tous ceux qui s'interrogeaient, même légitimement.

L'histoire longtemps secrète de la téléconférence du 1er février et de l'article « Proximal origin » constitue à l'évidence le plus grand scandale scientifique de notre époque. Des chercheurs ont dès les tout premiers moments de la catastrophe soupçonné fortement une origine humaine. Dans les jours qui ont suivi, ils ont affirmé être catégoriquement certains du contraire, alors qu'ils n'en savaient rien. Plus que Donald Trump ou les conspirationnistes, ils ont la responsabilité de la crise profonde que traverse la science, au nom de laquelle ils ont eu la prétention de parler.

L'implication dans ces discussions des dirigeants des plus grandes institutions scientifiques du monde, comme le docteur Anthony Fauci, conduit aujourd'hui aussi à un scandale politique aux conséquences potentiellement dévastatrices[1]. Le directeur du NIAID finançait les laboratoires de Wuhan pour certaines expériences à risque. Peut-être pas celles qui ont provoqué la catastrophe. Mais quoi qu'il en soit, il aurait dû immédiatement se récuser de ces débats. Pourquoi n'avoir pas juste dit la vérité au public ? « Il est possible que ce virus soit sorti d'un laboratoire, la Chine doit enquêter. »

Faut-il pour autant s'en remettre aux procureurs qui lui donnent aujourd'hui la chasse ? Ceux-ci n'ont pas pour but de faire émerger la vérité, mais de se servir de l'origine du virus pour reconquérir le pouvoir. En désertant la question, les progressistes ont offert un boulevard à la droite la plus dure, anti-masques, anti-vaccins, anti-science, anti-Chine, qui va pouvoir moissonner des soutiens dans une opinion très largement acquise à l'hypothèse d'une fuite de laboratoire.

La France elle-même a ses secrets. Elle craignait depuis des années un accident de laboratoire à Wuhan. Elle s'est abritée quand la pandémie a éclaté derrière des éléments de langage : le P4 ne travaillerait pas sur les coronavirus ; il n'y avait plus de coopération ; c'était une affaire chinoise. Mais faute d'enquête ouverte, rien n'exclut en réalité que le P4 ou la France aient été impliqués dans des recherches qui auraient provoqué un accident.

Des coopérations existaient bien entre l'Institut Pasteur de Shanghai et l'Institut de virologie de Wuhan. Et si jamais le moindre lien venait à émerger avec l'origine de la pandémie, la responsabilité de la France serait engagée par l'accord de 2004.

Si la tournure politique désastreuse du débat sur l'origine du Covid-19 aux États-Unis nous apprend quelque chose, c'est que la vérité finit toujours par éclater, et que les « saints mensonges » se paient chèrement.

Il faut aujourd'hui soutenir avec plus de force que jamais les scientifiques qui veulent faire émerger la vérité. D'abord les chercheurs chinois qui bravent les menaces du Parti pour faire avancer la quête de la source zoonotique. Mais aussi le comité consultatif SAGO* de l'OMS, qui a rendu un premier rapport intermédiaire beaucoup plus équilibré en juin 2022.

Enfin, en France, il n'y a eu aucune enquête officielle sérieuse sur la question. Maintenant que la sidération provoquée par les premières années de la pandémie est passée, il serait temps que l'opinion et les parlementaires se réveillent et exigent de l'État des réponses à ces questions : pourquoi l'accord de coopération entre la France et la Chine de 2004 ne nous a pas permis de mieux gérer le Covid-19 ? L'Institut Pasteur, Alain Mérieux ou l'exécutif français ont-ils pu être informés de ce qui s'est passé à Wuhan ?

* Scientific Advisory Group for the Origins of Novel Pathogens (Groupe consultatif scientifique sur les origines des nouveaux agents pathogènes).

Sigles et acronymes

BARDA – Biomedical Advanced Research and Development Authority (Autorité pour la recherche-développement avancée dans le domaine biomédical)

CDC – Centers for Disease Control (Centre de contrôle des maladies)
CNAS – China National Accreditation Service (Service d'accréditation national de Chine)

DARPA – Defense Advanced Research Projects Agency (bras scientifique de l'armée des États-Unis)
DGSE – Direction générale de la sécurité extérieure (services de renseignement extérieur français)
Drastic – Decentralized Radical Autonomous Search Team Investigating Covid-19 (Équipe décentralisée, radicale et autonome de recherche enquêtant sur le Covid-19)

EHA – EcoHealth Alliance
EMI – Emerging Microbes & Infections

FOIA – Freedom of Information Act

HELP (Commission) – Health, Education, Labor and Pensions (Commission santé, éducation, travail et retraites)

Inserm – Institut national de la santé et de la recherche médicale
IPS – Institut Pasteur Shanghai

IVW – Institut de virologie de Wuhan

MERS – Middle East Respiratory Syndrome

NCBI – National Center for Biotechnology Information
NIAID – National Institute of Allergy and Infectious Diseases (Institut national des allergies et maladies infectieuses)
NIH – National Institutes of Health (Instituts nationaux de la santé)

OGM – Organisme génétiquement modifié
OMS – Organisation mondiale de la santé
ONU – Organisation des Nations unies

PCC – Parti communiste chinois
PNAS – Proceedings of the National Academy of Sciences (revue de l'Académie des sciences des États-Unis)

RBD – *Receptor-Binding Domain* (domaine de liaison au récepteur)

SAGO – Scientific Advisory Group for the Origins of Novel Pathogens (Groupe consultatif scientifique sur les origines des nouveaux agents pathogènes)
SGDSN – Secrétariat général de la Défense et de la Sécurité nationale

USAID – United States Agency for International Development (Agence des États-Unis pour le développement international)

USRTK – US Right To Know

Notes

Avant-propos

1. Voir M. Worobey *et al.*, « The Huanan Seafood Wholesale Market in Wuhan was the early epicenter of the COVID-19 pandemic », *Science Magazine*, juillet 2022 : https://www.science.org/doi/10.1126/science.abp8715.

2. Voir X. Xiao *et al.*, « Animal sales from Wuhan wet markets immediately prior to the Covid-19 pandemic », *Nature*, juin 2021 : https://www.nature.com/articles/s41598-021-91470-2.

3. https://www.researchsquare.com/article/rs-1370392/v1.

4. https://drasticresearch.org/2021/09/21/the-defuse-project-documents/.

5. Voir https://www.thelancet.com/journals/lancet/article/PIIS0140-6736(21)02019-5/fulltext et https://www.science.org/doi/10.1126/science.abj0016.

Prologue. La conférence

1. https://www.newyorker.com/magazine/2020/04/20/how-anthony-fauci-became-americas-doctor.

2. https://www.youtube.com/watch?v=brbArpX8t6I&t=5912s.

3. https://www.nature.com/articles/s41591-020-0820-9.

4. https://s3.documentcloud.org/documents/20793561/leopold-nih-foia-anthony-fauci-emails.pdf.

5. À la révélation des mails en juin 2021, Kristian Andersen a supprimé l'ensemble de ses tweets. Des internautes avaient fait des captures d'écran de ce tweet du 31 janvier 2020 à 22 h 32 : https://twitter.com/HansMahncke/status/1572028221431975939.

6. James Tobias, contributeur au *Guardian* : https://s3.documentcloud.org/documents/23316400/farrar-fauci-comms.pdf. Voir chapitre 28, « L'harmonie de la science ».

7. Entretien vidéo avec l'auteur, 9 novembre 2022.

8. Selon un mail anonyme au journaliste du magazine *Science* du 27 juillet 2020 : https://www.documentcloud.org/documents/23206190-nih_foia_56403_10272022_amended_response_redacted.

9. Témoignage écrit déposé au cours d'une procédure en diffamation contre le physicien Roland Wiesendanger, consulté par l'auteur en décembre 2022.

10. Entretien vidéo avec l'auteur, 9 novembre 2022.

11. Contacté pour savoir si son jugement sur le site furine avait changé, Michael Farzan n'a pas répondu à nos questions.

12. Contacté, Ronald Fouchier n'a pas répondu à nos questions.

13. https://usrtk.org/wp-content/uploads/2020/12/NASEM_Andersen-Email_Baric-1.pdf

14. Contacté, Kristian Andersen n'a pas répondu à nos messages.

I. COÏNCIDENCES

1. Les mystères de Wuhan

1. Voir https://www.lepoint.fr/monde/le-coronavirus-de-wuhan-sombre-presage-du-nouvel-an-chinois-22-01-2020-2358935_24.php et https://www.lemonde.fr/idees/article/2020/02/02/frederic-keck-wuhan-epicentre-du-coronavirus-est-un-lieu-tres-sensible-politiquement_6028122_3232.html.

2. Contrairement à une idée reçue, la presse chinoise a fait un travail d'une qualité exceptionnelle sur les débuts de l'épidémie. Voir chapitre 11, « Les héros chinois ». Dans le système totalitaire de la République populaire de Chine, des journalistes chinois ont fait bien mieux que toute la presse du monde dit « libre ».

Sur les premières analyses, le magazine financier *Caixin* a publié une enquête incontournable, le 26 février 2020, qui démontrait que les autorités sanitaires de Wuhan avaient reçu de laboratoires privés des analyses identifiant le nouveau coronavirus dès le 27 décembre 2019, soit quatre jours avant l'annonce publique de l'existence de pneumonies non identifiées, et plus de dix jours avant que la Chine ne reconnaisse l'existence du nouveau virus. L'article était initialement en ligne sur ce lien : http://china.caixin.com/2020-02-26/101520972.html. Il a cependant été supprimé dans la journée, probablement sous la pression des autorités chinoises.

Il avait heureusement été sauvegardé sur un site d'archivage : https://archive.li/YylMt#selection-499.3-499.22. L'enquêteur indépendant Gilles Demaneuf (voir chapitre 21) l'a traduit en anglais : https://docs.google.com/document/d/1hXjwvFCyBFKh-kTESPy6KDhtNWe1uPBqVPWyk6iqF8/edit.

L'ensemble de ces événements sont aussi récapitulés dans un rapport détaillé du service de recherche du Congrès américain, du 13 mai 2020, « Covid-19 and China : A Chronology of events (december 2019-january 2020) » : https://crsreports.congress.gov/product/pdf/R/R46354.

3. Le post du blog a été supprimé par son auteure : https://mp.weixin.qq.com/s/KMKSVFnNCikEs9BRZzkr4A. Il a aussi été sauvegardé : https://archive.ph/DpZkX et traduit par Gilles Demaneuf.

4. Petit mammifère de la famille des viverridés : voir https://wwwnc.cdc.gov/eid/article/11/12/04-1293_article et https://www.nature.com/articles/s41579-018-0118-9. Certains chercheurs défendent cependant l'hypothèse d'un passage direct de la chauve-souris à l'homme.

5. Article aussi supprimé : https://archive.ph/VsiZt. Traduction de Gilles Demaneuf : https://docs.google.com/document/d/1KMtSoYS6Fv4L9zSz7acmPkiZ6eRnQjeMn0EsxpKl4t0/edit. Dans le système chinois, seul un rapport écrit peut déclencher une alerte. L'absence de rapport écrit expliquerait la lenteur de la réaction des autorités sanitaires.

6. Voir article 6. « Chaque État partie notifie à l'OMS, par les moyens de communication les plus efficaces dont il dispose, par l'intermédiaire du point focal national RSI et dans les vingt-quatre heures suivant l'évaluation des informations de santé publique, tout événement survenu sur son territoire pouvant constituer une urgence de santé publique de portée internationale au regard de l'instrument de décision, ainsi que toute mesure sanitaire prise pour faire face à ces événements. » https://www.who.int/fr/publications/i/item/9789241580496.

7. Voir CGTN : https://francais.cgtn.com/n/BfJAA-BAA-FAA/BfAcIA/index.html et Xinhua : http://www.xinhuanet.com/english/2020-04/16/c_138982435.htm. Pour un résumé en français : https://www.lepoint.fr/monde/coronavirus-comment-l-alerte-a-ete-etouffee-a-wuhan-en-decembre-2019–22-05-2020-2376543_24.php.

8. Le récit d'Ai Fen, l'une des principales lanceuses d'alerte, est connu grâce à une interview par un magazine chinois, *Renwu* (« *Peuple* »), elle aussi immédiatement censurée. Archivée ici : https://matters.news/@Jameszh/28277-%E4%BA%BA%E7%89%A9-%E5%8F%91%E5%93%A8%E5%AD%90%E7%9A%84%E4%BA%BA-bafyreibda7u2tcb3dw7jtkqxkrutfcxg5oxsgmxphc6uvrqk5cygsxq3xi. Pour une traduction automatique en anglais : https://mp.weixin.qq.com/s/cG9oP6VlT2GiyARfFYMyfA.

9. http://www.bjnews.com.cn/news/2019/12/31/668421.html.

10. http://www.ccdi.gov.cn/toutiao/202003/t20200319_213880.html.

11. Voir par exemple : https://gnews.org/articles/18754.

12. https://www.yicai.com/news/100451932.html.

13. https://promedmail.org/promed-post/?id=6864153.

14. Selon une déclaration de Michael Ryan, un responsable de l'OMS, lors d'une conférence de presse du 20 avril 2020 : https://www.who.int/docs/default-source/coronaviruse/transcripts/who-audio-emergencies-

coronavirus-press-conference-20apr2020.pdf. Voir la chronologie détaillée sur le site de l'OMS : https://www.who.int/emergencies/diseases/novel-coronavirus-2019/interactive-timeline.

15. http://wjw.wuhan.gov.cn/gsgg/202004/t20200430_1199576.shtml.

16. Entretien vidéo avec l'auteur, 5 janvier 2023.

17. https://www.science.org/content/article/scientists-urge-china-quickly-share-data-virus-linked-pneumonia-outbreak.

18. https://wellcome.org/reports/wellcome-annual-report-2019.

19. https://www.bbc.com/news/world-55756452.

20. https://www.caixinglobal.com/2020-02-29/in-depth-how-early-signs-of-a-sars-like-virus-were-spotted-spread-and-throttled-101521745.html.

21. Voir par exemple https://twitter.com/globaltimesnews/status/1212409846684884995. Par la suite, les autorités chinoises ont réhabilité les lanceurs d'alerte et ont essayé de s'approprier leur histoire. Elles assurent par exemple que Li Wenliang n'a pas été « arrêté », mais simplement convoqué au poste pour être réprimandé.

Le témoignage direct de Li Wenliang sur Weibo : https://www.weibo.com/1139098205/Is0XboARR?from=page_1005051139098205_profile&wvr=6&mod=weibotime&type=comment#_rnd1587686422806.

2. *La boîte de Pandore*

1. https://www.lemonde.fr/politique/article/2020/03/17/entre-campagne-municipale-et-crise-du-coronavirus-le-chemin-de-croix-d-agnes-buzyn_6033395_823448.html.

2. https://www.assemblee-nationale.fr/dyn/15/comptes-rendus/covid19/l15covid191920030_compte-rendu.

3. Pour une chronologie détaillée de la gestion française, voire notre enquête « Covid, secrets d'État », *Le Point*, 6 juillet 2022. https://www.lepoint.fr/societe/exclusif-covid-secrets-d-etat-06-07-2022-2482323_23.php.

4. Vérifié par l'auteur.

5. Voir Antoine Izambard, *France-Chine, les liaisons dangereuses*, Stock, 2019. Aussi https://www.challenges.fr/entreprise/sante-et-pharmacie/revelations-l-histoire-secrete-du-laboratoire-p4-de-wuhan-vendu-par-la-france-a-la-chine_707425, et de l'auteur https://www.lepoint.fr/monde/p4-de-wuhan-enquete-sur-une-affaire-francaise-29-04-2020-2373525_24.php.

6. Pour une discussion détaillée : Marc Lipsitch et Barry Bloom, « Rethinking biosafety in research on potential pandemic pathogens », *American Society for Microbiology*, 2012. https://journals.asm.org/doi/full/10.1128/mbio.00360-12.

7. Interview à chine-info.com (http://www.chine-info.com/french/Rs/here/20190423/319505.html, supprimée depuis, archivée ici : http://www.chine-info.com/french/Rs/here/20190423/319505.html.

8. https://lexpansion.lexpress.fr/actualite-economique/xi-jiping-vient-saluer-a-lyon-alain-merieux-l-ami-chinois_1503300.html.

9. Voir https://www.mediapart.fr/journal/international/280520/la-folle-histoire-du-laboratoire-p4-de-wuhan. Sur la genèse du projet, Alain Mérieux a répondu par écrit le 20 décembre 2022 à notre question pour savoir si le récit recomposé par le site d'investigation Mediapart était correct : « Nous ne commentons pas les propos et suppositions de Mediapart. »

10. Entretien téléphonique avec l'auteur, avril 2020.

11. https://www.legifrance.gouv.fr/jorf/id/JORFTEXT000000422695.

12. Entretien avec un partisan de la coopération, été 2022.

13. Voir https://www.challenges.fr/monde/asie-pacifique/derriere-le-p4-de-wuhan-l-ombre-des-laboratoires-secrets-chinois_715162.

14. Entretien avec l'auteur, 3 mars 2021.

15. https://www.mediapart.fr/journal/international/280520/la-folle-histoire-du-laboratoire-p4-de-wuhan. Interrogé sur le contexte de cette démarche, Alain Mérieux a répondu par écrit : « J'ai assumé mon rôle au sein de ce comité [de pilotage de l'accord] et fait remonter mes questionnements auprès des autorités françaises chaque fois que le déroulement du projet le justifiait. Il s'agissait d'un projet de long terme et il n'y a rien d'étonnant à ce que de telles situations se soient présentées. »

16. D'après toutes les sources interrogées, aucune évaluation du coût total pour la France n'a jamais été réalisée. Voir un point de vue critique sur l'investissement français dans l'accord : https://www.questionchine.net/p4-de-wuhan-et-accord-france-chine-sur-les-maladies-infectieuses-la-france-a-t-elle?artpage=3-3.

17. https://www.cas.cn/kx/kpwz/201806/t20180620_4655359.shtml.

3. Que cache Paris ?

1. http://english.whiov.cas.cn/ne/201712/t20171214_187886.html.

2. https://english.cas.cn/newsroom/archive/news_archive/nu2016/201607/t20160725_166042.shtml.

3. https://www.pasteur.fr/en/institut-pasteur/institut-pasteur-throughout-world/news/4-year-research-group-soon-be-created-china.

4. http://english.shanghaipasteur.cas.cn/NEWS2016/nae2016/201806/t20180601_193740.html.

5. Document obtenu par l'auteur, annoté de la main de Frédérique Vidal.

6. Entretien avec l'auteur, 29 septembre 2022.

7. Contacté, Philippe Sansonetti n'a pas répondu à nos questions.

8. Contactée plusieurs fois à l'été et à l'automne 2022, la direction de la communication de l'Institut Pasteur n'a pas répondu à nos demandes d'interview.

9. Entretien avec l'auteur, juillet 2022.

4. Le Français du P4

1. Contacté, Alain Mérieux nie avoir continué à exercer une influence sur la coopération franco-chinoise après 2015 : « Mes fonctions au sein du comité de pilotage ont totalement cessé en janvier 2015, lors de la remise du laboratoire aux autorités chinoises. Mon rôle était terminé et c'était prévu comme cela dès les débuts de mon engagement. » Il ne répond pas cependant à notre question spécifique sur la décision d'assurer la qualité du laboratoire.

2. Contacté à de multiples reprises par mail en détaillant nos questions sur son parcours et sa mission, René Courcol a refusé de nous répondre (mail du 1er décembre 2022) : « Je suis toujours soumis au devoir de réserve et ne pourrai vous donner d'information pour la période qui vous intéresse. Pour très longtemps. »

3. https://www.cpias.fr/nosobase/recommandations/sfhh/2007_laboratoire_SFHH.pdf.

4. Entretien avec l'auteur, 4 janvier 2023.

5. Entretien avec l'auteur, 29 septembre 2022.

6. https://www.legifrance.gouv.fr/jorf/id/JORFTEXT000019679836.

7. Document obtenu par l'auteur à l'automne 2022. Contacté, l'Inserm a refusé de répondre à nos questions.

8. Ce point a été confirmé par sa directrice Shi Zhengli au magazine *Science* à l'été 2020. Voir https://www.science.org/pb-assets/PDF/News%20PDFs/Shi%20Zhengli%20Q&A-1630433861.pdf.

9. Entretiens avec deux sources ayant eu accès à la note, et ayant une connaissance détaillée de son contexte et de son contenu, 2022.

10. Voir chapitre 18, « Trump et le "virus chinois" ».

11. https://www.thelancet.com/pb-assets/Lancet/pdfs/16_6_ed_french_translation.pdf.

12. Note de la Direction générale de la mondialisation, de la culture, de l'enseignement et du développement international du 18 octobre 2018. Obtenue par l'auteur en octobre 2022.

13. Contacté au travers de la communication de l'Inserm, Gilles Bloch n'a pas souhaité répondre à nos questions.

14. Contacté sur le sujet, l'Élysée n'a pas répondu à nos questions.

15. Entretien avec l'auteur, été 2022.

16. Mail suite à des questions écrites de l'auteur, 20 décembre 2022.

5. Affaire classée

1. Vérifié au cours d'une enquête pour le magazine *Le Point*, juin 2022.

2. Mail du conseiller crise de la ministre de la Santé, 29 janvier 2020, 21 h 02. Obtenu par l'auteur au printemps 2022.

3. https://www.challenges.fr/entreprise/sante-et-pharmacie/coronavirus-en-chine-apres-le-sras-la-sulfureuse-cooperation-franco-chinoise-a-wuhan_695165.

4. Mail d'Antoine Schwoerer, conseiller du directeur général de la santé, 29 janvier 2020, 21 h 16. Obtenu par l'auteur au printemps 2022.

6. *Une curieuse coïncidence*

1. Paru en 1981 dans *Proceedings of the National Academy of Sciences* (*Actes de l'Académie nationale des sciences*), la revue de l'Académie des sciences des États-Unis : https://www.pnas.org/doi/abs/10.1073/pnas.78.7.4011.

2. https://twitter.com/angie_rasmussen/status/1493589409442242561.

3. https://twitter.com/MichaelWorobey/status/1585538110539976704.

4. Voir Richard H. Ebright et Nancy D. Connell, « Bioweapon agents : More access means more risk », lettre à l'éditeur de la revue *Nature*, vol. 415, n° 6870, 24 janvier 2002. https://www.science.org/doi/10.1126/science.307.5714.1397.

5. https://www.nytimes.com/2004/06/29/science/i-beg-to-differ-in-a-lonely-stand-a-scientist-takes-on-national-security-dogma.html.

6. Entretien avec l'auteur, 4 août 2022.

7. https://www.ncbi.nlm.nih.gov/pmc/articles/PMC4810786/.

8. Voir Frédéric Keck, « L'alarme d'Antigone », revue *Terrain*, 2015 : https://journals.openedition.org/terrain/15750.

9. Voir https://www.cdc.gov/media/releases/2014/p0711-lab-safety.html et https://www.nytimes.com/2014/07/12/science/cdc-closes-anthrax-and-flu-labs-after-accidents.html.

10. http://www.scientistsforscience.org/.

11. http://www.cambridgeworkinggroup.org/.

12. Voir https://www.cidrap.umn.edu/news-perspective/2020/01/cases-spike-wuhan-mystery-pneumonia-cluster et https://twitter.com/R_H_Ebright/status/1213250810957762561.

13. Entretien avec l'auteur, 4 août 2022.

14. « Pointe » en anglais.

15. https://www.nature.com/articles/nature.2015.18787.

16. Entretien avec l'auteur, 4 août 2022.

17. Voir : https://twitter.com/TheMenacheryLab/status/1212404652727132161.

18. Christian Bréchot, ancien directeur de l'Institut Pasteur, entretien téléphonique avec l'auteur, avril 2020.

19. Le récit qui suit est tiré d'un article de la journaliste chinoise Jane Qiu, « How China's "Bat Woman" hunted down viruses from SARS to the new coronavirus », 1er juin 2020, *Scientific American*. https://www.scientificamerican.com/article/how-chinas-bat-woman-hunted-down-viruses-from-sars-to-the-new-coronavirus1/. L'article pose plusieurs problèmes cri-

tiques. L'auteure a un fort parti pris contre l'hypothèse d'un accident de la recherche. Les déclarations et les dates sont invérifiables.

L'article de *Scientific American* affirme par exemple que le CDC a déjà identifié un nouveau coronavirus ce 30 décembre 2019, alors que l'information ne sera pas officialisée avant plus d'une semaine. Et que l'analyse du virus par l'Institut de virologie de Wuhan interviendrait après celle du CDC.

Cependant, un article de QQ News (supprimé et archivé en mars 2020 : https://archive.ph/JccJU#selection-259.0-904.0) rapporte que l'Institut de virologie de Wuhan aurait déjà identifié un nouveau coronavirus à 22 heures le 27 décembre 2019, selon Zhang Dingyu, directeur de l'hôpital Jinyintan de Wuhan.

Face à ces contradictions, nous optons donc pour « fin décembre », sans précision.

20. Soit la directrice générale Wang Yanyi, soit son adjoint Yuan Zhiming. Pour un portrait détaillé de ce dernier, lire https://www.challenges.fr/entreprise/sante-et-pharmacie/origines-du-covid-19-yuan-zhiming-patron-decrie-de-l-institut-de-virologie-de-wuhan_765260.

7. *La ruée vers l'or viral*

1. https://www.nytimes.com/2022/03/21/health/covid-lab-leak-eddie-holmes.html.
2. Entretien vidéo avec l'auteur, 9 novembre 2022.
3. https://twitter.com/edwardcholmes/status/1212100522087309313.
4. Voir https://www.scmp.com/news/china/society/article/3052966/chinese-laboratory-first-shared-coronavirus-genome-world-ordered et https://www.cell.com/cell/pdf/S0092-8674(20)30328-7.pdf.
5. Jeremy Farrar, *Spike*, *op. cit.*
6. https://virological.org/t/novel-2019-coronavirus-genome/319.
7. https://trumpwhitehouse.archives.gov/wp-content/uploads/2020/05/Tedros-Letter.pdf.
8. Interview par Vincent Racaniello sur son vlog This Week in Virology (TWiV), 28 septembre 2022, https://www.microbe.tv/twiv/twiv-940/.
9. Voir Xu, X., Chen, P., Wang, J. *et al.*, « Evolution of the novel coronavirus from the ongoing Wuhan outbreak and modeling of its spike protein for risk of human transmission », *Science China, Life Science.* (2020). https://link.springer.com/article/10.1007/s11427-020-1637-5. Voir aussi Lu *et al.*, « Genomic characterisation and epidemiology of 2019 novel coronavirus : implications for virus origins and receptor binding », *The Lancet*, janvier 2020. https://www.thelancet.com/journals/lancet/article/PIIS0140-6736(20)30251-8/fulltext.
10. Entretien avec l'auteur, 22 novembre 2022.
11. Voir l'interview d'un des membres de cette délégation, le professeur

hongkongais Yuen Kwok-Yung, directeur du laboratoire de microbiologie de l'université de Hong Kong : https://www.straitstimes.com/asia/east-asia/exclusive-qa-with-hong-kong-microbiologist-yuen-kwok-yung-who-helped-confirm. Parue d'abord sur le média chinois *Caixin*, cette interview a été censurée en Chine, mais reprise par le journal singapourien *The Straits Times*.

8. *Autopsie d'un virus*

1. Article paru dans *Le Quotidien du peuple* (journal du PCC), mai 2008, supprimé depuis, archivé ici : https://baike.baidu.com/reference/24284034/658fX-y4n3S8qtjoAYXgbz_9f6KyayRFUvaYVC3pE0Mex8WnEX7oukRnaBpib3aQx3Ozyx06VdKR9gFyDgIl5raesLEvAdYzw4XsC5Ox4qbo.

2. Voir sa biographie officielle, Ye Yi, *La vie de Zhong Nanshan* (钟南山传), Pékin, 2010.

3. Sur les lanceurs d'alerte du SARS de 2003, voir https://www.ft.com/content/cf59b132-43d7-11ea-a43a-c4b328d9061c.

4. http://m.news.cctv.com/2020/01/20/ARTIF4Fl7LEu8TRqIsnde93B200120.shtml.

5. https://www.ncbi.nlm.nih.gov/pmc/articles/PMC7033706/pdf/TEMI_9_1723441.pdf.

6. Zhou, P., Yang, X.L., Wang, X.G. *et al.*, « A pneumonia outbreak associated with a new coronavirus of probable bat origin », *Nature* 579, 270-273 (2020). https://www.nature.com/articles/s41586-020-2012-7. Posté d'abord sur le serveur de prépublication BioRxiv, le 23 janvier 2020 : https://www.biorxiv.org/content/10.1101/2020.01.22.914952v2.full.pdf/.

7. Les estimations varient de vingt à soixante ans, selon les méthodes de calcul. Voir https://virological.org/t/divergence-of-ncov-2019-to-closest-non-human-relative/388.

8. https://www.nationalgeographic.com/science/article/new-coronavirus-spreading-between-humans-how-it-started.

9. Middle East Respiratory Syndrome, un cousin du SARS.

10. https://www.straitstimes.com/asia/east-asia/on-the-menu-at-china-virus-market-rats-and-live-wolf-pups.

11. Pour confirmation de l'existence de ce commerce, voir son site Internet, supprimé depuis, mais archivé : https://web.archive.org/web/20180331125550/http://whdaz.com/.

12. Sur l'élevage et le commerce d'animaux sauvages et la culture des banquets, voir Lyle Fearnley, *Virulent Zones : Animal Disease and Global Health at China's Pandemic Epicenter*, Durham, Duke University Press, 2020.

13. https://onlinelibrary.wiley.com/doi/full/10.1002/jmv.25682.

14. https://www.nature.com/articles/d41586-020-00180-8.

15. https://www.thelancet.com/journals/lancet/article/PIIS0140-6736(20)30183-5/fulltext.

16. Voir par exemple les commentaires de Daniel Lucey de l'université de Georgetown, le dimanche 26 janvier 2020, dans https://www.science.org/content/article/wuhan-seafood-market-may-not-be-source-novel-virus-spreading-globally.

17. La métaphore est reprise du virologue français Bruno Canard, dans un article du *Monde* de décembre 2020 : https://www.lemonde.fr/sciences/article/2020/12/22/a-l-origine-de-la-pandemie-de-covid-19-un-virus-sars-cov-2-aux-sources-toujours-enigmatiques_6064168_1650684.html.

18. Correspondance avec l'auteur.

9. La clé

1. Entretien téléphonique avec l'auteur, 28 juillet 2022.

2. https://www.thepaper.cn/newsDetail_forward_5640723.

3. https://elpais.com/especiales/coronavirus-covid-19/the-genome-of-the-new-coronavirus/.

4. Voir par exemple S. Belouzard *et al.*, « Activation of the SARS coronavirus spike protein via sequential proteolytic cleavage at two distinct sites », *PNAS*, 2009 (https://www.pnas.org/doi/10.1073/pnas.0809524106) ; Cheng J. *et al.*, « The S2 subunit of QX-type infectious bronchitis coronavirus Spike protein is an essential determinant of neurotropism », *Viruses*, 2019 (https://www.mdpi.com/1999-4915/11/10/972).

5. https://www.cnrs.fr/fr/le-sequencage-du-nouveau-coronavirus-revele-une-subtile-difference-avec-le-sras.

6. https://www.nature.com/articles/s41586-020-2012-7.

7. Entretien téléphonique avec l'auteur, 23 juillet 2022.

10. Tchernobyl à Washington

1. Résultats de recherche pour P4实验室 (laboratoire P4) jusqu'au 24 janvier 2020 : https://twitter.com/search?q=P4%E5%AE%9E%E9%AA%8C%E5%AE%A4%20until%3A2020-01-24&src=typed_query&f=live.

2. D'après une étude de Citizen Lab, « Censored contagion. How information on the coronavirus is managed on chinese social media », mars 2020 : https://citizenlab.ca/2020/03/censored-contagion-how-information-on-the-coronavirus-is-managed-on-chinese-social-media/.

3. https://www.nytimes.com/2020/11/20/business/media/steve-bannon-china.html.

4. « 武汉病毒4个关键蛋白被替换，可精准攻击华人 » (« Quatre protéines clés du virus de Wuhan ont été remplacées, pour qu'il infecte spécifiquement les Chinois »), 26 janvier 2020, lien original : http://xilu.com/20200126/1000010001119697.html ; supprimé et archivé : https://web.archive.org/web/20200211022551/http://www.xilu.

com/20200126/1000010001119697.html. Pour une réfutation détaillée (en mandarin) : https://tfc-taiwan.org.tw/articles/2508.

5. https://link.springer.com/article/10.1007/s11427-020-1637-5.

6. https://www.cotton.senate.gov/news/press-releases/cotton-calls-for-targeted-china-travel-ban-to-stop-coronavirus.

7. https://www.youtube.com/watch?v=iT3txmbWxb4.

8. https://www.newyorker.com/magazine/2017/11/13/is-tom-cotton-the-future-of-trumpism.

9. Voir https://theintercept.com/2017/10/18/is-there-a-more-dangerous-member-of-congress-than-tom-cotton/. Contacté, le bureau du sénateur n'a pas répondu à nos demandes d'interview.

10. Voir par exemple https://www.huffpost.com/entry/tom-cotton-coronavirus-china_n_5e34a3b7c5b6f26233294378 et https://www.nytimes.com/2020/02/17/business/media/coronavirus-tom-cotton-china.html.

11. Voir https://thehill.com/homenews/media/556418-washington-post-issues-correction-on-2020-report-on-tom-cotton-lab-leak-theory/.

12. https://www.science.org/content/article/mining-coronavirus-genomes-clues-outbreak-s-origins.

13. Pour le CDC, voir https://www.youtube.com/watch?v=ovnUyTRMERI (2017) et http://europe.chinadaily.com.cn/china/2016-12/23/content_27751390.htm (2016). Pour l'Institut de virologie de Wuhan, voir https://www.youtube.com/watch?v=MNkyeUZHUoU&feature=emb_imp_woyt (2017) et https://www.taiwannews.com.tw/en/news/4102619.

14. Zeng Leiping *et al.*, « Bat severe acute respiratory syndrome-like coronavirus WIV1 encodes an extra accessory protein, ORFX, involved in modulation of the host immune response », *Journal of Virology*, 2016 : https://journals.asm.org/doi/10.1128/JVI.03079-15.

15. Entretien vidéo avec l'auteur, 5 janvier 2023.

16. Entretien vidéo avec l'auteur, 13 août 2021.

17. Voir https://www.ecohealthalliance.org/financials-strategy.

18. https://www.nature.com/articles/nature12711.

19. Mail du 1er février 2020, à 2 h 48 du matin.

II. DÉSINFORMATION

11. Les héros chinois

1. Voir par exemple le classement de Reporters sans frontières, où elle est 175e sur 180 : https://rsf.org/en/country/china.

2. Shen Changan, Zhu Liu et Yuan Shan « 疫情集散地的华南海鲜市场背后：至今未露面的余氏家族和神秘女人赵红 » (« Derrière le marché de Huanan aux fruits de mer à l'épicentre de l'épidémie se cachent la famille Yu et la mystérieuse femme Zhao Hong »), 28 janvier 2020 : https://

finance.ifeng.com/c/7taT5P6XIeG, toujours en ligne en novembre 2022, sinon archivé ici : https://archive.ph/NynvU.

3. George Gao *et al.*, « Surveillance of SARS-CoV-2 in the environment and animal samples of the Huanan Seafood Market », posté sur le site de prépublication researchsquare.com le 25 février 2022 : https://assets.researchsquare.com/files/rs-1370392/v1_covered.pdf?c=1645813311.

4. 大哥, « Dage » en pinyin, littéralement « grand frère ».

5. https://www.theage.com.au/national/victoria/crown-accused-of-misconduct-over-high-rollers-17-million-losing-streak-20150704-gi53f5.html?js-chunk-not-found-refresh=true.

6. https://www.youtube.com/watch?time_continue=1&v=7AI3R41dGnU&feature=emb_logo. Pour l'ensemble des vidéos de Chen Qiushi, sous-titrées en anglais : https://www.reddit.com/r/Coronavirus/comments/f0uzg8/english_all_of_chen_quishis_%E9%99%88%E7%A7%8B%E5%AE%9E_wuhan_videos_chen/.

7. Pour une enquête complète sur les circonstances du décès de Li Wenliang : https://www.nytimes.com/2022/10/06/world/asia/covid-china-doctor-li-wenliang.html.

8. https://news.sina.com.cn/c/2020-02-05/doc-iimxyqvz0328664.shtml.

9. Annoncé par son ami boxeur Xu Xiaodong : https://www.youtube.com/watch?v=kYekzxYshFk.

10. https://www.vice.com/en/article/qjdejp/a-chinese-citizen-journalist-covering-coronavirus-just-live-streamed-his-own-arrest.

11. https://safeguarddefenders.com/en/blog/disappearance-mysterious-return-li-zehua.

12. Par exemple https://www.youtube.com/watch?v=mzR_9xwlNeg (archivé https://archive.ph/gnIKD) et https://www.youtube.com/watch?v=qbUgF_mQy90 (archivé https://archive.ph/or3eV).

13. https://www.scmp.com/news/china/politics/article/3084882/chinese-citizen-journalist-detained-after-live-streaming.

14. https://www.amnesty.org.uk/ZhangZhan0?utm_source=SVC5OuterURL&utm_medium=Fundraising&utm_campaign=ZhangzhanMCA4367T&utm_content=SVD.

15. https://www.nytimes.com/2020/12/28/world/asia/china-Zhang-Zhan-covid-convicted.html.

12. Similitude étrange

1. Voir par exemple dans *Le Monde* : https://www.lemonde.fr/sciences/article/2022/11/07/le-covid-19-ravive-le-debat-autour-de-la-manipulation-des-virus_6148855_1650684.html.

2. Sur le débat posé par cette expérience de Ronald Fouchier voir : https://www.lemonde.fr/sciences/article/2014/03/10/virus-mutants-les-furets-de-la-discorde_4380437_1650684.html.

5. Vidéo de la conférence de presse : https://www.bilibili.com/video/BV1r7411b7SC/.

6. Détail des déclarations : https://news.southcn.com/node_54a44f01a2/6cb20934ef.shtml.

7. https://www.rtl.fr/actu/bien-etre/coronavirus-le-pangolin-suspect-numero-un-de-l-epidemie-7800039274 et https://www.lefigaro.fr/flash-actu/coronavirus-trouver-l-animal-coupable-un-jeu-du-chat-et-de-la-souris-20200207.

8. Voir par exemple : https://www.reuters.com/article/uk-china-health-pangolins-idUKKBN2010WV.

9. *Ibid.*

10. https://www.biorxiv.org/content/10.1101/2020.02.17.951335v1.

11. Voir https://www.biorxiv.org/content/10.1101/2020.02.13.945485v1.article-info, https://www.biorxiv.org/content/10.1101/2020.02.18.954628v1.article-info et https://www.biorxiv.org/content/10.1101/2020.02.19.950253v1.article-info. Comme l'a montré la chercheuse du MIT Alina Chan et un confrère canadien dans une prépublication de juillet 2020 (https://www.biorxiv.org/content/10.1101/2020.07.07.184374v1), toutes les données de ces différents articles proviennent en réalité d'un article d'une des équipes d'octobre 2019 (https://www.mdpi.com/1999-4915/11/11/979). « Tous ces articles ont créé une hystérie médiatique consistant à accuser le pangolin », juge Alina Chan dans un entretien vidéo avec l'auteur, le 20 décembre 2022. Suite à ses questions pointant des informations manquantes sur l'origine commune des données, l'un des articles, publié par *Nature*, a été corrigé en novembre 2021 : https://www.nature.com/articles/s41586-021-03838-z.

12. Entretien vidéo d'Edward Holmes avec l'auteur, 9 novembre 2022.

13. https://www.nature.com/articles/s41586-020-2169-0.

14. https://www.nature.com/articles/d41586-020-00548-w.

15. Supprimé mais archivé ici : https://archive.ph/qGAMQ. Traduction en anglais par l'enquêteur indépendant Gilles Demaneuf : https://docs.google.com/document/d/1 hXjwvFCyBFKh-kTESPy6KDhtNWe1uPBqVPWyk6iqF8/edit.

16. https://www.cell.com/current-biology/fulltext/S0960-9822(20)30662-X.

15. Le Conseil scientifique

1. Pour le détail de la gestion française de la première vague, voir notre enquête, « Covid, secrets d'État », et sur ce point en particulier l'acte 5 : https://www.lepoint.fr/societe/covid-secrets-d-etat-acte-5-la-semaine-de-la-mort-08-07-2022-2482639_23.php.

2. Voir https://www.assemblee-nationale.fr/13/rap-enq/r2698.asp et https://www.senat.fr/rap/r09-685-1/r09-685-11.pdf.

3. Entretien téléphonique avec l'auteur, 30 mai 2022.

4. https://www.leparisien.fr/archives/les-multiples-casquettes-du-professeur-lina-29-10-2009-691695.php.

5. Article supprimé depuis 2021, archivé ici : https://web.archive.org/web/20091103085451/https://www.lejdd.fr/Societe/Sante/Actualite/Bachelot-Je-n-ai-pas-de-gourou-a-la-solde-des-labos-146440.

6. http://www.senat.fr/rap/r09-685-2/r09-685-28.html.

7. Document obtenu par l'auteur et révélé en juillet 2022 dans le magazine *Le Point* : https://www.lepoint.fr/societe/covid-secrets-d-etat-acte-2-quand-les-masques-ne-servaient-a-rien-07-07-2022-2482439_23.php.

8. https://www.challenges.fr/entreprise/sante-et-pharmacie/en-france-on-risque-davantage-de-mourir-de-la-grippe-saisonniere-que-du-coronavirus_696518.

9. Entretien avec l'auteur, 23 août 2022.

10. Mail de Thierry Coulhon, alors conseiller scientifique d'Emmanuel Macron, 3 mars 2020. Obtenu par l'auteur en juillet 2022.

11. https://www.lemonde.fr/sciences/article/2020/02/29/bruno-canard-face-aux-coronavirus-enormement-de-temps-a-ete-perdu-pour-trouver-des-medicaments_6031368_1650684.html.

12. https://www.lepoint.fr/societe/quelle-mouche-a-pique-l-institut-pasteur-08-05-2017-2125608_23.php.

13. https://www.sanofi.com/fr/media-room/communiques-de-presse/2020/2020-02-18-15-00-00-1986380.

14. https://france-science.com/sanofi-a-beneficie-dune-aide-du-gouvernement-americain-de-21-milliards-de-dollars-pour-le-developpement-de-son-vaccin-contre-le-coronavirus/.

15. https://universiteouverte.org/2020/03/04/coronavirus-la-science-ne-marche-pas-dans-lurgence/.

16. https://www.assemblee-nationale.fr/13/rap-off/i2654.asp.

17. https://www.mdpi.com/1999-4915/10/9/504.

18. Avis demandé à Richard Ebright, Simon Wain-Hobson de l'Institut Pasteur, José Halloy de l'université Paris-Cité et Etienne Decroly. Contacté, Bruno Lina n'a pas répondu à nos questions.

16. Juste un article

1. https://www.nature.com/articles/s41591-020-0820-9.

2. https://direct.mit.edu/qss/article/1/3/1068/96108/COVID-19-publications-Database-coverage-citations.

3. https://www.tandfonline.com/doi/full/10.1080/22221751.2020.1733440.

4. https://www.nature.com/nature-index/supplements/nature-index-2017-innovation/tables/top200-institutions-lens.

5. https://www.nature.com/nature/for-authors/other-subs.

6. Voir par exemple : communiqué de presse de Scripps (https://www.scripps.edu/news-and-events/press-room/2020/20200317-andersen-covid-19-coronavirus.html), presse spécialisée (https://healthfeedback.org/did-the-covid-19-virus-originate-from-a-lab-or-nature-examining-the-evidence-for-different-hypotheses-of-the-novel-coronavirus-origins/, https://www.technologynetworks.com/genomics/news/scientists-firmly-determine-that-sars-cov-2-was-not-engineered-332244), et média généraliste (https://www.cbc.ca/news/science/coronavirus-wasnt-created-in-lab-no-signs-genetic-engineering-1.5508735).

7. Entretien vidéo avec l'auteur, 9 novembre 2022.

8. https://www.gmwatch.org/en/106-news/latest-news/19383-where-did-the-covid-19-virus-come-from.

9. Une liste partielle a été dressée par la biologiste française Virginie Courtier-Orgogozo : https://www.normalesup.org/~vorgogoz/articles/COVID-origin-Rejected-Rebuttal-Letters.pdf.

17. Le confinement

1. Verbatim du discours : https://www.elysee.fr/emmanuel-macron/2020/03/16/adresse-aux-francais-covid19.

2. https://www.lemonde.fr/planete/article/2020/03/15/coronavirus-les-simulations-alarmantes-des-epidemiologistes-pour-la-france_6033149_3244.html. Pour le détail des atermoiements au sein de l'exécutif français, voir notre enquête « Covid, Secrets d'État », 8 juillet 2022 : https://www.lepoint.fr/societe/covid-secrets-d-etat-acte-5-la-semaine-de-la-mort-08-07-2022-2482639_23.php.

3. Lien original : https://www.facebook.com/john.labite.9/videos/2709312776005785/. Archivée ici : https://web.archive.org/web/20200318132453/https://www.facebook.com/john.labite.9/videos/2709312776005785/.

4. Le mythe du « brevet » semble être apparu aux États-Unis dès fin janvier 2020. Voir https://factuel.afp.com/non-le-coronavirus-detecte-en-chine-na-pas-ete-cree-en-laboratoire-puis-brevete et https://www.factcheck.org/2020/01/social-media-posts-spread-bogus-coronavirus-conspiracy-theory/.

5. https://www.lemonde.fr/pixels/article/2020/11/05/l-auteur-d-une-video-complotiste-sur-le-coronavirus-et-l-institut-pasteur-condamne-par-la-justice_6058625_4408996.html.

6. Entretien téléphonique avec l'auteur, 26 août 2021.

7. Interrogée par mail sur le fait que sa page de lutte contre la désinformation nie toute coopération avec les laboratoires de Wuhan, la communication de Pasteur n'a pas répondu à nos questions.

8. https://www.pasteur.fr/fr/journal-recherche/actualites/coronavirus-attention-aux-fausses-informations-covid-19-circulant-reseaux-sociaux. Première version archivée le 19 avril 2020 : https://web.archive.org/

web/20200419154153/https://www.pasteur.fr/fr/journal-recherche/actualites/coronavirus-attention-aux-fausses-informations-covid-19-circulant-reseaux-sociaux.

9. https://www.lemonde.fr/sciences/article/2020/04/17/le-sars-cov-2-est-il-sorti-d-un-laboratoire_6036926_1650684.html.

10. Par exemple, Simon Wain-Hobson dans une enquête du *Point* de septembre 2021 : https://www.lepoint.fr/monde/origine-du-covid-le-tabou-francais-09-09-2021-2442395_24.php. Marc Eloit : https://www.lepoint.fr/sante/origines-du-covid-19-des-apprentis-sorciers-demasques-un-cousin-identifie-29-09-2021-2445472_40.php.

11. https://www.lepoint.fr/monde/origine-du-covid-le-tabou-francais-09-09-2021-2442395_24.php. En réponse à nos questions de l'été 2021, la communication de l'Institut Pasteur à Paris avait tenu à souligner par mail : « Il me semble important de bien vous préciser que l'Institut Pasteur de Shanghai est un établissement de recherche public en Chine au sein de l'Académie des sciences chinoise qui est l'organisme de tutelle de ces établissements et non pas une "filiale" de l'Institut Pasteur de Paris. » Si Pasteur Shanghai est bien sous l'autorité de l'Académie des sciences chinoise, il a cependant un directeur nommé par la direction de l'Institut Pasteur.

Contacté de nouveau pour l'écriture de ce livre afin de clarifier ces contradictions, l'Institut Pasteur n'a pas répondu à nos questions.

18. Trump et le « virus chinois »

1. Voir par exemple https://www.scientificamerican.com/article/the-lab-leak-hypothesis-made-it-harder-for-scientists-to-seek-the-truth/. Anthony Fauci l'a faite sienne, par exemple lors d'une interview à la chaîne CBS en novembre 2022 : https://www.cbsnews.com/news/anthony-fauci-face-the-nation-transcript-11-27-2022/.

2. Voir https://twitter.com/zlj517/status/1238111898828066823 et https://twitter.com/zlj517/status/1238269193427906560?lang=fr.

3. Voir sur Zhao Lijian https://www.nytimes.com/2021/07/07/magazine/china-diplomacy-twitter-zhao-lijian.html et sur les guerriers-loups, l'enquête de l'auteur : https://www.lepoint.fr/monde/diplomatie-economie-grandes-manouvres-a-quoi-joue-la-chine-30-04-2020-2373565_24.php.

4. L'article a été supprimé après la parution de l'enquête de l'Irsem. Archivé ici : https://web.archive.org/web/20200312031319/https://www.globalresearch.ca/covid-19-further-evidence-virus-originated-us/5706078.

5. « Institut de recherche stratégique de l'école militaire ». Voir https://www.irsem.fr/rapport.html.

6. Nous ne perdrons pas de temps à démonter point par point ces allégations. Il suffit de rappeler que le Covid-19 a été détecté à Wuhan en décembre 2019. Toutes les études supposées prouver des cas de Covid-19

avant cela dans d'autres régions du monde, comme en Europe ou aux États-Unis, ont échoué à apporter une preuve solide, comme une séquence d'une souche ancestrale à celle découverte à Wuhan. Voir l'avis du rapport du SAGO (https://cdn.who.int/media/docs/default-source/scientific-advisory-group-on-the-origins-of-novel-pathogens/sago-report-09062022.pdf), le groupe consultatif de l'OMS sur les origines établi en 2021. En outre, un simple raisonnement par l'absurde exclut ce type de théories où le virus serait apparu à l'autre bout du monde : si une épidémie s'était déclenchée en Europe ou aux États-Unis avant Wuhan, l'arbre « généalogique » des souches du virus indiquerait des branches séparées remontant à ces régions ; or toutes les souches de virus dans le monde sont très clairement apparentées aux souches détectées à Wuhan en décembre 2019 ; et étant donné la très haute transmissibilité du virus, il est impossible que des épidémies de grande ampleur dans des régions urbanisées du monde se soient éteintes sans laisser de trace. Voir https://nextstrain.org/ncov/gisaid/global/6m.

7. Concernant Fort Detrick, aucun document ne permet d'affirmer que le laboratoire militaire américain était impliqué dans des expériences de gain de fonction comparables à celles menées par l'Institut de virologie de Wuhan et ses partenaires américains civils, comme l'université de Caroline du Nord.

En général, suivant le principe du rasoir d'Ockham, nous avons exclu toute spéculation inutile sur d'éventuelles recherches militaires, en l'absence de preuves documentaires incontestables. Toutes les recherches de pointe et à risque directement liées aux caractéristiques du nouveau coronavirus étaient pratiquées par des chercheurs civils (principalement Shi Zhengli, Ralph Baric, Peter Daszak et leurs équipes). À notre connaissance, toutes les spéculations sur un potentiel programme de recherche militaire à Wuhan sont fondées sur des liens très ténus (par exemple des coauteurs issus de l'Armée populaire de libération sur des recherches annexes) ou sur des sources issues du renseignement américain ou d'officiels et politiciens républicains qui n'apportent jamais la preuve documentaire de leurs allégations. Dernier exemple en date, un rapport de la minorité républicaine de la commission au renseignement de la Chambre des représentants, de décembre 2022 : https://republicans-intelligence.house.gov/uploadedfiles/final_unclass_summary_-_covid_origins_report_.pdf.

Notre position n'est évidemment pas définitive sur le sujet. L'absence de preuves n'est pas la preuve de l'absence, et on pourrait plaider, de manière difficilement réfutable, qu'un éventuel programme militaire secret peut n'avoir laissé aucune trace. Si des documents venaient à être produits attestant un tel programme, nous réviserions notre évaluation.

8. https://twitter.com/realDonaldTrump/status/1239685852093169664.

9. https://www.youtube.com/watch?v=0pjsx94m8qA.

10. https://www.foxnews.com/politics/coronavirus-wuhan-lab-china-compete-us-sources.

11. https://www.washingtonpost.com/opinions/2020/04/14/state-department-cables-warned-safety-issues-wuhan-lab-studying-bat-coronaviruses/.

12. https://www.washingtonpost.com/context/read-the-state-department-cable-that-launched-claims-that-coronavirus-escaped-from-chinese-lab/2b80aef2-f728-4c36-8875-3bf6aae1d272/.

13. Une critique factuelle par un journaliste chinois, Zichen Wang : https://www.pekingnology.com/p/josh-rogins-washpo-column-and-book.

14. Voir https://usrtk.org/covid-19-origins/three-state-department-cables/ et https://www.politico.com/news/magazine/2021/03/08/josh-rogin-chaos-under-heaven-wuhan-lab-book-excerpt-474322.

15. Sharri Markson, *What Really Happened in Wuhan*, Harper Collins, septembre 2021. Ce livre est problématique comme source, tombant dans l'écueil de spéculations scientifiquement erronées et développant la théorie d'un programme militaire chinois secret, sans apporter de preuves solides. Écrit en collaboration entre une équipe de recherche internationale et l'auteure, il a cependant obtenu des interviews et des documents majeurs de l'administration républicaine, en particulier le rapport de Miles Yu.

16. https://www.dni.gov/index.php/newsroom/press-releases/item/2112-intelligence-community-statement-on-origins-of-covid-19.

17. https://www.latimes.com/science/story/2020-04-02/coronavirus-trump-pandemic-program-viruses-detection.

18. https://www.politico.com/news/2020/04/27/trump-cuts-research-bat-human-virus-china-213076.

19. Entretien vidéo avec l'auteur, 5 janvier 2023.

20. Voir https://theintercept.com/2022/02/20/nih-coronavirus-research-wuhan-redacted/. Messages du 13 avril 2020 page 10 des mails des NIH obtenus par le site d'enquête The Intercept en février 2022 : https://s3.documentcloud.org/documents/21227801/nih-foia-request-55058-february-production.pdf.

21. https://int.nyt.com/data/documenthelper/6967-ecohealthltr/09c09853350d9794b271/optimized/full.pdf#page=1.

19. Le Conseil de défense

1. https://www.ft.com/content/3ea8d790-7fd1-11ea-8fdb-7ec06edeef84. Verbatim complet : https://www.ft.com/content/317b4f61-672e-4c4b-b816-71e0ff63cab2.

2. https://www.abc.net.au/news/2020-04-19/payne-calls-for-inquiry-china-handling-of-coronavirus-covid-19/12162968.

3. Entretien téléphonique avec l'auteur, 16 août 2021.

4. Mentionné lors de la deuxième audition par les juges d'instruction du professeur Bruno Lina, membre du Conseil scientifique, le 30 novembre 2020. Procès-verbal d'audition obtenu par l'auteur en juillet 2022. L'auteur n'a pas pu obtenir la note du Conseil de défense elle-même.

5. Contactée, la présidence de la République n'a pas répondu à nos questions.

6. Entretien avec l'auteur, novembre 2022.

7. Réponse écrite à nos questions, 20 décembre 2022.

8. Entretien avec l'auteur, 29 septembre 2022.

9. https://www.conspiracywatch.info/coronavirus-et-chloroquine-comment-gilbert-collard-joue-avec-la-theorie-du-complot.html.

10. https://www.marianne.net/politique/didier-raoult-et-le-milieu-medical-parisien-histoire-d-une-detestation-reciproque.

11. https://www.youtube.com/watch?v=k6a1-EhHW1Q.

12. Contacté au travers des services de communication de l'Inserm, Gilles Bloch n'a pas souhaité répondre à nos questions sur le sujet.

13. https://www.liberation.fr/politique/qui-le-nouveau-slogan-antisemite-de-lextreme-droite-20210731_UKAKGHD2NVAMDCZIA3E4MK6E6E/.

14. https://www.lepoint.fr/faits-divers/enquete-apres-des-menaces-de-decapitation-recues-par-le-mari-d-agnes-buzyn-07-02-2022-2463702_2627.php.

15. https://www.tf1info.fr/justice-faits-divers/covid-19-10-mois-de-prison-pour-un-antivax-qui-avait-menace-de-mort-des-deputes-christophe-barbier-jerome-salomon-et-yves-levy-2215998.html.

III. SECRETS

20. Le groupe de Marseille

1. https://www.pourquoidocteur.fr/Articles/Question-d-actu/32184-EXCLUSIF-Pour-Pr-Montagnier-sars-cov-2-serait-virus-manipule-Chinois-l-ADN-de-VIH-podcast.

2. https://www.cnews.fr/france/2020-04-17/le-coronavirus-est-un-virus-sorti-dun-laboratoire-chinois-avec-de-ladn-de-vih.

3. Voir par exemple Les Décodeurs, le site de *fact-checking* du *Monde* : https://web.archive.org/web/20200701000000*/https://www.lemonde.fr/les-decodeurs/article/2020/04/17/le-coronavirus-fabrique-a-partir-du-virus-du-sida-la-these-tres-contestee-du-pr-luc-montagnier_6036972_4355770.html.

4. https://zenodo.org/record/3724003#.Y40fauzMLVq.

5. Entretien avec Jacques van Helden, 31 août 2022.

6. https://www.medecinesciences.org/fr/articles/medsci/full_html/2020/07/msc200195/msc200195.html.

7. En particulier un article du chercheur australien Nikolai Petrovsky,

quantifiant l'adaptation de la protéine Spike aux cellules humaines par rapport à d'autres espèces, et démontrant que le SARS-CoV-2 est mieux adapté à l'homme qu'à n'importe quel animal. Refusé même par le serveur de prépublication BioRxiv en mai 2020, puis par *The Lancet* et *PNAS* durant l'été, il finira par être accepté par *Scientific Reports* en 2021 (https://www.nature.com/articles/s41598-021-92388-5).

8. https://onlinelibrary.wiley.com/doi/full/10.1002/bies.202000091.

9. https://harvardtothebighouse.com/2020/01/31/logistical-and-technical-analysis-of-the-origins-of-the-wuhan-coronavirus-2019-ncov/.

10. Condamné à sept ans de prison en 2014 pour abus sur une mineure de 14 ans : https://www.nbcwashington.com/news/local/md-coach-to-be-sentenced-in-girls-sex-abuse/69645/.

11. https://lejournal.cnrs.fr/articles/la-question-de-lorigine-du-sars-cov-2-se-pose-serieusement.

12. Entretien téléphonique avec l'auteur, 28 juillet 2022.

21. Les détectives du Web

1. https://yurideigin.medium.com/lab-made-cov2-genealogy-through-the-lens-of-gain-of-function-research-f96dd7413748.

2. Entretien téléphonique avec l'auteur, 10 juin 2021.

3. https://www.vanityfair.com/news/2021/06/the-lab-leak-theory-inside-the-fight-to-uncover-covid-19s-origins.

4. https://www.researchgate.net/publication/345753939_Outlines_of_a_probabilistic_evaluation_of_possible_sars-cov-2_origins.

5. Voir une tentative de recension complète dans le livre récent de l'épidémiologiste Raina MacIntyre, *Dark Winter : An Insider's Guide to Pandemics and Biosecurity*, University of New South Wales Press, Australie, novembre 2022.

6. https://www.ecohealthalliance.org/wp-content/uploads/2018/03/Virologica-Sinica-sarsr.pdf.

7. Voir https://www.gmwatch.org/en/106-news/latest-news/19437-why-are-the-lab-escape-denialists-telling-such-brazen-lies et https://usrtk.org/covid-19-origins/emails-show-wuhan-lab-collaborator-played-central-role-in-public-messaging-about-covid-19-origins/.

8. https://www.sciencedirect.com/science/article/pii/S2590053619300308.

9. Voir : https://www.wired.co.uk/article/coronavirus-bats-snakes-pangolins.

10. https://www.virology.ws/2020/02/20/pangolins-and-the-origin-of-sars-cov-2-coronavirus/#comment-55702.

11. L'historique de ces recherches a été fait pour la première fois par un bio-informaticien italien, Moreno Colaiacovo, en décembre 2020 : https://mygenomix.medium.com/the-origin-of-sars-cov-2-is-a-riddle-meet-the-twitter-

detectives-who-aim-to-solve-it-5050216fd279. Pour une réfutation critique de la volonté de dissimulation dans le changement de nom de Ra4991, voir les fils de tweet de la chercheuse française Florence Debarre : https://twitter.com/flodebarre/status/1579515893373362178. Archivé ici : https://pingthread.com/thread/1579515893373362178.

12. https://www.science.org/content/article/new-killer-virus-china.

13. Pour un profil détaillé : https://www.newsweek.com/exclusive-how-amateur-sleuths-broke-wuhan-lab-story-embarrassed-media-1596958.

14. Traduction : https://s3.documentcloud.org/documents/6981198/Analysis-of-Six-Patients-With-Unknown-Viruses.pdf.

15. https://twitter.com/TheSeeker268/status/1262459039297961989

16. https://twitter.com/TheSeeker268/status/1266142181208870912.

17. https://twitter.com/franciscodeasis/status/1273959625327550465.

18. Réponses à des questions envoyées par message, été 2021.

19. Voir par exemple une tentative de réfutation de la piste de Mojiang par une équipe française : https://www.sciencedirect.com/science/article/pii/S0013935121014420?via%3Dihub.

20. C'est la version avancée par Edward Holmes dans une interview par le virologue Vincent Racaniello sur son vlog This Week in Virology (TWiV), 28 septembre 2022, https://www.microbc.tv/twiv/twiv-940/. Il dit n'avoir révélé cette collaboration ratée qu'après plus de deux ans parce qu'il l'avait oubliée.

21. En premier dans une enquête du quotidien britannique *The Times* : https://www.thetimes.co.uk/article/seven-year-covid-trail-revealed-l5vxt7jqp.

22. Par exemple : https://www.independentsciencenews.org/commentaries/a-proposed-origin-for-sars-cov-2-and-the-covid-19-pandemic/ et https://www.frontiersin.org/articles/10.3389/fpubh.2020.581569/full.

23. Voir par exemple les tentatives de la BBC (https://www.bbc.com/news/world-asia-china-55364445) et France 2 (https://www.francetvinfo.fr/sante/maladie/coronavirus/video-coronavirus-le-mystere-des-origines_4328629.html). Au printemps 2021, Jeremy Page, correspondant du *Wall Street Journal*, paraît être le seul à avoir atteint le site de la mine, en se faufilant en VTT, avant d'être arrêté et forcé à supprimer ses images : https://www.wsj.com/articles/wuhan-lab-leak-question-chinese-mine-covid-pandemic-11621871125.

24. https://www.nature.com/articles/s41586-020-2951-z.

25. https://archive.ph/jPPkB.

26. https://twitter.com/ydeigin/status/1259891518468427776.

27. https://www.bbc.com/news/world-asia-china-55364445.

28. https://www.lemonde.fr/sciences/article/2020/12/22/a-l-origine-de-la-pandemie-de-covid-19-un-virus-sars-cov-2-aux-sources-toujours-enigmatiques_6064168_1650684.html.

29. https://www.researchgate.net/publication/349073738_An_investigation_into_the_WIV_databases_that_were_taken_offline.

30. Voir https://archive.ph/AGtFv.

31. Voir par exemple le rapport du comité HELP du Sénat des États-Unis d'octobre 2022 : https://www.help.senate.gov/imo/media/doc/report_an_analysis_of_the_origins_of_covid-19_102722.pdf.

32. Cette version reste la position officielle de l'Institut de virologie de Wuhan : https://news.cgtn.com/news/2021-08-21/COVID-19-origins-Why-did-the-Wuhan-lab-take-down-its-online-database–12UtSYUWw5q/index.html.

33. https://www.youtube.com/watch?t=3249&v=GMlIEF58944&feature=youtu.be.

34. https://gillesdemaneuf.medium.com/overview-of-biological-laboratories-in-wuhan-withtheir-roles-in-coronavirus-research-bca6c1cd1f74.

35. https://drive.google.com/file/d/13jGbSfXS48Y4DPpQI0RXgypL49DttkM0/view.

36. https://www.researchgate.net/publication/346413716_A_review_of_sars_Lab_Escapes_in_2003-2004.

37. Voir par exemple : https://www.newsweek.com/exclusive-how-amateur-sleuths-broke-wuhan-lab-story-embarrassed-media-1596958.

38. https://twitter.com/BillyBostickson/status/1339549268114227200.

39. Réponses par mails à des questions, 11 septembre 2021.

22. Droit de savoir

1. https://apps.who.int/gb/ebwha/pdf_files/WHA73-REC1/A73_REC1-fr.pdf#page=1.

2. https://www.who.int/publications/m/item/who-convened-global-study-of-the-origins-of-sars-cov-2.

3. Voir l'analyse de Gilles Demaneuf de Drastic : https://gillesdemaneuf.medium.com/we-must-talk-about-the-tors-ac42d757ecc1.

4. https://www.nature.com/articles/d41586-020-03402-1.

5. https://www.thelancet.com/journals/lancet/article/PIIS0140-6736(20)31494-X/fulltext.

6. Voir https://edition.cnn.com/2019/05/26/opinions/china-is-not-the-enemy-sachs/index.html et https://www.scmp.com/news/china/article/2180410/us-and-china-need-step-path-disaster-warns-jeffrey-sachs-after-storm.

7. https://edition.cnn.com/2020/05/05/opinions/trumps-anti-china-theory-implodes-sachs/index.html.

8. https://www.thelancet.com/journals/lancet/article/PIIS0140-6736(20)31927-9/fulltext.

9. Voir https://gmwatch.org/en/106-news/latest-news/19538-scientists-outraged-by-peter-daszak-leading-enquiry-into-possible-covid-lab-leak.

10. Voir l'enquête de la journaliste d'investigation américaine Katherine Eban pour *Vanity Fair* : https://www.vanityfair.com/news/2021/06/

the-lab-leak-theory-inside-the-fight-to-uncover-covid-19s-origins. Asher et ses collègues accusent une partie de l'administration d'avoir entravé et enterré leur enquête. Ils sont contestés pour avoir fait appel à des experts jugés peu crédibles. En outre, les données avancées comme décisives, en particulier l'affirmation selon laquelle trois chercheurs de l'Institut de virologie de Wuhan auraient été hospitalisés en novembre 2019, présentant des symptômes semblables au Covid-19, n'a jamais été étayée par des preuves documentaires solides.

11. https://2017-2021.state.gov/fact-sheet-activity-at-the-wuhan-institute-of-virology/index.html.

12. Entretiens vidéo avec l'auteur, 13 août 2021 et 11 octobre 2022.

13. Entretien vidéo avec l'auteur, 25 octobre 2022.

14. https://usrtk.org/wp-content/uploads/2020/11/Biohazard_FOIA_Maryland_Emails_11.6.20.pdf.

15. https://usrtk.org/covid-19-origins/ecohealth-alliance-orchestrated-key-scientists-statement-on-natural-origin-of-sars-cov-2/.

16. Un addendum sera ajouté en juin 2021 : https://www.thelancet.com/journals/lancet/article/PIIS0140-6736(21)01377-5/fulltext. Peter Daszak y reconnaît les « travaux en Chine » financés par les NIH, mais ne mentionne pas l'Institut de virologie de Wuhan. Rien n'a été ajouté sur les autres signataires. Plusieurs ont regretté publiquement avoir signé la lettre, en particulier l'auteur principal Charles Calisher (https://abcnews.go.com/US/nature-based-man-made-unraveling-debate-origins-covid/story?id=78268577) et l'Allemand Christian Drosten (https://www.tagesanzeiger.ch/warum-hat-er-mich-nicht-einfach-mal-angerufen-553827894364), ainsi que Bernard Roizman (https://www.wsj.com/articles/wuhan-lab-leak-question-chinese-mine-covid-pandemic-11621871125).

17. Entretien vidéo avec l'auteur, 5 janvier 2023.

18. Voir par exemple : https://www.thedailybeast.com/us-right-to-know-fave-mainstream-media-source-is-funded-by-anti-vaxxers et https://geneticliteracyproject.org/2021/11/08/daily-best-investigation-conspiracy-spreading-anti-gmo-group-usrtk-founded-and-funded-by-anti-vaxxers-is-new-york-times-and-the-guardians-favored-source-on-crop-biotechnology/.

19. https://usrtk.org/donors/.

23. Les surgelés

1. https://news.mongabay.com/2019/08/not-a-pretty-picture-south-chinas-forests-vanish-as-tree-farms-move-in/.

2. Entretien vidéo avec l'auteur, 3 novembre 2022.

3. https://www.theguardian.com/environment/2020/apr/09/bamboo-rats-left-in-limbo-as-breeders-push-back-against-china-wildlife-ban.

4. https://www.aljazeera.com/economy/2020/3/24/illegal-wildlife-trade-goes-online-as-china-shuts-down-markets.

5. https://2017-2021.state.gov/fact-sheet-activity-at-the-wuhan-institute-of-virology/index.html.

6. Entretien vidéo avec l'auteur, 5 janvier 2023.

7. Voir les vidéos et tweets du correspondant de la BBC, Stephen McDonell : https://twitter.com/StephenMcDonell/status/1356783677741490178.

8. Pour un verbatim de la conférence de presse : https://www.who.int/publications/m/item/covid-19-virtual-press-conference-transcript—9-february-2021.

9. https://www.wsj.com/articles/who-caught-between-china-and-west-on-frozen-food-coronavirus-transmission-11611324088. La principale étude sur laquelle étaient fondées ces affirmations a été retirée au printemps 2021. Voir la réfutation de cette hypothèse pseudo-scientifique par la chercheuse du MIT Alina Chan : https://twitter.com/ayjchan/status/1376881303216349192.

10. https://www.reuters.com/business/healthcare-pharmaceuticals/white-house-cites-deep-concerns-about-who-covid-report-demands-early-data-china-2021-02-13/.

11. https://www.science.org/content/article/politics-was-always-room-who-mission-chief-reflects-china-trip-seeking-covid-19-s.

12. Contacté, Peter Ben Embarek n'a pas répondu à nos questions.

13. Documentaire de la chaîne danoise TV2 https://nyheder.tv2.dk/udland/2021-08-12-ansat-paa-laboratorie-i-wuhan-kan-vaere-smittet-af-flagermus-som-den-foerste-siger.

14. https://www.who.int/docs/default-source/coronaviruse/who-convened-global-study-of-origins-of-sars-cov-2-china-part-joint-report.pdf.

15. https://www.who.int/publications/m/item/who-convened-global-study-of-the-origins-of-sars-cov-2. Contactée, Marion Koopmans, l'une des auteurs du rapport, n'a pas répondu à nos demandes d'interview.

24. Le groupe de Paris

1. https://thebulletin.org/2020/05/natural-spillover-or-research-lab-leak-why-a-credible-investigation-in-needed-to-determine-the-origin-of-the-coronavirus-pandemic/.

2. Entretien vidéo, 16 décembre 2022.

3. Dans une tribune de *Newsweek* en défense de l'OMS : https://www.newsweek.com/defunding-who-mid-pandemic-lunacy-opinion-1498369.

4. https://jamiemetzl.com/origins-of-sars-cov-2/.

5. Entretien téléphonique avec l'auteur, 11 août 2022, et entretien avec l'auteur, 24 mai 2022.

6. https://www.nytimes.com/2021/03/04/health/covid-virus-origins.html.

7. https://www.researchgate.net/publication/351520579_An_appeal_for_an_open_scientific_debate_about_the_proximal_origin_of_sars-cov-2.

8. https://www.dfat.gov.au/news/media-release/joint-statement-who-convened-covid-19-origins-study.

9. *New York Times* : https://www.nytimes.com/2021/03/04/health/covid-virus-origins.html. *Wall Street Journal* : https://s.wsj.net/public/resources/documents/COVID%20OPEN%20LETTER%20FINAL%20030421%20(1).pdf. *Le Monde* : https://www.lemonde.fr/idees/article/2021/03/04/nous-souhaitons-une-enquete-sur-les-origines-de-la-pandemie-de-covid-19-approfondie-et-credible_6071961_3232.html.

10. https://www.who.int/docs/default-source/coronaviruse/who-china-joint-mission-on-covid-19-final-report.pdf.

11. Ce diagnostic est lui-même adopté par une note du gouvernement américain du 5 avril 2021 (http://downloads.vanityfair.com/lab-leak-theory/USG_Analysis_of_COVID-19_Origins%20Report_April_5_2021.pdf?_ga=2.104469312.1115342185.1670930969-745122520.1667398056), révélée par une enquête du magazine *Vanity Fair* (https://www.vanityfair.com/news/2021/06/the-lab-leak-theory-inside-the-fight-to-uncover-covid-19s-origins).

12. Voir https://www.washingtonpost.com/opinions/2022/11/17/covid-early-cases-wuhan-china-mystery/. Pour une analyse détaillée : https://www.researchgate.net/publication/364644929_Arrested_Development_The_number_of_Wuhan_cases_of_COVID-19_with_onset_in_2019.

13. https://www.scmp.com/news/china/society/article/3074991/coronavirus-chinas-first-confirmed-covid-19-case-traced-back.

14. Pour une critique détaillée : https://hal.archives-ouvertes.fr/hal-03204818.

15. https://www.science.org/doi/10.1126/science.abj0016.

16. Entretien vidéo avec l'auteur, 20 décembre 2022.

17. https://www.npr.org/sections/goatsandsoda/2020/03/25/820998549/the-coronavirus-is-mutating-but-that-may-not-be-a-problem-for-humans.

18. https://www.biorxiv.org/content/10.1101/2020.05.01.073262v1.

19. Déposé sur un serveur de prépublication à l'automne 2020, mais refusé par *Nature* : https://www.biorxiv.org/content/10.1101/2020.07.07.184374v2.

20. https://academic.oup.com/mbe/article/39/1/msab327/6426085?login=false.

21. Entretien audio avec l'auteur, 23 octobre 2022.

22. https://www.technologyreview.com/2021/07/26/1030043/gain-of-function-research-coronavirus-ralph-baric-vaccines/.

23. https://usrtk.org/covid-19-origins/scientists-masked-involvement-in-lancet-letter-on-covid-origin/.

24. Contacté pour avoir sa version, Ralph Baric n'a pas répondu à nos questions.

25. https://www.tandfonline.com/doi/pdf/10.1080/22221751.2020.1733440.

26. https://usrtk.org/wp-content/uploads/2021/04/Shan-Lu-Weiss-Feb-12-emails-OSU.pdf.

27. https://usrtk.org/covid-19-origins/scientists-who-authored-article-denying-lab-engineering-of-sars-cov-2-privately-acknowledged-possible-lab-origin-emails-show/.

28. https://usrtk.org/wp-content/uploads/2021/08/OSU_SLL_Name-Change_Origin-to-Engineering.pdf.

29. https://usrtk.org/wp-content/uploads/2021/08/OSU_Weiss_Hard-to-Imagine_SLL_Rumor.pdf.

30. Contactée, Susan Weiss n'a pas répondu à nos questions.

31. Entretien vidéo avec l'auteur, 10 novembre 2022.

25. Les mails d'Anthony Fauci

1. Pour la session complète du 11 mai 2021 : https://www.c-span.org/video/?511511-1/dr-fauci-cdc-director-walensky-testify-efforts-combat-covid-19. Rand Paul intervient à 52 minutes 57 secondes. Pour l'extrait précis : https://www.youtube.com/watch?v=2MndwrOzDvo.

2. La polémique se concentre alors sur la définition de gain de fonction, les NIH et EcoHealth Alliance assurant que leurs travaux n'y correspondaient pas. Voir https://www.washingtonpost.com/politics/2021/05/18/fact-checking-senator-paul-dr-fauci-flap-over-wuhan-lab-funding/. En bref, le terme étant mal défini, il est possible de considérer que les expériences précisément financées par les Américains ne visaient pas à des gains de fonction, pour faire court à augmenter l'infectiosité ou la transmissibilité d'un virus pour l'homme. Cependant, des documents ultérieurement révélés par des enquêtes journalistiques du site d'investigation The Intercept ont bien démontré que les officiels des NIH et du NIAID avaient identifié ces recherches menées avec l'Institut de virologie de Wuhan comme ayant mené à des gains de fonction. Voir The Intercept : https://theintercept.com/2021/11/03/coronavirus-research-ecohealth-nih-emails/ et https://theintercept.com/2021/09/09/covid-origins-gain-of-function-research/.

3. 20 juillet 2021 (https://www.c-span.org/video/?c4970412/senator-rand-paul-accuses-dr-fauci-lying-gain-function-research-wuhan-lab), 4 novembre 2021 (https://www.c-span.org/video/?c4985061/senator-paul-accuses-dr-fauci-changing-gain-function-research-definition-nih-website), 11 janvier 2022 (https://www.youtube.com/watch?v=kz7OGxb9X6E), 16 juin 2022 (https://www.youtube.com/watch?v=3ICBBK-d-C0) et 14 septembre 2022 (https://www.youtube.com/watch?v=ppVW5ANM1t8). Selon

une stratégie courante des auditions parlementaires, le but de ces multiples questions accusatoires n'est pas de démontrer l'accusation, mais d'établir que la personne auditionnée a menti, alors que la loi américaine pénalise le parjure devant les parlementaires.

4. https://www.reuters.com/business/healthcare-pharmaceuticals/biden-says-us-intelligence-community-divided-covid-origin-2021-05-26/.

5. https://www.washingtonpost.com/politics/2021/06/03/alleged-fauci-smoking-gun-emails/.

6. https://www.buzzfeednews.com/article/nataliebettendorf/fauci-emails-covid-response.

7. https://www.washingtonpost.com/politics/2021/06/03/alleged-fauci-smoking-gun-emails/.

8. Si l'existence de cette téléconférence était inconnue du public, plusieurs journalistes en ont semble-t-il été informés, mais n'ont pas publié à ce sujet. Jon Cohen du magazine *Science* en a été averti en juillet 2020 au travers d'un mail par une source anonyme. De manière difficilement explicable, après en avoir confirmé les détails auprès de participants, le journaliste scientifique n'a pas publié d'article. Voir le post de blog de Jon Cohen à ce sujet : https://joncohen.org/2022/10/22/obtain-but-verify/. Le journaliste indépendant américain Jimmy Tobias a obtenu l'ensemble des échanges relatifs à cet épisode par *FOIA* : https://www.documentcloud.org/documents/23206190-nih_foia_56403_10272022_amended_response_redacted. Anjana Ahuja, journaliste au *Financial Times*, et coauteure du livre *Spike* de Jeremy Farrar, en a été informée au cours du projet, qui y consacre ses premiers chapitres, mais n'a rien laissé transparaître avant publication du livre à l'été 2021. À part cela, à notre connaissance, l'information est restée confinée à un cercle étroit de participants et d'initiés au sein de la communauté scientifique.

9. https://twitter.com/RandPaul/status/1400052122205495296.

10. https://twitter.com/K_G_Andersen/status/1377826268050157570. Le compte de Kristian Andersen ayant été supprimé mi-décembre 2022, voir archive : https://web.archive.org/web/20220609144641/https://twitter.com/K_G_Andersen/status/1377826268050157570.

11. https://www.bizpacreview.com/2021/06/07/virologist-who-emailed-fauci-covid-19-could-be-engineered-deletes-5k-tweets-then-entire-account-1085366/.

12. https://www.nytimes.com/2021/06/14/science/covid-lab-leak-fauci-kristian-andersen.html?smid=tw-share.

13. C'est en particulier la position de la chercheuse Alina Chan du MIT. Voir https://twitter.com/Ayjchan/status/1584189938538401792.

14. Entretien audio avec l'auteur, 23 octobre 2022.

15. Voir https://peerj.com/articles/9255/ et https://onlinelibrary.wiley.com/doi/10.1002/smll.202002169.

16. Cet épisode a été documenté en détail dans une enquête de la

journaliste d'investigation américaine Katherine Eban, pour le magazine *Vanity Fair* : https://www.vanityfair.com/news/2022/03/the-virus-hunting-nonprofit-at-the-center-of-the-lab-leak-controversy. Violemment critiqué par les autres parties qui remettaient en cause sa version des faits, Jesse Bloom l'a exposée dans un témoignage écrit : https://downloads.vanityfair.com/ecohealth-alliance/notes-on-meeting.pdf.

17. https://www.pekingnology.com/p/why-did-wuhan-university-researchers. Cette version des Chinois est difficile à vérifier. N'ayant été rendue publique qu'après que les séquences supprimées eurent été retrouvées par Jesse Bloom, il peut s'agir d'un alibi inventé a posteriori pour expliquer une suppression pour d'autres motifs.

18. Contactés, Kristian Andersen et Robert Garry n'ont pas répondu à nos questions sur le sujet.

19. Voir https://www.theguardian.com/books/2021/jul/25/spike-the-virus-v-the-people-review-sage-scientists-revelatory-covid-memoir. Contacté pour comprendre les contradictions au sein du récit livré dans son livre *Spike*, Jeremy Farrar n'a pas répondu à nos questions. En décembre 2022, l'OMS a annoncé qu'il deviendrait en 2023 son « scientifique en chef ».

20. https://www.dni.gov/files/ODNI/documents/assessments/Unclassified-Summary-of-Assessment-on-COVID-19-Origins.pdf.

21. https://www.dni.gov/files/ODNI/documents/assessments/Declassified-Assessment-on-COVID-19-Origins.pdf.

26. L'empire Zéro Covid

1. Entretien vidéo, 3 novembre 2022.

2. https://www.nature.com/articles/s41598-021-91470-2.

3. Contactées à ce sujet, l'OMS et l'épidémiologiste Marion Koopmans, qui a participé à la mission de début 2021 à Wuhan, n'ont pas répondu à nos questions.

4. https://www.washingtonpost.com/world/asia_pacific/china-covid-bats-caves-hubei/2021/10/10/082eb8b6-1c32-11ec-bea8-308ea134594f_story.html.

5. http://news.cnhubei.com/content/2020-02/03/content_12677100.html.

6. Entretien vidéo avec l'auteur, 5 janvier 2023.

7. https://www.nature.com/articles/s41586-022-04532-4.

8. Entretien vidéo avec l'auteur, 9 novembre 2022.

9. https://academic.oup.com/ve/article/8/1/veac046/6601809?login=false.

10. https://chinaxiv.org/abs/202002.00033v2.

11. Entretien vidéo avec l'auteur, 31 août 2022.

12. https://www.cell.com/cell/fulltext/S0092-8674(21)00709-1.

13. https://www.researchsquare.com/article/rs-885194/v1.

14. https://www.science.org/content/article/pandemic-start-anywhere-but-here-argue-papers-chinese-scientists-echoing-party-line.

27. *Le projet Defuse*

1. https://drasticresearch.org/2021/09/21/the-defuse-project-documents/.

2. Voir l'étude de la chercheuse du MIT Alina Chan : https://academic.oup.com/mbe/article/39/1/msab327/6426085. D'autres chercheurs plaident au contraire que le site furine du sars-cov-2 est « suboptimal ». Voir https://www.cell.com/cell/fulltext/S0092-8674(21)00991-0.

3. Entretien téléphonique, 27 juillet 2022.

4. Après une brève période où le refus de répondre à la presse des auteurs du projet Defuse fera planer le doute, le professeur Wang Linfa, de l'école de médecine Duke-Université nationale de Singapour, reconnaîtra son authenticité lors d'un débat organisé par le journaliste du magazine *Science* Jon Cohen, le 30 septembre 2021. Voir https://www.science.org/content/article/lab-leak-and-natural-origin-proponents-face-civilly-forum-pandemic-origins.

5. https://www.lepoint.fr/monde/origine-du-covid-19-defuse-le-document-secret-qui-accable-les-labos-24-09-2021-2444607_24.php.

6. https://www.projectveritas.com/news/military-documents-about-gain-of-function-contradict-fauci-testimony-under/.

7. https://assets.ctfassets.net/syq3snmxclc9/2mVob3c1aDd8CNvVnyei6n/95af7dbfd2958d4c2b8494048b4889b5/JAG_Docs_pt1_Og_WATERMARK_OVER_Redacted.pdf.

8. https://theintercept.com/2022/03/11/covid-nih-ecohealth-peter-daszak-interview/.

9. Entretien vidéo avec l'auteur, 5 janvier 2023.

10. Métaphore exposée pour la première fois dans une série de tweets d'octobre 2020 : https://twitter.com/Ayjchan/status/1316509236206202880. Reprise ensuite régulièrement en interview, comme ici, après la publication de Defuse : https://twitter.com/MLInstitute/status/1463941518885064704.

11. Entretien vidéo avec l'auteur, 20 décembre 2022.

12. Entretien vidéo avec l'auteur, 3 août 2022.

13. Pour un récit détaillé : https://www.currentaffairs.org/2022/08/why-the-chair-of-the-lancets-covid-19-commission-thinks-the-us-government-is-preventing-a-real-investigation-into-the-pandemic.

14. https://www.wsj.com/articles/covid-19-panel-of-scientists-investigating-origins-of-virus-is-disbanded-11632571202.

15. https://www.washingtonpost.com/health/2022/09/14/lancet-covid-commission-report-who/.

16. https://www.pnas.org/doi/10.1073/pnas.2202769119.

17. https://rupress.org/jgp/article/132/5/521/43872/ENaC-

Proteolytic-Regulation-by-Channel-activating et https://rupress.org/jgp/article/132/5/521/43872/ENaC-Proteolytic-Regulation-by-Channel-activating.

18. Voir les réactions sur le site d'investigation The Intercept : https://theintercept.com/2022/05/19/covid-lab-leak-evidence-jeffrey-sachs/.

19. Voir en particulier : https://www.youtube.com/watch?v=EF2_njIR-IVA.

20. Contacté pour avoir sa version et ses arguments détaillés, Robert Garry a accepté l'interview, avant de cesser de répondre à nos messages.

28. L'harmonie de la science

1. Entretien audio avec l'auteur, 27 octobre 2022.

2. https://www.documentcloud.org/documents/23316400-farrar-fauci-comms.

3. https://usrtk.org/covid-19-origins/timeline-the-proximal-origin-of-sars-cov-2/.

4. https://usrtk.org/wp-content/uploads/2022/08/Talking-Points-for-NIAID-Director-Dr.-Fauci.pdf.

5. Entretien vidéo avec l'auteur, 15 décembre 2022.

6. Contacté pour savoir pourquoi il n'a pas exprimé ses doutes publiquement en février 2020, Francis Collins n'a pas répondu à nos questions. Il a quitté la direction des NIH en décembre 2021. En août 2021, il a assuré ne pas exclure une fuite de laboratoire. Voir https://www.cnbc.com/2021/08/23/covid-origin-nih-director-doesnt-rule-out-that-virus-could-have-leaked-from-lab.html.

7. Contacté pour avoir sa version, Christian Drosten n'a pas répondu à nos questions.

8. Pour un exemple de cette dérive « complotiste » : https://www.city-journal.org/emails-cast-more-doubt-on-the-official-covid-story. Il reste possible que de futurs documents révèlent une machination aussi complexe, mais en attendant il nous paraît sage de l'écarter selon le principe du rasoir d'Ockham.

9. Entretien vidéo, 9 novembre 2022.

10. https://republicans-oversight.house.gov/release/comer-jordan-demand-docs-testimony-on-covid-origins-and-u-s-taxpayer-dollars-funneled-to-the-wuhan-lab/.

11. https://media.vanityfair.com/photos/625450eee8cd707c14c24ee9/master/pass/eban-email.jpg.

12. https://usrtk.org/wp-content/uploads/2020/12/NASEM_Andersen-Email_Baric-1.pdf.

13. Voir https://gop-foreignaffairs.house.gov/wp-content/uploads/2020/09/159a63d0-fc6f-11ea-9a73-a0369f35f6fa.pdf, https://gop-foreignaffairs.house.gov/wp-content/uploads/2021/08/ORIGINS-OF-COVID-19-REPORT.

pdf et https://www.help.senate.gov/imo/media/doc/report_an_analysis_of_the_origins_of_covid-19_102722.pdf. Ces rapports ont été très fortement critiqués pour des erreurs marginales et des spéculations peu concluantes.

14. https://twitter.com/R_H_Ebright/status/1594217879632748545.

15. Voir l'enquête de Katherine Eban dans *Vanity Fair*, juin 2021 : https://www.vanityfair.com/news/2021/06/the-lab-leak-theory-inside-the-fight-to-uncover-covid-19s-origins.

16. https://andersen-lab.com/new-niaid-funded-center-established/. Contactés pour avoir leur version sur le sujet, Kristian Andersen et Robert Garry n'ont pas répondu à nos questions.

17. Entretien vidéo avec l'auteur, 5 janvier 2023.

18. https://ago.mo.gov/docs/default-source/press-releases/135885a fauci112322_full_redacted.pdf?sfvrsn=35f4a425_2.

19. https://www.legalreader.com/fauci-white-house-officials-missouri-lawsuit/.

Postface

1. Contacté, Anthony Fauci n'a pas répondu à nos questions. Il a quitté la direction du NIAID en décembre 2022. Contredisant ses déclarations de 2020, il assure depuis mai 2021 être ouvert à l'hypothèse d'une fuite de laboratoire. Voir https://www.nbcnews.com/nightly-news/video/dr-anthony-fauci-extended-interview-156826693873.

Remerciements

Ce livre n'aurait pas vu le jour sans l'impulsion de Sébastien Le Fol, directeur de la rédaction du *Point* durant la pandémie.

Écrire une histoire de cette controverse, une des plus violentes de l'histoire de la science, est difficile. De part et d'autre, des chercheurs sont menacés de mort, d'autres mettent en jeu leur réputation et leur position académique, d'autres enfin risquent des procès politiques et des procédures judiciaires.

Je tiens donc d'abord à remercier tous les chercheurs interviewés, quelle que soit leur opinion sur l'origine du Covid-19.

En outre, le texte ne mentionne pas les échanges très approfondis avec des dizaines de sources et de scientifiques, qui m'ont donné des conseils, servi de garde-fous, et mis en garde quand je m'égarais, tout particulièrement Etienne Decroly, Simon Wain-Hobson et Florence Debarre.

Il faut rendre hommage enfin aux auteurs des premiers livres écrits sur le sujet, la tâche étant particulièrement ardue.

Composition : Nord Compo
Impression : Imprimerie Floch, mars 2023
Éditions Albin Michel
22, rue Huyghens, 75014 Paris
www.albin-michel.fr

ISBN : 978-2-226-47889-4
N° d'édition 25212/01 – N° d'impression : 102189
Dépôt légal : avril 2023
Imprimé en France